ROS

地面无人系统开发

实践和进阶

谷玉海　编著

化学工业出版社

·北京·

内容简介

本书全面细致地讲解了 ROS 操作系统的重点和难点知识,并通过实际应用案例对无人系统的相关基础理论和实现方法进行了剖析,让读者对 ROS 和地面无人系统都有较为深入的认知。主要内容包括 ROS 基础实践、地面无人系统开发实践、机器视觉、通信网络、无人系统编队、无人系统的指挥控制 1.0 等不可避开的关键性技术内容。同时,本书大量的实战案例均附有实现代码,让读者在阅读学习过程中能够及时参与到实践过程中,帮助读者更好地理解各个知识点。

本书适合机器人方向的技术人员使用,也可以供高校及职业院校机器人或自动化相关专业师生阅读,还可供对 ROS 和地面无人系统感兴趣的人群阅读学习。

图书在版编目(CIP)数据

ROS 地面无人系统开发实践和进阶 / 谷玉海编著. —北京:
化学工业出版社,2024.3
ISBN 978-7-122-44422-6

Ⅰ.①R… Ⅱ.①谷… Ⅲ.①无人值守-系统开发
Ⅳ.①TN925

中国国家版本馆 CIP 数据核字(2023)第 213064 号

责任编辑:雷桐辉　　　　　　　　　　文字编辑:张　宇　袁　宁
责任校对:李雨晴　　　　　　　　　　装帧设计:王晓宇

出版发行:化学工业出版社
　　　　　(北京市东城区青年湖南街 13 号　邮政编码 100011)
印　　装:河北鑫兆源印刷有限公司
787mm×1092mm　1/16　印张 19½　字数 495 千字
2024 年 3 月北京第 1 版第 1 次印刷

购书咨询:010-64518888　　　　　　售后服务:010-64518899
网　　址:http://www.cip.com.cn
凡购买本书,如有缺损质量问题,本社销售中心负责调换。

定　　价:118.00 元　　　　　　　　　版权所有　违者必究

随着当代科技的不断进步和发展，搭载人工智能的机器逐渐走入人们的日常生活和工作。从国防军事到社会民生，从物流行业到医疗保健，从智能家居到工业制造，人工智能的应用已经渗透和影响到国家与社会各个领域。在这个时代，人工智能技术发展得如火如荼，各种智能机器人成为市场追逐的焦点。人工智能及机器人知识成为高等院校以及大量从业工程师关注的热门学科与研究领域，大量相关书籍发行出版，以满足人们的学习需求。

相较于众多介绍 ROS 与机器人的相关书籍，本书的特点在于循序渐进地对 ROS 的重点和热点知识进行讲解，并深入浅出地梳理了智能地面无人系统相关理论及实现方法，非常详细地进行了概念解释，编写了相关案例的实现代码。本书注重实践效果，重点的基础性实用章节都采用了大量实战案例来演示和验证知识点，帮助读者更好地理解并掌握基础性知识和实践应用技能。其他涉及热点的研发性章节给出了理论算法，使读者从算法理论角度开阔知识视野。

本书分为八章，主要内容如下。

第 1 章：地面无人系统与 ROS 简介

本章介绍了智能地面无人系统及 ROS 的概念和基础知识等内容。首先介绍了智能地面无人系统的定义、分类和应用场景，其次介绍了 ROS 的发展历史、特点与版本，及其在地面无人系统开发中的重要作用。

在智能机器人操作系统中，ROS 被认为是最流行的操作系统之一。ROS 是一种开源机器人操作系统，被绝大多数的机器人开发人员和其他机器人相关领域的专业人士所接受和使用。ROS 提供了一系列用于编程、模拟、视觉处理、定位、导航、通信和动作控制等的工具，可以用于各种各样的机器人应用开发。ROS 在各种机器人操作系统中的优势在于其高可扩展性和开放性，这使得它可以轻松地与其他机器人设备进行集成，并且在机器人开发社区中具有极高的声誉和可信度。因此，ROS 在各种智能机器人的操作系统中占据着非常重要的地位，并且备受机器人开发人员的青睐。

特别需要说明的是：ROS 迭代发展很快，本书所有实践案例都基于 ROS Noetic 版本，并通过了项目编译、运行测试验证。

第 2 章：ROS 入门

本章介绍了 ROS 的基础知识和使用方式。首先，介绍了 ROS 的基本概念、文件系统、基本命令，ROS 的通信机制和节点；其次，讨论 ROS 如何实现分布式计算和消息传递，便于读者建立 ROS 的知识框架，为下一步应用实战打下基础。

第 3 章：ROS 基础实践

本章介绍了 ROS 的基础实践技能。基于 ROS 开发的教学用无人车系统一般处于一个分布式网络环境中，分为无人车节点与 PC 机操作控制节点。本章讲解了 ROS Noetic 在虚拟机环境下或 PC 双系统环境下的安装配置，以及在无人车端基于 ARM 架构的 Jetson Nano 硬件环境下的安装配置；介绍了 ROS 常用可视化调试工具、仿真调试工具，以及在仿真环境下的 3D 建模。本章的内容都提供了实际案例，可供读者学习参考，帮助读者在实践中学习掌握 ROS 环境配置与开发工具。

第 4 章：基于 ROS 的地面无人系统开发实践和进阶

本章介绍了基于 ROS 的地面无人系统的开发实践技能。首先介绍地面无人系统的常用传感器配件，然后介绍地面无人系统的重要应用软件包 Navigation 导航包，构建 SLAM 地图的两个算法包（Gmapping、Cartographer），以及结合一个无人车案例对 LittleCar 综合功能包的完整实践。读者通过本章学习即可掌握教学用无人系统的入门开发与调试能力。

第 5 章：机器视觉在地面无人系统中的应用

机器视觉在地面无人系统中的应用是机器人领域的热点研发课题。本章涉及本领域的基础性知识介绍与理论算法研发探讨，利用 OpenCV 和 CV-Bridge 实现图片在 OpenCV 环境与 ROS 环境下转换、二维码识别，帮助读者掌握机器识别的基础性知识；视觉 SLAM、视觉障碍物预测与非结构化道路识别来源于作者单位的研究生课题，提供了详尽的算法理论说明，有助于对此感兴趣并有技术进阶要求的读者开拓思路。

第 6 章：地面无人系统的通信网络

网络是地面无人系统运行的基础性生态环境。本章系统地介绍了计算机网络协议（尤其是TCP/IP 网络分层协议）、网络分类，不同场景下的地面无人系统组网，以及一个多地面无人系统的网络通信协议案例。

其实 ROS 对网络做了良好的封装，除了在 ROS 环境配置中涉及网络，以及在程序代码中涉及两三行环境配置指令，开发者完全不必了解本章介绍的网络技术细节。但是，对于需要对多无人系统进行组网的读者，系统了解网络知识，了解如何对一个复杂实用无人系统组网十分必要，这类读者可以依据本章介绍的网络知识框架，进行更深入的学习了解。

第 7 章：地面无人系统编队

对智能机器人的了解不能局限于单机，掌握多个无人车构成的地面无人系统集群行为也是智能无人系统实践与开发的热点课题。本章内容来源于作者教学团队的研究生在本领域的研发课题，介绍了地面无人系统集群的编队算法，对教学用无人车组队实操进行算法的仿真与验证，这些内容对于希望了解智能无人系统如何实现集群编队有一定的参考价值。

第 8 章：无人系统的指挥控制 1.0

ROS 将自身软件功能限制在对智能机器人实体的操作控制领域，最多再提供机器人可视化调试工具、仿真调试工具，但是一个实用的地面无人系统需要有一个用户对无人系统操作的控制平台，即要求一个客户端 GUI 界面，在该界面用户可以用可视化方式监视控制单个无人车或者无人车集群。作者团队开发了单车与多车集群的地面无人系统指控平台，本章利用其中一款单车监控软件 XCommander 的 SLAM 模块为例，深入浅出地介绍了基于 Qt + librviz 库的 SLAM 模块开发内容，极具实操性。有兴趣的读者可以参照本章介绍的这个案例，以此为入门台阶进入到开发无人系统指控软件领域，为更高的技术进阶打下坚实基础。

本书读者群体：

● 机器人爱好者：本书将帮助机器人爱好者学习 ROS 和地面无人系统开发基础知识，从而创建自己的机器人项目。

● 专科院校学生：本书将为同学们提供 ROS 及地面无人系统的理论和实践内容，帮助他们在机器人、自动化等领域进行学习和研究。

● 工程师：本书将为工程师提供 ROS 和地面无人系统的实际开发技能，帮助他们更好地完成项目和产品设计。

● 研究人员：本书将为研究人员提供 ROS 及地面无人系统开发的新思路和技术方向，有助于他们探索未来的机器人发展方向。

● 编程爱好者：本书将帮助编程爱好者了解 ROS 和机器人开发的基础概念和技能，从而深入学习和研究机器人领域的编程技术。

最后，感谢所有参与本书编写的人员和对此项目作出贡献的人，感谢李小群、宋亮、范帅鑫的辛勤付出和帮助。希望读者能够通过本书深入了解 ROS 和地面无人系统，期待未来人工智能机器人能为我们的生活和工作带来更多的便利和创新。

编著者

扫码免费获取
本书资源包

目录
CONTENTS

扫码免费获取
本书资源包

第 **1** 章

地面无人系统与 ROS 简介

1.1　地面无人系统简介

1.1.1　智能机器人与地面无人系统

人类社会发展进入 21 世纪以来，科学技术发展日新月异，尤其是最近十年，计算机技术、人工智能发展速度惊人，而两者的最主要载体"机器人"也发展迅速，从最初在工厂流水线中工作的工业机器人，发展到今天在各行各业中都产生了能够完成各种任务的智能机器人。

机器人根据其完成任务的自主特性分为通用机器人及智能机器人。通用机器人一般指工作于特定场合，按提前设定好的动作流程完成工作任务的机器人，如大多数工业机器人即属于通用机器人。智能机器人则是配备了多种类型的传感器并具有自我感知与决策能力的机器人，这些智能机器人能够感知外部环境、自主规避障碍物、识别目标物、自主规划运动路径、与人进行交互、自主完成任务。过去人们在科幻电影中所设想的具备某种思考能力或者特种功能的机器人逐渐在现实生活中出现。

智能机器人因其具备了自我感知、自我决策和自主执行能力，能够模拟自然世界中智能生物甚至是人类的行为，具有了智能的特性。智能机器人的研究从 20 世纪 60 年代初开始，经过几十年的发展，从最初的具备可编程控制操作能力的智能机器人，发展到现在基于感知和自我控制的智能机器人，已经广泛应用在工业、物流、军事、警务等领域，具备综合感知、知识积累、自我学习以及自我进化能力的新一代智能机器人也在多个领域不断出现并发展迅速。例如，波士顿动力公司推出的机器狗 SPOT、人形机器人 Atlas，特斯拉推出的人形机器人擎天柱，还有小米推出的大铁蛋，这些智能机器人都具备了模仿人类和动物的超强仿生能力，还具备了记忆、推理与决策的能力，甚至英国科技公司研发的人形机器人 Ameca 表现出了某种程度的觉醒能力。智能机器人能够胜任更加复杂的工作，具有与外部世界对象、环境和人相适应、相协调的工作机能，以一种"感知→判断→决策→执行→学习→进化"的方式自主工作。

地面无人系统是智能机器人的一个重要分支，地面无人系统主要是指在地面上能够自主行走并完成任务的智能化机器人系统，如无人车、机械狗、人形机器人等。地面无人系统按运动底盘或者承载结构主要划分为轮式、履带式及关节式。地面无人系统在承载结构之上增加激光雷达、毫米波雷达、摄像头、GPS（全球定位系统）、IMU（惯性测量单元）、通信系统、计算单元后形成具有自我感知、自主决策、自主行为控制的智能机器人系统。智能化地面无人系统融合了最先进的机械、电子以及人工智能等技术于一体，可以在没有人类干预的情况下完成各种任务。

地面无人系统是一种新型的智能化技术。这种系统通常由无人车、机器人和传感器等组成，广泛应用于军事、工业、农业、物流、民生服务、安防等领域。

- 在军事领域，地面无人系统已经在侦察、运输、打击、救援等场合发挥着重要作用。
- 在工业领域，地面无人系统已广泛应用于仓储、物流、矿山运输等场合。
- 在农业领域，地面无人系统可以帮助农民完成种植、施肥、喷药等工作。无人车可以在农田中自主行驶，通过传感器获取土壤湿度、温度等信息，从而实现精准施肥和灌溉。机器人可以在果园中采摘水果，提高采摘效率和质量。
- 在物流领域，地面无人系统可以实现自动化仓储和配送。无人车可以在仓库中自主行驶，完成货物的存储和取出。机器人可以在仓库中完成货物的分拣和打包，由无人车在城市中自主行驶，完成货物的配送，提高配送效率和准确度。
- 在民生服务领域，地面无人系统已经应用在诸如自动驾驶、导购、送餐、陪护等方面。
- 在安防领域，地面无人系统可以实现智能化监控和巡逻。无人车可以在城市中自主行驶，通过传感器获取周围环境信息，实现智能化监控。机器人可以在公共场所巡逻，发现异常情况及时报警。

地面无人系统的应用前景广阔，但也存在一些挑战。首先，技术研发需要大量的资金和人力投入。其次，无人系统的安全性和可靠性需要得到保障。最后，无人系统的法律法规和伦理道德问题也需要得到重视。

总之，地面无人系统是一种具有广泛应用前景的智能化技术，可以为人类社会带来巨大的经济和社会效益。需要加强这个领域的技术研发，保障无人系统的安全性和可靠性，同时也需要制定相应的法律法规和伦理道德标准，推动无人系统的健康发展。

1.1.2　地面无人系统发展现状

如同火箭、航天技术一样，当代高科技发展驱动力的重要来源是国家科技实力、军事实力的竞争需求，地面无人系统发展首先源于军工领域的竞争。在地面无人系统装备的研究方面，美国一直走在研发的前端，近年来，美国加强了对地面无人系统装备的研发工作，重点研发主动防护系统、机器人与自主技术、辅助目标识别技术等，加快地面无人系统的智能化转变。其标志性的发展成果有角斗士机器人、Sword 军用地面无人平台、破碎者无人战车、SMSS 班组支援无人平台、大狗（BigDog）仿生机器人等。大狗仿生机器人如图 1-1 所示。

我国一直非常重视地面无人系统的研究与开发，拟定了多项政策和方针来提高无人系统的发展效率，国内多家科研单位以及高校在地面无人系统的研发方面取得了不错的进展。

中国兵器集团研发的 OFRO 微型坦克如图 1-2 所示，全车采用电池供电方式，在充满电后可连续工作 12h。OFRO 微型坦克可以根据不同的任务需求装备不同的设备，最终完成多种任务，提高战场效率。

图 1-1　大狗（BigDog）机器人

图 1-2　OFRO 外观图

图 1-3　锐爪 1 型无人平台

锐爪系列无人平台如图 1-3 所示。锐爪 1 型无人平台采用履带式行走机构，可以自主安全驾驶、完成多通道的通信及远距离遥控武器射击，具备多种侦察手段。

1.1.3　地面无人系统的特点

从各国对地面无人系统的研究可以看出，无人系统主要具有目标识别、态势感知、自主避障、运动规划、目标作业等功能。其主要具有以下特点。

（1）适应恶劣高危环境

很多恶劣高危环境的现场作业，例如火灾、辐射、地震灾区、反恐、特定战场，可以由指挥员远程监控地面无人系统深入现场展开作业行动。

（2）完成多种任务

地面无人系统可以根据不同的任务需求装配不同的任务载荷，如移动装置、观察侦测装置、操作作业装置（例如机械臂）等，完成不同的任务要求。

（3）智能化和自主化

进入智能化时代，随着神经网络和智能算法在机械系统和控制系统中的大量应用，地面无人系统具备了对现场事件快速反应与智能化的处理能力，并可根据当前任务及时做出反应和决策。接收到指挥员下达的任务指令后，无人系统会迅速做出响应。

（4）降低现场作业成本

在高危作业环境下，例如反恐战场，降低人员战损成本事关重大。使用地面无人系统执行高危环境下的现场作业，可以极大增加作业能力，同时降低战损。

1.1.4　地面无人系统的关键技术

地面无人系统作为信息化和智能化时代的产物，其关键技术有以下几点。

（1）高适应移动技术

高适应移动技术是无人系统基础技术。移动性能包括提速能力、转向能力、爬坡能力、姿态控制能力等。地面无人系统中使用广泛的高适应移动技术有履带式移动技术、轮式移动技术以及足式移动技术。

如图 1-4 所示，履带底盘牵引附着性能好、单位机宽牵引力大、接地比压低、稳定性好、结构紧凑、容易操纵，在坡地、黏重地、潮湿地及

图 1-4　履带型底盘无人车

沙土地使用时性能显著。其常用于中大型地面无人装备中。

轮式移动技术有多种底盘类型，如四轮差动底盘、带辅助轮底盘、麦克纳姆底盘、阿克曼底盘，分别如图 1-5 所示。轮式底盘在大中小型地面无人装备中都有涉及。阿克曼底盘一般用于中大型无人装备中，其前轮转向，后轮驱动，转弯性能良好。其余几种常用于中小型无人装备中，优势是设计简单，性能良好。

(a) 四轮差动底盘   (b) 带辅助轮底盘

(c) 麦克纳姆底盘   (d) 阿克曼底盘

图 1-5　轮式底盘

足式移动技术常用于小型无人装备中。模拟腿足式的机器人可以运行在轮式或履带式机器人不易工作的表面，如在废墟之上行走或者爬楼等工作，如图 1-6 所示。

（2）自主侦察技术

地面无人系统的自主侦察技术可以执行目标侦察搜索，代替人类进行大范围的搜索活动，在危险或人类难以到达的区域进行勘探、搜救等任务。

（3）自主决策技术

自主决策是无人系统实现自主作业的关键技术，通过智能化信息服务予以实现，可在一定程度上模仿或代替人的思维，对获得的外界信息进行特征分析和需求预测，制定任务并实现任务决策。

（4）智能感知技术

智能感知是地面无人系统实现自主控制的主要信息源获取技术，也是高新技术应用最多的方向之一。其主要是指在各种条件下使用合适的侦测（例如雷达、红外传感器、摄像头）手段，最大程度探测到外部的环境信息并做出目标识别（例如障碍目标、追踪目标）。感知到的丰富信息可用于无人系统自身进行任务规划与决策（例如路径规划、避障、跟踪）。

（5）分布式协同作业技术

图 1-6　足式机器人

分布式协同作业指利用通信网络，将多个地面无人系统实体组成一个集群，完成协同作业，例如集群编队、协同配合。

（6）通信技术

通信是对无人系统进行远程监控与无人系统集群协同作业的重要基础。高质量的通信能力可以加快无人系统和有人系统之间的信息传递，缩减反应和判断的时间。为了提高通信速度和质量，必须对地面无人系统的通信系统结构、传输介质以及各种软件技术进行研究。

（7）地图构建及路网信息提取技术

常用的定位导航技术多采用卫星 GPS（包括北斗）、惯性导航、里程计等多种定位传感器的组合导航方案，这些导航方案适合近距离、小范围内的无人系统自主导航。在远距离目标的设定下需要增加电子地图，并从地图上提取相应的路网信息，将地图经纬度和 GPS 经纬度信息相互转换，完成地面无人系统的远程自主导航任务，提高定位和导航精度。

（8）动力技术

无人系统根据体型大小，常用的动力源有活塞式发动机和电池两大类。其中大型无人系统装备使用活塞式发动机，能够保证动力充足；中小型无人系统装备大多采用锂离子电池，不仅可以满足能量密度要求，而且节省了装备的整体空间，同时使重量更轻。燃料电池、太阳能电池等新型能源动力也已被探讨在无人系统上实现的可能性，在无人系统上实现指日可待。

（9）自主作业技术

地面无人系统根据不同的作业要求，需要不同的自主作业技术，例如火灾现场灭火作业、核电厂辐射环境的环境维护作业、反恐或战场环境的目标打击作业。这些自主作业技术也是地面无人系统应用的重要研发领域。

1.1.5　地面无人系统发展研究课题

随着智能机器人技术的发展，地面无人系统应用领域不断扩大，其执行任务的内容将不断多样化，完成各种任务的能力将不断提高。因此对地面无人系统的发展趋势做出分析和研究具有一定的前瞻意义。

① 指挥系统。无人系统作业现场和地面无人系统之间需要传递大量信息，如符号、语言、图像等，未来需要建立一套智能语义理解服务体系，研究基于语言、图像等的语义理解和分析技术，实现对现场作业的无人系统实体的快速信息交流，提高作业效率。

② 设计微小型特种地面无人系统。地面无人系统完成的任务日渐复杂，其结构也趋于庞大复杂，为了完成特种专业型作业任务，在人工智能技术的主导下，制作微小型特种装备。

③ 加强无人系统与有人系统的协同研究。未来将会进入全方位、全领域的无人系统时代，但是在现有无人技术尚未得到完全发展和成熟之前，无人系统与有人系统协同的这种过渡时期的兼容模式将会持续很长的时间。如何提高地面无人系统与有人系统的协同能力，使这种兼容模式在作业现场得到高效率使用，也是未来研究的重要课题。

④ 在无人系统已具备了面对多种任务的情况下，结合各种先进技术继续研制可搭载的各类自动作业装备，根据不同的作业环境和任务要求快速配备不同的模块化装备，可以显著降低成本并提高地面无人系统的专业作业能力。快速、便捷地实现无人系统多任务装置切换是一个研究课题。

⑤ 地面无人系统已经具备了一定的智能感知能力，为了获得更丰富、更立体的信息，应在地面无人系统外部装载先进的触觉感知传感器以及化学传感器，实时感知周围环境，进一步提高无人系统的快速感知能力。

⑥ 通信网络是地面无人系统的重要支撑，为了防止电磁干扰对无人系统通信造成故障隐

患，应重点研究反电磁干扰装备，使无人系统能屏蔽任何频率以及带宽的干扰。

⑦ 无人系统的体系结构向模块化、通用化方向发展。随着无人系统种类、作业任务种类逐渐增多，无人系统体系结构也趋于复杂，各种成本费用显著增加。在这种情况下，体系结构的模块化、通用化可实现无人系统之间通用互换，提升无人系统的功能扩展能力，降低维护成本。

1.2 ROS 简介

1.2.1 ROS和机器人

ROS（robot operation system，机器人操作系统）的发展与机器人的发展紧密相关。机器人的发展历史可追溯到 20 世纪 50 年代，美国人 George Devol 首先提出了工业机器人的概念。此后 20 年，机器人的发展便进入了新的时代。

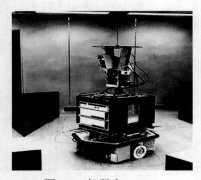

图 1-7　机器人 Shakey

图 1-7 所示的机器人为美国斯坦福国际研究所(Stanford Research Institute, SRI) 于 1966~1972 年间研制的移动式机器人 Shakey，这是首台采用了人工智能技术的移动机器人。Shakey具备一定人工智能，能够自主进行感知、环境建模、行为规划并执行任务(如寻找木箱并将其推到指定位置)。它装备了电视摄像机、三角法测距仪、碰撞传感器、驱动电机以及编码器，并通过无线通信系统由两台计算机控制。Shakey 项目当时花费 75 万美元，成本巨大。

机器人技术涉及从硬件到软件、从感知到控制、从通信到接口驱动、从算法到功能等方面，技术体系非常庞杂，如何降低系统开发成本，提高效率，提高研发生产力，成为机器人开发技术路线要解决的核心问题。20 世纪 90 年代以来 IT 业界风行的面向服务的体系结构（SOA）、分布式服务、模块化与软件复用等理念与开发实践，极大地影响了智能机器人的技术发展路线。

2007 年，斯坦福大学人工智能实验室的项目团队与机器人技术公司 Willow Garage 的个人机器人项目（Personal Robots Program）团队合作开发智能机器人系统，在解决机器人软件分层、模块化、标准化方面有了成果，推出了最初的 ROS（robot operating system）。2008 年后，他们不断推动 ROS 的进一步发展，于 2009 年初推出了 ROS 0.4，该版本已初步具有了当前 ROS 的框架结构。然后历经近一年的测试和优化，他们于 2010 年初推出 ROS1.0 正式发行版本：ROS Box Turtle。到 2021 年 5 月，ROS 已经发行了 10 多个版本。

从 2008 年至 2013 年，Willow Garage 公司主要负责管理和维护 ROS 的持续发展。ROS 是一个开放源码的公开系统，通过众多院校及科研机构的联合维护和持续开发，有力地促进了 ROS 的生态构建与壮大。2013 年 Suitable Technologies 公司收购了 Willow Garage 公司，ROS 的开发和维护管理工作被移交给了新成立的开源基金会（Open Source Robotics Foundation, OSRF）。ROS 的标志见图 1-8。

随着 ROS 开源，ROS 在业界产生巨大影响效应，谈机器人必谈 ROS，机器人研究与应用领域展开了学习和使用 ROS 的经久不衰的热潮。2011 年，ROS 开源时只有 4517 名独立访问者下载了 ROS 包，ROS 当时只提供了 290102 个 ROS 二进制软件包。2022 年，ROS Wiki 有大约 250 万访问者，有 789956 名独立访问者共下载 35036199 个软件包。短短十年左右，用户数量增加了 174 倍。曾经只有

图 1-8　ROS 标志

少数研究人员和学生的 ROS 社区，现在是一个由专业人士、业余爱好者和学者组成的庞大的全球社区。

总之，ROS 的出现极大地促进了机器人技术的发展，成为了机器人领域的标准操作系统之一。地面无人系统可以使用 ROS 作为操作系统，通过 ROS 提供的软件库和工具，实现自主导航、传感器控制、通信等功能。ROS 提供了丰富的机器人应用程序开发工具，如机器人建图、路径规划、机器人控制等，同时，ROS 还提供了强大的仿真工具，可以在虚拟环境中测试和验证地面无人系统的性能和功能，这些工具的应用大大简化了地面无人系统的开发过程。

1.2.2　ROS的主要特点

ROS 作为一款开源机器人操作系统，具有以下几个主要特点。

（1）分布式架构

ROS 采用分布式架构，可以将机器人系统中的各个 ROS 节点功能组件分别部署运行在不同的计算机上，各功能组件进程通过标准通信接口协同，完成机器人的自主作业操作以及对它的远程监控。

（2）模块组件化

ROS 采用模块化设计，将机器人系统中各个功能模块分别创建为高内聚、低耦合的独立软件包，编译成独立 ROS 节点功能组件。模块组件化方便软件重用，方便系统维护、功能扩展，在分布式环境下可以方便灵活地组合部署。网络环境下的 ROS 节点组件通过标准通信接口协同作业，完成机器人系统功能。

（3）标准通信接口

ROS 通信机制是 ROS 中用于节点之间进行通信的一种机制。ROS 通信机制主要包括两种方式：话题（topic）和服务（service）。基于上述通信机制，ROS 标准通信接口定义了一组规范，用于确保不同节点之间的通信能够顺利进行。ROS 标准通信接口包括：消息格式、话题名称、服务名称、参数服务器、ROS Master。通过遵循 ROS 标准通信接口，不同的 ROS 节点可以方便地进行通信和数据共享，从而实现复杂的机器人系统的开发和控制。

（4）多语言支持

ROS 支持多种编程语言，包括 C++、Python 等。ROS 的多语言支持特色主要体现在消息通信层。ROS 希望各个语言之间自定义数据接口通信，而不是硬性地提供有限的固定好的接口让开发者去硬性对接。这样有利于开发的灵活性，给开发者带来了极大的便利和自由。为了支持多语言，ROS 的消息传送只提供了几乎每个编程语言都支持的最基本的数据类型，数据结构则可以由开发者定义。类似结构体，它的消息传送数据也可嵌套、拼接等。

（5）丰富的工具和库

ROS 提供了丰富的工具和库，包括可视化工具、仿真工具、导航库、感知库等，可以帮助开发者更快地开发机器人系统。

（6）易于调试和测试

ROS 提供了丰富的调试和测试工具，可以帮助开发者快速定位和解决问题，提高开发效率。

（7）开源社区

ROS 拥有庞大的开源社区，开发者可以在社区中分享代码、文档和经验，从而加速机器人技术的发展。

综上所述，ROS 具有分布式架构、模块组件化、标准通信接口、多语言支持、丰富的工具和库、易于调试和测试以及开源社区等主要特点，这使得它成为了机器人领域中广泛使用的操作系统。

1.2.3 ROS版本

ROS 是拥有许多先驱和开发贡献者的大型软件集合项目，机器人研究社区的开发者和维护者们通过不断地探索提出了开发协作框架的需求，并逐渐朝着这个目标努力前进。经过众多开发者的长期贡献，ROS 已经陆续推出了一系列发行版本。目前，ROS 已经支持 Ubuntu、OSX、Android、Arch、Debian 等 Linux 操作系统。此外，ROS 编译了针对 ARM 处理器的核心库和大部分功能包，实现了 ROS 对不同处理器平台的支持，使得其能够移植到嵌入式系统上运行。ROS 的版本发布时间取决于需求和可用资源。其中多数版本均为 LTS（稳定正式版），支持期为 5 年。对于在 Ubuntu 操作系统上运行的 ROS，每个版本都与 Ubuntu 系统版本相匹配，不同的 ROS 版本仅在对应的 Ubuntu LTS 版本上受支持。LTS 版本不会与任何以前的版本共享通用的 Ubuntu 版本。ROS 的版本在发布日期之后将不再增加对新 Ubuntu 版本的支持。表 1-1 是 ROS 自诞生以来已经发行的版本。

表 1-1 ROS 发行版本

版本名称	发布日期	软件标识图案	辅导案例的小海龟图标	EOL 日期
ROS Noetic Ninjemys (Recommended)	2020 年 5 月 23 日			2025 年 5 月 (Focal EOL)
ROS Melodic Morenia	2018 年 5 月 23 日			2023 年 5 月 (Bionic EOL)
ROS Lunar Loggerhead	2017 年 5 月 23 日			2019 年 5 月
ROS Kinetic Kame	2016 年 5 月 23 日			2021 年 5 月 (Xenial EOL)
ROS Jade Turtle	2015 年 5 月 23 日			2017 年 5 月
ROS Indigo Igloo	2014 年 6 月 22 日			2019 年 4 月 (Trusty EOL)
ROS Hydro Medusa	2013 年 9 月 4 日			2015 年 5 月

续表

版本名称	发布日期	软件标识图案	辅导案例的小海龟图标	EOL 日期
ROS Groovy Galapagos	2012 年 12 月 31 日			2014 年 7 月
ROS Fuerte Turtle	2012 年 4 月 23 日			—
ROS Electric Emys	2011 年 8 月 30 日			—
ROS Diamondback	2011 年 3 月 2 日			—
ROS C Turtle	2010 年 8 月 2 日			—
ROS Box Turtle	2010 年 3 月 2 日			—

注：EOL 日期即 End of Life，是指该版本软件不再维护，不再提供维护的技术支持。

　　ROS 的发行版本（ROS distribution）指 ROS 软件包的版本，其与 Linux 的发行版本（如 Ubuntu）的概念类似。推出 ROS 发行版本的目的在于使开发人员可以使用相对稳定的代码库，直到其准备好将所有内容进行版本升级为止。因此，每个发行版本推出后，ROS 开发者通常仅对这一版本的 BUG 进行修复，同时提供少量针对核心软件包的改进。截至 2019 年 10 月，ROS 的主要发行版本的版本名称与其支持的操作系统版本号如表 1-2 所示。

表 1-2　ROS 1.0 版本对应的 Linux 操作系统平台

版本名称	操作系统平台
ROS Noetic Ninjemys	Ubuntu 20.04
ROS Melodic Morenia	Ubuntu 17.10, Ubuntu 18.04
ROS Lunar Loggerhead	Ubuntu 16.04, Ubuntu 16.10, Ubuntu 17.04
ROS Kinetic Kame	Ubuntu 15.10, Ubuntu 16.04
ROS Jade Turtle	Ubuntu 14.04, Ubuntu 14.10, Ubuntu 15.04
ROS Indigo Igloo	Ubuntu 13.04, Ubuntu 14.04
ROS Hydro Medusa	Ubuntu 12.04, Ubuntu 12.10, Ubuntu 13.04
ROS Groovy Galapagos	Ubuntu 11.10, Ubuntu 12.04, Ubuntu 12.10
ROS Fuerte Turtle	Ubuntu 10.04, Ubuntu 11.10, Ubuntu 12.04
ROS Electric Emys	Ubuntu 10.04, Ubuntu 10.10, Ubuntu 11.04, Ubuntu 11.10
ROS Diamondback	Ubuntu 10.04, Ubuntu 10.10, Ubuntu 11.04
ROS C Turtle	Ubuntu 9.04, Ubuntu 9.10, Ubuntu 10.04, Ubuntu 10.10
ROS Box Turtle	Ubuntu 8.04, Ubuntu 9.04, Ubuntu 9.10, Ubuntu 10.04

注：在应用中，ROS 的版本一般不称呼全称，例如 ROS Melodic Morenia、ROS Noetic Ninjemys，而采用简称 ROS Melodic、ROS Noetic。

本书后续章节的 ROS 应用案例均是在 ROS Noetic 版本上开发。

1.2.4　ROS学习资源

要想学好以及用好 ROS，首先是了解、建立并熟悉 ROS 的知识框架，在 ROS 知识框架下，通过项目实践，有序充实 ROS 在不同应用领域的知识，在项目实践中测试、验证这些知识，最终全面掌握 ROS 知识。在学习过程中，获取学习资源非常重要，ROS 的学习资源主要有以下几个。

- 官网：www.ros.org
- 源码：github.com
- Wiki：wiki.ros.org
- 问答：answers.ros.org

本章
小结

随着科学技术的快速发展及人们对生产生活高效便捷需求的不断提高，机器人系统集成了越来越多的功能，包括传感器、智能感知与处理算法，使得用户跟机器人的交互越来越容易，但对于机器人的开发者来说恰恰相反，更多新功能的增加使得机器人系统的开发与集成难度大幅上升，机器人操作系统 ROS 的出现有效缓解了这些问题。从计算机和智能手机的发展过程来看，合适与成熟的机器人操作系统是智能机器人行业大规模发展和机器人在人们的生活中普及的必要条件。

扫码免费获取
本书资源包

第2章
ROS 入门

2.1 ROS 基本概念

2.1.1 ROS主要功能

（1）底层功能

机器人开发是一个软件、硬件结合的领域，需要涉及很多传感器、执行器的驱动。常用的硬件一般都可以在 ROS 中找到匹配的驱动功能包，如 2D/3D 摄像头、激光雷达、语音识别器、超声波传感器、力矩传感器、动作捕捉器、GPS、IMU 以及速度传感器等。很多伺服系统的驱动在 ROS 当中也可以找到，如 dynamixel 的伺服系统。Kungfu Arm 前端的灵巧手使用的就是 dynamixel，相关的功能包是 dynamixel_motor。ROS 支持的很多机器人（如 PR2、KUKA、shadow hand）都使用了一种实时工业以太网总线——EtherCAT。EtherCAT 本身就有开源的协议实现方式，ROS 将开源库集成为功能包——ethercat_soem，可以在很多机器人的软件源中看到。

ROS 中与底层驱动相关的功能包大都是对已有开源驱动的集成封装，在已有驱动基础上添加 ROS 接口，所以其稳定性主要和原本的驱动相关，同时还要考虑 ROS 通信机制的影响。

（2）上层功能

上层功能是 ROS 最为擅长的一个领域，可以提供众多机器人的应用功能，如 SLAM、导航、定位、图像处理、机械臂控制。

① 机器人导航：navigation 是 ROS 的二维导航功能包，其根据输入的里程计等传感器的信息流和机器人的全局位置，通过导航算法，计算得出安全可靠的机器人速度控制指令。ROS 集成的 navigation 导航框架用于在机器人开发时快速搭建好应有的功能，而且基本不会涉及太多编码，可以快速上手，对学习和研究者非常友好。

② "Moveit!" 机械臂控制："Moveit!" 是 ROS 中针对机械臂控制的运动规划平台，集成了机械臂运动规划、避障规划、运动学计算等功能模块。和 ROS 中的导航功能差不多，用"Moveit!"搭建一个简单的机械臂控制系统不难，真的要去实现一个产品化的控制系统就复杂了。

ROS 中丰富的上层应用资源，对机器人产品化的实现还是有很大帮助的，一方面可以利用这些功能包快速完成原型开发，另一方面可以从这些源码资源中获得灵感。

（3）控制模块

丰富的上层资源最终还是要落实到机器人上，在机器人控制部分，ROS 提供了一个控制框架——ros_control，同时还有很多常用的控制器，如 ros_controllers。ros_control 是 ROS 为开发者提供的机器人控制中间件，包含一系列控制器接口、传动装置接口、硬件接口、控制器工具箱等，可以帮助机器人应用功能包快速落地，提高开发效率。

针对不同类型的机器人（移动机器人、机械臂等），ros_control 可以提供多种类型的控制器（controller），但是这些控制器的接口各不相同。为了提高代码的复用率，ros_control 还提供了一个硬件抽象层，负责机器人硬件资源的管理，控制器从抽象层请求资源即可，并不直接接触硬件。应用功能中的控制模块提供了不少控制器，如位置控制器、轨迹控制器、力控制器、速度控制器等，这些控制器的框架设计和代码实现，都可以用于机器人开发中。图 2-1 为 ROS 官方提供的解释框图。

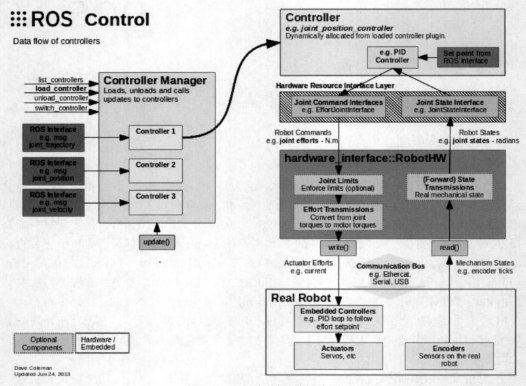

图 2-1　ROS 控制器数据流图

（4）常用组件

ROS 的应用功能中还有一些常用模块，这里统称为常用组件，如 TF、URDF、Message 等。其中 TF 是 ROS 中非常重要的一个部分，其可以根据机器人系统坐标系创建一棵 TF 树，然后帮助开发者完成坐标系之间的变换。在 ROS 中，TF 是通过广播和监听方式操作的。这种方法在复杂机器人系统中会产生很多冗余信息，效率不高。除去上层的广播和监听封装，TF 的内核是一个完成坐标运算的数学库，其实与 ROS 并没有关系。在项目开发中，可以直接链接 TF 的底层数学库完成需要的坐标变换。

URDF 是 ROS 中实现机器人建模的重要工具，很多上层功能的算法实现，都依赖于机器人的 URDF 模型。如果直接移植 ROS 中的功能包源码，URDF 模型部分还是需要维护的。

ROS 为机器人提供了一个统一的平台，很重要的一个部分就是定义了一系列标准的接口，这些接口的定义与 ROS 的通信机制没有关系，完全可以在程序中调用，这样不仅免去了重复定义的问题，还可以保持和 ROS 统一的接口。

2.1.2　ROS主要框架

（1）总体结构

根据 ROS 代码的维护者和分布，其总体结构主要有两大部分。

① main：核心部分，Willow Garage 公司和一些核心开发者负责 ROS 的核心部分的程序编写，以及分布式计算的基础核心部分的设计以及维护。

② universe：全球范围内的开发者共同维护和升级的代码，主要是实现对 ROS 当中各个算法和功能模块的开发，集合各种先进算法完成对机器人应用功能的开发。

在开发人员中通常将 ROS 分为如图 2-2 所示的三个级别。

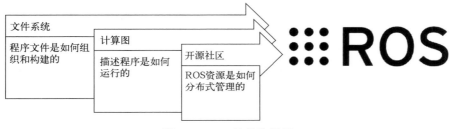

图 2-2　ROS 的总体框架

一是文件系统级。这一级主要体现 ROS 的内部构成、文件夹结构，以及工作所需要的核心文件。

二是计算图级。这一级主要体现 ROS 中进程和系统之间的通信，包括建立系统、处理各类进程、与多台计算机通信等。

三是开源社区级。这一级是非常重要的，正因为广大开发人员对 ROS 的升级与维护，才使 ROS 有如此强大的生命力。

（2）文件系统级

文件系统级指的是在计算机文件系统中 ROS 源代码的存放组织形式。ROS 需要使用有效的结构去管理无数的节点、消息、服务、工具和库文件。在 ROS 的文件系统级，有以下两个重要概念：包（package）、栈（stack）。

① 包：ROS 中的每个小功能模块就是"包"，它往往完成的是一个或两个特定的功能，如传感器的驱动、话题消息数据的处理、功能的拼接整合等。包与包之间的耦合度较低，尽量使包的功能独立开来，以便能灵活独立使用。

② 栈：栈是包的集合，它通常用来完成某个整体的功能，如最常见的导航功能包、SLAM功能包、仿真功能包等。它将一系列"包"组合在一起，完成大型的项目或功能，类似于程序的开发框架。

ROS 是一种分布式处理框架，这使可执行文件能被单独设计，并且在运行时松散耦合。这些过程可以封装到包和栈中，以便共享和分发。

（3）计算图级

计算图级是 ROS 处理数据的一种点对点的网络形式。程序运行时，所有进程以及所进行的数据处理，将会通过一种点对点的网络形式表现出来。这一级主要包括几个重要概念：节点（node）、消息（message）、话题（topic）、服务（service）。

① 节点：节点就是一个独立的程序，运行起来后就是一个普通的进程。它分布在各个功能包之中，在一个功能包中可以有一个或多个节点，在节点上可以进行 ROS 最基本的运算和通信，如数据的收发、坐标变换树的维护以及参数服务器的建立等。一个节点相当于是一个代理，将自己完成的功能发布到 ROS 中去更新状态或者发送和接收消息。

② 消息：消息是节点之间进行信息传递的载体，节点之间的通信需要某种格式的消息，才能正确地对数据进行识别和处理。消息类似各编程语言中的结构体或者数据结构，它支持最基本的数据类型，在此基础上可以将其嵌套并定义成各种结构体。

③ 话题：话题是一种通信方式，它传输的数据就是消息。它是一种典型的异步通信方式，以一种发布和订阅的机制进行消息传输。首先，话题类似一个"地址"，节点中的发布者（这里的发布者可以是多个）都将消息发往这个"地址"，这个"地址"设定一定大小的缓冲区以将这些消息都存放起来，这样就完成了消息发送的部分；其他需要这个消息进行工作的节点将订阅（这里订阅的订阅者也可以是多个）这个"地址"，并从这个"地址"中取出已经存放的消息进行数据处理等工作。异步通信一般采用 UDP 协议。

④ 服务：话题的发布和订阅模型是很灵活的通信模式，但是它广播式的机制并不适合需要高同步和低频率的通信，这就需要采用同步通信方式。在 ROS 中，服务就是同步通信机制，它是典型的 client 与 server 模式，即一个客户端对应一个服务端，一个服务端可以对应多个客户端，服务一般采用 http 协议。

ROS 提供的机制，要想能完美地运作，在分布式部署中需要确定一个系统的服务中心，即 ROS 的节点管理器（ROS master）。

ROS 节点管理器通过远程过程调用协议（remote procedure call protocol，RPCP）提供了登记列表和对其他计算图表的查找。没有节点管理器，节点将无法找到其他节点，以进行交换消息或调用服务。

ROS 节点管理器相当于一个寻址服务器，它将每个 ROS 网络的终端和 ROS 网络的节点进行动态登记，当节点之间想要进行连接时，为节点提供地址，之后两个节点可以直接进行连接，而无须通过 ROS 节点管理器进行中继转发。

（4）开源社区级

开源社区级是 ROS 不断迸发活力的关键所在，全球热爱或使用 ROS 的开发者一同分享实践中的问题和经验，并对 ROS 不断进行改进和优化，最终形成这一富有生命力的操作系统生态环境。

2.2 ROS 文件系统

文件系统层级主要指在硬盘里能看到的 ROS 目录和文件，ROS 的文件系统就是在 ROS 的工作空间目录下与工程相关的目录及文件的组织架构。对 ROS 的学习都应该从新建一个 ROS 工程项目开始，所以要首先认识一个 ROS 工程项目，了解其组织架构，了解各文件的功能与作用，才能为更深一步的学习做铺垫。

本节先从了解 ROS 的编译系统 catkin 开始，然后一步一步地了解工作空间的创建、功能包的创建，同时介绍一部分功能包中重要的文件，使读者对 ROS 的文件系统有一个全面的了解。

2.2.1 catkin编译系统

（1）catkin 简介

学过编程的人都不会陌生，对于高级语言源代码，只有通过编译后才能在系统上运行，例如 Qt 中常用的编译器为 mingw（gcc），Visual Studio 中使用的编译器为 MSVC，而 Linux 中使用的编译器有 gcc、g++。随着源文件数量的增加，直接用 gcc/g++命令逐个对文件进行编译不但麻烦，而且影响开发效率，所以人们开始用 Makefile 进行编译。然而随着工程体量的增大，Makefile 也不能满足需求，于是便出现了 CMake 工具。CMake 工具是对 make 工具的生成器，是更高层的工具，它简化了编译构建过程，能够管理大型项目，具有良好的扩展性。对于 ROS 这样大体量的平台来说，采用 CMake 非常合适。ROS 将 CMake 与 make 指令进行了封装，并且对 CMake 进行了扩展，就产生了 catkin 编译系统。其工作流程见图 2-3。

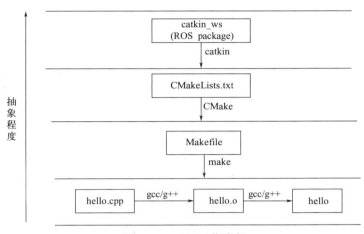

图 2-3 catkin 工作流程

现在知道，catkin 就是基于 CMake 的 ROS 编译系统，其编译过程的步骤大致如下：

① 创建 ROS 工程工作空间目录，例如 catkin_ws；

② 在工作空间终端下输入 catkin_make 后，编译器首先递归查找工作空间的/src 下的所有功能包；

③ catkin 编译器会根据功能包中的 CmakeLists.txt 文件生成 makefiles 中间文件，并将该文件放在和/src 同级的/build 目录下（初创的工作空间下没有/build 目录，系统会自动生成一个，无须手动创建）；

④ 待工作空间中所有的功能包都生成了 makefiles 文件后，编译器便开始 make 这些 makefiles，编译链接生成可执行文件(目标文件)，放置于与/src 同级的/devel 文件夹中（同样此文件夹系统会自动生成）。

可以看到，相较于 CMake，catkin 使用起来操作更加简便，除此之外其特点还有跨依赖项目编译、一次配置多次使用等。图 2-4 为其工作时文件产生顺序流程图。

图 2-4 catkin 文件产生顺序

此处可以看到 catkin 工作空间结构，工作空间将会在 2.2.2 节中进行讲解，它包括了 src、build、devel 三个目录，在有些编译选项下也可能包括其他目录，如 install（安装空间）。但这三个目录是 catkin 编译系统默认必不可少的。它们的具体作用如下：

● src：代码空间（source space）catkin 在编译时使用的源代码包，所有 ROS 功能包源码文件储存在这里。

● build：编译空间（build space），用来存储 catkin 编译源码过程中产生的缓存信息和中间文件。

● devel：开发空间（development space），用来放置 catkin 编译生成的目标文件（包括头文件、动态链接库、静态链接库、可执行文件等）、环境变量。

其中，build 与 devel 目录是由 catkin 生成并管理的，日常开发主要用到 src 目录，无论是自己写的代码还是网上下载的代码，都应放在 src 目录下。

（2）使用 catkin 编译

下面简要介绍使用 catkin 编译的具体命令。首先将工作空间创建在 home 下，并取名为 catkin_ws。

在桌面打开终端，执行以下命令，进入工作空间（catkin_make 必须在工作空间下执行）：

```
$ cd   ~/catkin_ws
```

然后使用如下命令进行编译：

```
$ catkin_make
```

无论是什么样的工作空间，基本编译过程都严格遵守以上过程。值得注意的是，在编译时，经常会遇到一些报错，一般情况下都是缺少相关依赖的错误，需要根据报错提示信息将所需依赖安装上。

编译完成之后，需要刷新系统环境变量才可以使该工作空间下的功能包正常运行。很多读者都会遇到明明编译通过了，但是启动工作空间中的功能包时却被提示找不到该功能包，其问题一般出在环境变量上，使用如下命令可以告诉 ROS 这个 catkin_ws 工作空间的存在：

```
$ source ~/catkin_ws/devel/setup.bash   #读者操作路径时根据自己实际路径情况而定
```

这种使环境变量生效的指令在每次程序的编译后都要进行一遍，那么有没有一种永久生效的方法呢？下面介绍另外一个方法，通过修改 ubuntu 的.bashrc 文件来实现，以下为终端中具体操作：

```
$ vim ~/.bashrc   #编辑.bashrc 文件，将 vim 替换为 vi 亦可
```

进入文件中后，在文件的最后一行加上环境配置的指令：

```
source /home/ubuntu/catkin_ws/devel/setup.bash
```

注意，这里 devel 前面是自己文件的路径，需要根据自己工作空间的实际名称与路径情况而定。

下面是一些 catkin_make 命令的可选参数，供读者在需要时参考：

```
catkin_make [args]
  -h, --help                #帮助信息
  -C DIRECTORY, --directory DIRECTORY        #工作空间的路径 (默认为 '.')
  --source SOURCE           #src 的路径 (默认为'workspace_base/src')
  --build BUILD             #build 的路径 (默认为'workspace_base/build')
  --use-ninja               #用 ninja 取代 make
  --use-nmake               #用 nmake 取代 make
  --force-cmake             #强制 CMake，即使已经 CMake 过
  --no-color                #禁止彩色输出(只对 catkin_make 和 CMake 生效)
  --pkg PKG [PKG ...]       #只对某个 PKG 进行 make
  --only-pkg-with-deps   ONLY_PKG_WITH_DEPS [ONLY_PKG_WITH_DEPS ...]        #将指定的
package 列入白名单 CATKIN_WHITELIST_PACKAGES，只编译白名单里的 package。该环境变量存在
于 CMakeCache.txt
  --cmake-args [CMAKE_ARGS [CMAKE_ARGS ...]]        #传给 CMake 的参数
  --make-args [MAKE_ARGS [MAKE_ARGS ...]]          #传给 make 的参数
  --override-build-tool-check        #用来覆盖由于不同编译工具产生的错误
```

（3）CMakeLists.txt

CMakeLists.txt 原本是 CMake 编译系统的规则文件。由于 catkin 编译系统基本沿用了 CMake 的编译风格，只是针对 ROS 工程添加了一些宏定义，因此在写法上，catkin 的 CMakeLists.txt 与 CMake 的基本一致。

ROS 的 catkin 编译是以功能包为单位进行的，ROS 的每个功能包都必须包含一个 CMakeLists.txt 文件，这个文件直接规定了这个功能包要依赖哪些其他功能包、要编译生成哪些目标、如何编译等流程。所以 CMakeLists.txt 非常重要，它指定了由源码到目标文件的规则，catkin 编译系统在工作时首先会找到每个功能包下的 CMakeLists.txt，然后按照规则来编译构建。

以下为 CMakeLists.txt 的总体结构。

```
cmake_minimum_required()  #CMake 的版本号
project()                 #项目名称
find_package()            #找到编译需要的其他 CMake/catkin package
catkin_python_setup()     #catkin 新加宏，打开 catkin 的 Python Module 的支持
add_message_files()       #catkin 新加宏，添加自定义 Message 文件
add_service_files()       #catkin 新加宏，添加自定义 Service 文件
add_action_files()        #catkin 新加宏，添加自定义 Action 文件
generate_message()        #catkin 生成依赖项的消息与服务接口
catkin_package()          #catkin 新加宏，生成当前功能包的 CMake 配置，供依赖本包的其他软
件包调用
add_library()             #生成库
add_executable()          #生成可执行二进制文件
add_dependencies()        #定义目标文件依赖于其他目标文件，确保其他目标文件已被构建
target_link_libraries()   #链接
catkin_add_gtest()        #catkin 新加宏，生成测试
install()                 #安装至本机
```

注意，并非每个 CMakeLists.txt 文件都包含以上的全部内容。如果是网络上开源的功能包，开发者会写好编译功能包所需的 CMakeLists.txt 文件；一般在运行 catkin_make 时，系统会自动生成 CMakeLists.txt，该文件包含上述细节，并有详细英文注释，开发者可根据功能包的编译需求在源文件基础上更改 CMakeLists.txt 文件。

2.2.2 ROS工作空间

上一节介绍了 ROS 专用编译系统 catkin_make，catkin_make 是用来对工作空间进行编译的。ROS 工作空间被直观地形容就是一个仓库，里面装载着 ROS 的各种项目工程，便于系统组织、管理、调用。其在可视化图形界面里是一个文件夹（与系统其他文件夹一样）。读者自己写的 ROS 代码通常就放在工作空间中，下面介绍 ROS 工作空间的结构及其初始化。

（1）工作空间结构

工作空间由包含功能包、可编辑源文件或编译包的文件夹组成。在 ROS 开发过程中，比较典型的工作空间的文件组织结构如图 2-5 所示。

学习 catkin 时，已经初步了解了 src、build 与 devel，从中可以看到，功能包都是放在工作空间的 src 目录下。ROS 工作空间基本就是以上的结构，package（功能包）是 ROS 工作空间的基本单元，读

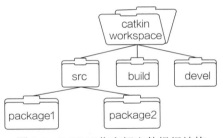

图 2-5 ROS 工作空间文件组织结构

者在进行 ROS 开发时，写好代码，然后用 catkin_make 编译，系统就会完成所有编译构建的工作。至于更详细的 package 内容，将在 2.2.3 节继续介绍。

同时，读者也可以在工作空间使用 tree 命令来查看文件结构，具体过程为：

```
$ cd ~/catkin_ws    #首先进入工作空间
$ sudo apt install tree    #如果没有安装 tree 的话，执行此命令进行安装
$ tree    #执行
```

终端显示如下：

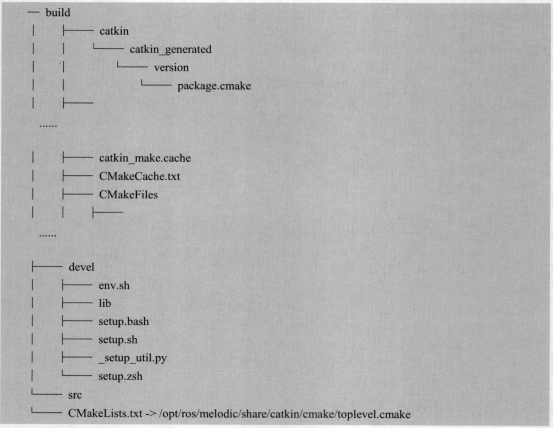

（2）初始化 ROS 工作空间

学习了 catkin 编译系统，了解了工作空间的结构后，现在尝试初始化一个空间，具体命令如下：

```
$ mkdir -p ~/catkin_ws/src    #创建工作空间目录
$ cd ~/catkin_ws/    #进入工作空间目录
$ catkin_make    #初始化工作空间
```

注意，有些教程在进行初始化工作空间时可能会使用 $ catkin_init_workspace 的命令，这是 ROS 一个比较老的命令了，目前也是可以用的。

2.2.3 ROS功能包

ROS 功能包（package）不仅是 Linux 上的软件包，更是 catkin 编译的基本单元，调用 catkin_make 编译的对象就是一个个 ROS 的功能包，也就是说任何 ROS 程序只有组织成功能

包才能编译。所以 package 也是 ROS 源代码存放的地方，任何 ROS 的代码，无论是 C++还是 python，都要放到功能包中，这样才能正常地编译和运行。

（1）功能包结构

功能包是 ROS 的一种特定的文件结构和文件夹组合。在图 2-5 所示工作空间结构的基础上，将功能包的具体文件结构表示出来，这种结构如图 2-6 所示。

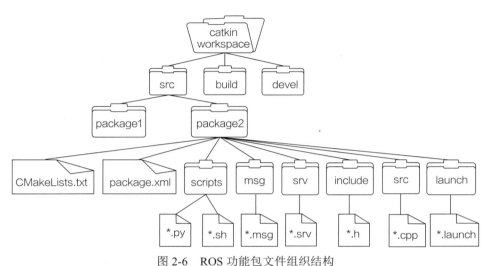

图 2-6　ROS 功能包文件组织结构

其中各文件类型的含义如下。

● CMakeLists.txt：定义功能包的包名、依赖、源文件、目标文件等编译规则，是功能包必不可少的成分。

● package.xml：描述功能包的包名、版本号、作者、依赖等信息，是功能包必不可少的成分。catkin 编译系统在进行编译前，首先就要解析 CMakeLists.txt 和 package.xml 这两个文件，可以说这两个文件就定义了一个功能包。

● src：存放 ROS 的源代码，包括 C++的源码(.cpp)以及 python 的 module(.py)。

● include：存放 C++源码对应的头文件。

● scripts：存放可执行脚本，例如 shell 脚本(.sh)、python 脚本(.py)。

● msg：存放自定义格式的消息(.msg)，用于话题通信。

● srv：存放自定义格式的服务(.srv)，用于服务通信。

● launch：存放 launch 文件(.launch 或.xml)。

除此之外，在仿真功能包中也会用到以下类型文件：

● urdf：存放机器人的模型描述(.urdf 或.xacro)。

● models：存放机器人或仿真场景的 3D 模型(.sda, .stl, .dae 等)。

（2）功能包的创建

在第 2.2.2 节创建的工作空间 catkin_ws 基础上，继续进行功能包的创建工作。创建功能包需要在工作空间的/src 文件夹下，不同于工作空间创建时直接创建的是文件目录，ROS 功能包的创建需要用到专有命令 catkin_create_pkg，具体用法为：

```
$ catkin_create_pkg package depends
```

这里的 package 是自定义的包名，depends 是功能包需要用到的依赖包的包名，可以用到多个依赖包，而事实上，一般 ROS 功能包都会用到不止一个依赖。现假设要创建一个名为 test 的功能包，需要用的依赖为 roscpp rospy std_msgs，则使用命令如下：

```
$ cd ~/catkin_ws/src/   #先进入指定目录，即工作空间下的 src 源码文件夹
$ catkin_create_pkg test roscpp rospy std_msgs   #创建名为 test 的功能包，且依赖为 roscpp rospy std_msgs
```

执行完这一步，catkin_ws 工作空间下就已经创建好了一个功能包。这时可以在当前路径下看到一个新生成的名为 test 的文件夹，读者也可以使用 tree 命令进行目录结构的查看：

```
$ cd test   #进入功能包
$ tree
```

结果显示如下：

```
├── CMakeLists.txt
│   ├── include
│   │   └── test
├── package.xml
└── src
```

此为一个功能包的最小组成单位，读者可以在此基础上进行功能的编写与拓展。

（3）package.xml

细心的读者可能会发现，在上面功能包的创建过程中还有一个文件没有介绍，这便是 package.xml。与 CMakeLists.txt 相同，package.xml 也是一个功能包必须包含的文件，该文件随着功能包的创建而自动生成，在较早的 ROS 版本(rosbuild 编译系统)中，这个文件叫作 manifest.xml，用于描述 package 的基本信息。

package.xml 包含了功能包的名称、版本号、内容描述、维护人员、软件许可、编译构建工具、编译依赖、运行依赖等信息。既然以 xml 格式结尾，那么其必然遵循 xml 标签文本的写法。package.xml 文件中通常包含以下标签：

```
1.    <package>                                      #根标记文件
2.    <name>   </name>                               #包名
3.    <version>   </version>                         #版本号
4.    <description> </description>                   #内容描述
5.    <maintainer> </maintainer>                     #维护者
6.    <license> </license>                           #软件许可证
7.    <buildtool_depend></buildtool_depend>          #编译构建工具，通常为 catkin
8.    <depend>   </depend>         #指定依赖项为编译、导出、运行需要的依赖，最常用
9.    <build_depend> </build_depend>                 #编译依赖项
10.   <build_export_depend></build_export_depend>    #导出依赖项
11.   <exec_depend></exec_depend>                    #运行依赖项
12.   <test_depend></test_depend>                    #测试用例依赖项
13.   <doc_depend></doc_depend>                      #文档依赖项
14.   </package>
```

其中第 1～6、14 行为必备标签。第 1 行是根标签，嵌套了其余的所有标签；第 2～6 行为包的各种属性；第 7～13 行为编译相关信息。当需要注释时使用"#"符号。

（4）package 相关命令

这里将 ROS 对 package 的相关管理命令进行整理，以便读者需要时进行查阅。

① rospack：直接对 package 功能包进行管理的工具，命令的用法如表 2-1 所示。

表 2-1　rospack 命令用法

命令	作用	命令	作用
rospack help	显示 rospack 的用法	rospack find [package]	定位某个 package
rospack list	列出本机所有 package	rospack profile	刷新所有 package 的位置记录
rospack depends [package]	显示 package 的依赖包		

② roscd：类似于 Linux 系统的 cd（指定要进入的目录）命令，改进之处在于 roscd 可以直接 cd 到 ROS 的功能包，用法如表 2-2 所示。

③ rosls：可以视为 Linux 指令 ls 的改进版，可以直接列出 ROS 功能包的内容，用法见表 2-3。

表 2-2　roscd 命令用法

命令	作用
roscd [package]	cd 到 ROS package 所在路径

表 2-3　rosls 命令用法

命令	作用
rosls [package]	列出 pacakge 下的文件

④ rosdep：用于管理 ROS 功能包依赖项的命令行工具，用法见表 2-4。

表 2-4　rosdep 命令用法

命令	作用	命令	作用
rosdep check [package]	检查 package 的依赖是否满足	rosdep init	初始化/etc/ros/rosdep 中的源
rosdep install [package]	安装 package 的依赖	rosdep keys	检查 package 的依赖是否满足
rosdep db	生成和显示依赖数据库	rosdep update	更新本地的 rosdep 数据库

（5）环境变量的添加

本章 2.3 节的 ROS 通信机制中，有自己编写代码制作功能包的案例，这些功能包是不被 ROS 识别的，必须进行环境变量的添加。ROS_PACKAGE_PATH 是一个可选的环境变量，允许将手动编译的 ROS 包添加到 ROS 环境中。ROS_PACKAGE_PATH 可以由标准操作系统路径分隔符分隔的一个或多个路径组成（例如，Unix 系统上的 "："）。这些有序路径告诉 ROS 系统在哪里搜索更多的 ROS 包。如果有多个同名的包，ROS 会先选择出现在 ROS_PACKAGE_PATH 上的一个。

使用以下命令可以查看 ROS 环境下的包的情况：

```
$ echo $ROS_PACKAGE_PATH
```

注意：这里命令中第一个 "$" 符号不是终端中要输入的，第二个 "$" 符号是命令本身内容，需要输入。

如需人为添加一个新的路径，方法如下：

打开终端脚本～/.bashrc 文件：

```
$sudo gedit ~/.bashrc
```

在文件末尾添加如下内容：

```
export ROS_PACKAGE_PATH=${ROS_PACKAGE_PATH}:/你的工作空间路径/src
```

这时再次新打开一个终端，执行以下命令重新查看环境：

```
$ echo $ROS_PACKAGE_PATH
```

一切无误的话，就能够发现工作空间路径已经加入到 ROS_PACKAGE_PATH 中了，这种方法可以一劳永逸地解决 ROS 工作空间路径添加问题，只要工作空间位置不变，bashrc 文件中的 export 内容没有删除，该环境就一直有效。

2.2.4 launch启动文件

launch，中文含义为启动，launch 文件顾名思义就是启动文件。ROS 本质上是一个分布式通信框架，让不同的节点间能够相互对话，在节点少、程序小的情况下可以逐个节点来启动以测试运行效果，但是当工程规模大，需要多节点启动协同时就显得比较费劲。launch 文件可以启动本地和远程的多个节点，还可以在参数服务器中设置参数，简化了节点的配置与启动，极大地提高 ROS 程序的启动效率。

通常在运行 ROS 项目时，比如说使用一辆 ROS 小车建图，会涉及很多节点的启动，如果使用前面提到的单个节点启动方法，未免效率太低，一般需要使用 launch 文件来进行启动。launch 的命令格式如下：

```
$ roslaunch pkg_name file_name.launch
```

其中，pkg_name 为对应 launch 文件所在包的包名，file_name.launch 便是对应要启动的 launch 文件了。一般 launch 文件存放在功能包的 launch 文件夹中，值得注意的是，虽然 launch 文件可以启动多个节点，但是它也是要放置在 ROS 具体某个功能包中的。

launch 文件虽是.launch 结尾的文件，但也是一种标签文本，遵循着 xml 格式规范。其主要标签有：

```
<launch>          <!--根标签-->
<node>            <!--需要启动的 node 及其参数-->
<include>         <!--包含其他 launch-->
<param>           <!--定义参数到参数服务器-->
<rosparam><!--启动 yaml 文件参数到参数服务器-->
<arg>             <!--定义变量-->
<remap>           <!--设定参数映射-->
<group>           <!--设定命名空间-->
</launch>         <!--根标签-->
```

与 package.xml 的注释方法有所不同，launch 文件注释时使用<!--具体内容 -->的方式进行注释。

（1）<launch>标签

<launch>标签就像一个大的括号，是所有 launch 文件的根标签，充当其他标签的容器。所有的描述标签文件都必须写在<launch>标签下。以下为<launch>标签格式：

```
<launch>
……
……
</launch>
```

<launch>标签的子级标签有四种，分别为：

- <env> 环境变量设置
- <remap> 重映射节点名称
- <rosparam> 参数设置

● <param> 参数设置

以下为无人车底盘节点的 launch 文件，其中启动了四个节点，在一些节点中还有子集标签的使用，是一种典型的 node 格式。

```
<launch>
<!--启动 chassis_node -->
<node pkg="chassis_node" type="chassis_node" name="chassis_node" output="screen"
respawn="false"/>


<!--静态 tf -->
<node pkg="tf" type="static_transform_publisher" name="base_footprint_to_base_link" args="0 0 0.05 0
0 0 /base_footprint /base_link 100">
<param name="tf_prefix" value="ares3"/>
</node>
<node pkg="tf" type="static_transform_publisher" name="base_link_to_base_laser" args="0 0 0.3 0   0 0
/base_link /base_laser 100">
<param name="tf_prefix" value="ares3"/>
        </node>
    <node pkg="tf" type="static_transform_publisher" name="base_link_to_imu" args="0 -0.05 0.05 0 0
0   /base_link /imu 100">
<param name="tf_prefix" value="ares3"/>
        </node>


</launch>
```

（2）<node>标签

<node>标签用于指定 ROS 节点，是最常见的标签，每个<node>标签里包括了 ROS 图中节点的名称属性（name）、该节点所在的包名（pkg）以及节点的类型（type）。需要注意的是，roslaunch 命令不能保证按照<node>的声明顺序来启动节点（节点的启动是多进程的）。<node>标签的属性如表 2-5 所示。

表 2-5　<node>标签属性及其作用

属性	属性作用
name="NODE_NAME"	节点名称(在 ROS 网络拓扑中节点的名称)
pkg="PACKAGE_NAME"	节点所在的包名
type="FILE_NAME"	节点类型(与之相同名称的可执行文件)
output="log | screen" (可选)	日志发送目标，可以设置为 log 日志文件，或 screen 屏幕，默认是 log
machine="机器名"	在指定机器上启动节点
respawn="true | false" (可选)	如果节点退出，是否自动重启
required="true | false" (可选)	该节点是非必需的，如果为 true，那么当该节点退出时，将杀死整个 roslaunch
clear_params="true | false" (可选)	在启动前，删除节点的私有空间的所有参数
ns = "NAME_SPACE"	在指定命名空间"xxx"中启动节点
args="xxx xxx xxx"（可选）	将参数传递给节点

（3）<include>标签

<include>标签用于将另一个 xml 格式的 launch 文件导入到当前文件，可以实现 launch 文

件中启动其他 launch 文件，某种意义上，相当于 C 语言中的头文件。<include>标签的属性及作用如表 2-6 所示。

表 2-6　<include>标签属性及其作用

属性	属性作用
file="$(find 包名)/xxx/xxx.launch"	要包含的文件路径
ns="xxx" (可选)	在指定命名空间导入文件

<include>标签下有两种子级标签：第一种是<env>标签，用来进行环境变量设置；第二种是<arg>标签，用来将参数传递给被包含的文件。

这里以无人车的启动 launch 文件部分代码为例展示，代码如下：

```
<launch>
    <!--启动底盘-->
    <include file="$(find chassis_node)/launch/chassis_launch.launch"/>

    <!--启动雷达 -->
    <include file="$(find rplidar_ros)/launch/rplidar.launch"/>

    <!--启动相机 -->
    <include file="$(find zbar_ros)/launch/arcode.launch"/>

    <!--启动 imu-->
    <include file="$(find imu_filter_madgwick)/launch/imu_filter.launch"/>

    <!--启动 robot_pose_ekf-->
    <include file="$(find robot_pose_ekf)/launch/robot_pose_ekf.launch"/>

    <!--启动 cartographer -->
    <include file="$(find cartographer_ros)/launch/demo_revo_lds.launch" />

</launch>
```

（4）<remap>标签

<remap>标签主要用于话题重命名。<remap>的标签用法十分简单，只有两个参数：

● from：源命名。

● to：映射之后的名字。

<remap>标签下没有子级标签。

用一个例子来讲解 remap 标签比较合适：

```
<launch>

    <!--启动的节点 -->
    <node name="my_turtlesim" pkg="turtlesim" type="turtlesim_node" output="screen" >
        <remap from="/turtle1/cmd_vel" to="/cmd_vel"/>
    </node>
```

```
    <!--键盘控制节点 -->
    <node name="my_key" pkg="turtlesim" type="turtle_teleop_key" output="screen"/>


</launch>
```

ROS 自带键盘控制节点发送话题名称为/cmd_vel，而小乌龟 GUI 订阅的是/turtle1/cmd_vel，因为话题名称不一致，所以并不能直接用键盘控制节点控制小乌龟 GUI，因此需要将生成小乌龟 GUI 的节点<node>标签重新定义一下话题名称，即将"/turtle1/cmd_vel"改为"/cmd_vel"。可以使用 rostopic list 查看当前话题通信列表。

（5）<group>标签

<group>标签可以对节点分组，具有 ns 属性，可以让节点归属某个命名空间。<group>标签属性及作用如表 2-7 所示。

表 2-7　<group>标签属性及其作用

属性	属性作用
ns="名称空间" (可选)	要包含的文件路径
clear_params="true | false" (可选)	启动前，是否删除组名称空间的所有参数(需慎用)

<group>的子级标签为除了<launch> 标签外的其他标签。

以下为<group>标签的用法示例：

```
<launch>
    <!--启动两对小乌龟 GUI 与键盘控制节点 -->
    <group ns="first">
        <node pkg="turtlesim" type="turtlesim_node" name="my_turtle" output="screen" />
        <node pkg="turtlesim" type="turtle_teleop_key" name="my_key" output="screen" />
    </group>
    <group ns="second">
        <node pkg="turtlesim" type="turtlesim_node" name="my_turtle" output="screen" />
        <node pkg="turtlesim" type="turtle_teleop_key" name="my_key" output="screen" />
    </group>
</launch>
```

除此之外，<launch>标签还有关于<param>、<rosparam>、<arg>标签的内容，此部分将在2.3.6 节参数服务器中进行讲解说明。

2.2.5　launch自启动

在开发 ROS 项目时免不了需要设备开机以后自动运行一些节点，这里就涉及 Ubuntu 中的一些开机自启动问题。对于在 Ubuntu 中开机自动启动 ROS 节点有两种方法可以尝试，一种是使用 ROS 中带有的自启动服务 robot_upstart 实现，另一种则是写好脚本并添加到 Ubuntu 的启动程序中来实现。

（1）robot_upstart

可以使用一个名为 robot_upstart 的 ROS 包来实现在 Ubuntu 开机时自动运行 roslaunch 文件。这个包可以快速方便地生成一个或多个后台任务，在系统启动时运行 roslaunch 命令。该方法比较简单，首先需要确保 ROS 中安装有 robot_upstart 包，安装命令如下：

```
$ sudo apt install ros-noetic-robot-upstart
```

然后使用下面的命令来指定需要自启动的 roslaunch 文件：

```
$ rosrun robot_upstart install <package_name>/launch/xxxx.launch
```

使用下面的命令来重载和启动服务：

```
$ sudo systemctl daemon-reload && sudo systemctl start auto
```

这里的 auto 就是注册时使用的服务名称，这样，每次开机后，系统会启动指定好的 launch 文件，在终端直接使用 rostopic list 命令可以查看消息列表。

读者在使用 robot_upstart 安装一个 launch 文件的时候，可能会遇到一些无法定位 launch 文件的错误，这时一定要注意查看功能包有没有被添加到 ROS 的环境变量中去，没有在该环境下的功能包无法被识别。

如果不想要这个服务了，可以使用下面的命令来卸载 robot_upstart 创建的自启动服务：

```
$ rosrun robot_upstart uninstall NAME_OF_SERVICE
```

其中 NAME_OF_SERVICE 是之前安装时指定的服务名称。如果不记得服务名称，可以使用下面的命令来查看所有的服务：

```
$ systemctl list-units --type=service
```

卸载后，重启系统生效。

（2）添加到启动程序

如果不使用 robot_upstart 包，也可以自己编写一个脚本文件，在该文件中设置 ROS 环境变量和调用 roslaunch 命令，然后把这个脚本文件添加到 Ubuntu 的启动程序中。具体的步骤如下：

- 新建一个脚本文件，例如叫 startup.sh；
- 在脚本文件中先设置 ROS 环境变量；
- 然后在脚本文件中添加 roslaunch 命令；
- 把该脚本文件添加到 Ubuntu 的启动程序中，比如使用 crontab 或者 rc.local 等方法。

下面是一个启动 roslaunch 文件的 sh 脚本案例，具体操作如下：

```
#!/bin/bash
source /opt/ros/noetic/setup.sh      # 设置 ROS 环境变量，根据你的 ROS 版本进行修改
roslaunch <package_name> xxxx.launch # 运行 roslaunch 命令，根据你的 roslaunch 文件路径进行修改
```

- 把这个脚本保存为 startup.sh，并给它执行权限：

```
chmod +x startup.sh
```

- 然后把这个脚本添加到 Ubuntu 的启动程序中，一种方法是使用 crontab 方法：

```
crontab -e
```

- 在打开的文件中按下列规则添加一行内容，效果如图 2-7 所示。

```
@reboot /path/to/startup.sh
```

- 保存并退出。

另一种将脚本添加到 Ubuntu 自启动中的方法是使用系统自带的 Startup Application。找到并打开该软件，然后点击"Add"按钮将脚本添加进去即可，如图 2-8 所示。

但该种方法面临的问题是需要系统设置账户自动登录，这样开机后系统进入桌面才能自动启动并执行该脚本。

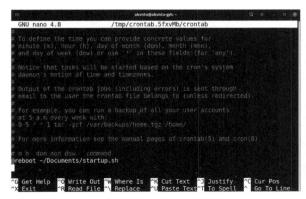

图 2-7　crontab 方法　　　　　　　图 2-8　Startup Application 方法

2.3　ROS 通信机制

ROS 是一个分布式框架系统，为用户提供多节点（进程）之间的通信服务，所有软件功能和工具都建立在这种分布式通信机制上，所以 ROS 的通信机制是最底层也是最核心的技术。在大多数应用场景下，尽管不需要总是关注底层通信的实现机制，但是了解并掌握其通信机制相关原理是使用 ROS 必不可少的能力。

2.3.1　节点及节点管理器

（1）节点

节点（node）是 ROS 中最小的进程单元，通常作为执行运算任务的进程。一个软件包里可以有多个可执行文件，可执行文件在运行之后就成了一个进程(process)，这个进程在 ROS 中就叫作节点。

从程序角度来说,节点就是一个可执行文件(通常为C++编译生成的可执行文件或者python脚本）被执行，加载到了内存之中；从功能角度来说，通常一个节点负责着机器人的某一个单独的功能。例如，一个 ROS 机器人小车，一个节点控制其底盘运动，另一个节点驱动摄像头获取图像，还有一些节点用来规划路径等，这些节点各自负责机器人的一个功能，这样把功能分散到各个节点文件中，好处是系统模块化，便于维护、扩展，并提高系统鲁棒性，降低程序崩溃概率。假设摄像头驱动节点进程发生崩溃，也完全不会影响到机器人的运动等其他功能。采用这种分布式部署，最终得以实现机器人的正常运转。

（2）节点管理器

节点管理器（node master）是用来对节点进行管理的。ROS 中运行一个例程一般会用到不止一个节点，在 2.3.4 节与 2.3.5 节中将会讨论话题通信与服务通信，那么这么多节点需要一个协同操作机制，节点管理器即是这个机制。节点管理器在整个 ROS1.0 网络通信架构里相当于管理中心，管理着各个节点。节点首先在节点管理器处进行注册，之后节点管理器会将该节点纳入整个 ROS 运行系统中。节点之间的通信也是先由节点管理器进行"牵线"，才能两两地进行点对点通信。当 ROS 程序启动时，第一步首先启动节点管理器，由节点管理器再依次启动节点。

在此更为具体地展示一下节点管理器的作用，见图 2-9。节点管理器运行在机器人上的终端设备中，从图中可以看到，有负责与相机通信的相机节点、处理图像数据的机器人上的图像处理节点以及从机中在屏幕上显示图像的图像显示节点。这些节点均需向节点管理器进行注册，然后可相互之间进行通信。

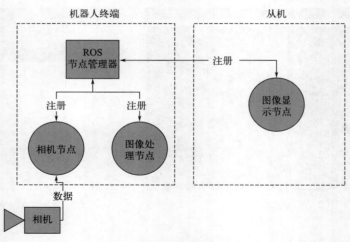

图 2-9　节点管理器示例

（3）运行节点

了解了节点与节点管理器后，下面讲解如何启动它们。在 ROS 中，节点启动前应该首先启动节点管理器，命令如下：

```
$ roscore
```

这个命令不只启动了节点管理器，实际上，它的本质是启动 ROS 主节点，在运行任何 ROS 程序之前都必须首先启动 ROS 主节点。该命令除了启动了节点管理器，同时还启动了 rosout 和 parameter server。rosout 是负责日志输出的一个节点，其作用是告知用户当前系统的状态，包括输出系统的 error、warning 等，并且将 log 记录于日志文件中。parameter server 是参数服务器，它并不是一个节点，而是存储参数配置的一个服务器，在 2.3.7 节中会单独介绍。

至此，便可以启动节点了。启动节点的本质是将功能包中的可执行文件加载到内存中，在加载之前，这些可执行文件是静态的，加载之后变成了动态节点。启动节点的命令格式为：

```
$ rosrun pkg_name node_name
```

其中，pkg_name 是功能包的包名，node_name 顾名思义便是节点的名字了。

至此，一个节点就被成功启动起来了。

2.3.2　消息

（1）消息结构与类型

在 ROS 中节点进行发布/订阅模型通信（即话题通信）时所发送的内容即为消息（message）。在话题通信中，有着严格的消息格式要求，每一个消息都是一种严格的数据结构，其支持标准数据类型，如整型、浮点型、布尔型，也支持嵌套结构和数组，甚至可以根据开发者自身需求来自主定义。下面举例说明消息结构。

① 控制小车移动时发送移动命令的消息为 Twist.msg，在 ROS 安装文件中搜索找到该文件并打开，可以看到其结构如下：

```
#定义空间中物体运动的线速度和角速度
#文件位置：geometry_msgs/Twist.msg
Vector3 linear    #移动线速度
Vector3 angular    #移动角速度
```

② 使用到雷达时，雷达与 ROS 进行通信发送的消息遵循以下格式（打开 LaserScan.msg 文件可看到）：

```
#平面内的激光测距扫描数据，注意此消息类型仅仅适配激光测距设备
#如果有其他类型的测距设备(如声呐)，需要另外创建不同类型的消息
#位置：sensor_msgs/LaserScan.msg
Header header                 #时间戳为接收到第一束激光的时间
float32 angle_min             #扫描开始时的角度(单位为 rad)
float32 angle_max             #扫描结束时的角度(单位为 rad)
float32 angle_increment       #两次测量之间的角度增量(单位为 rad)
float32 time_increment        #两次测量之间的时间增量(单位为 s)
float32 scan_time             #两次扫描之间的时间间隔(单位为 s)
float32 range_min             #距离最小值(单位为 m)
float32 range_max             #距离最大值(单位为 m)
float32[] ranges              #测距数据(m，如果数据不在最小数据和最大数据之间，则抛弃)
float32[] intensities         #强度，具体单位由测量设备确定，如果仪器没有强度测量，则数组为空即可
```

（2）rosmsg 相关命令

rosmsg 的相关命令只有两个，见表 2-8。第一个为显示 ROS 中所有的 msg 消息，包括自定义的和系统已经定义的话题类型，一般使用极少，因为列出了大量不需要关注的消息；第二个为显示具体指定 msg 的内容，可查看其数据结构。

表 2-8　rosmsg 命令用法

命令	作用	命令	作用
rosmsg list	列出系统上所有的 msg	rosmsg show msg_name	显示某个 msg 的内容

2.3.3　话题

2.3.3.1　原理概述

（1）话题简介

上一节中介绍了消息（message）以一种发布/订阅（publish/subscribe）的方式进行传递，这种发布/订阅的方式其实就是 ROS 中的话题（topic）通信，当一个节点向一个指定的话题发布消息时，称该节点为该话题的发布者（talker 或 publisher），同样，当某个节点从指定话题接收特定类型消息数据时，称该节点为该话题的订阅者（listener 或 subscriber）。话题通信的整个过程是单向的，其结构示意图见图 2-10。

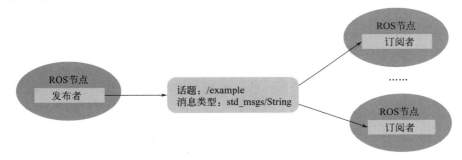

图 2-10　话题结构示意图

但是事实上，话题各个节点之间并不知道彼此的存在，就更不要谈它们之间进行通信了，这时就展现出节点管理器的作用，话题通信的实现原理如图 2-11 所示。

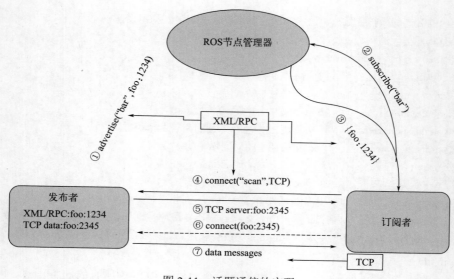

图 2-11　话题通信的实现

在话题（topic）通信机制里，主要有三个角色：节点管理器（node master）、发布者（talker）、订阅者（listener）。根据节点管理器的参与，话题通信主要分为两个阶段：连接前的准备、进行连接并建立通信。图 2-11 为单个发布者与订阅者的通信示意图。

在建立连接阶段，主要是解决发布者与订阅者进行匹配进而连接的问题，这个阶段主要分为五步。

① 发布者（talker）启动，通过 RPC 向 ROS 节点管理器注册发布者的信息，包括发布者节点信息、话题名、话题缓存大小等，节点管理器会将这些信息加入到注册列表中。

② 订阅者（listener）启动，通过 RPC 向 ROS 节点管理器注册订阅者信息，包括订阅者节点信息、话题名等，节点管理器会将这些信息加入注册列表。

③ 节点管理器会根据订阅者提供的信息，在注册列表中查找匹配的发布者；如果没有发布者，则等待发布者的加入；如果找到匹配的发布者，则会主动把匹配成功的 $1 \sim n$ 个发布者的 RPC 地址信息通过 RPC 传送给相应的订阅者节点。

④ 订阅者根据接收到的发布者的 RPC 地址信息，尝试通过 RPC 向发布者发出连接请求 [信息包括：话题名、消息类型以及通信协议（TCP/UDP）]。

⑤ 发布者收到订阅者发出的连接请求后，通过 RPC 向订阅者确认连接请求（包含的信息为自身 TCP 地址信息）。

至此，发布者和订阅者做好了连接前的准备工作。在上述五步中，节点管理器起到了牵线搭桥的作用，使用的都是 RPC 协议。

在发布消息阶段，主要解决的是发布者如何发布消息给订阅者的过程。该过程主要为图 2-11 中的第⑥和第⑦步。

⑥ 订阅者接收到发布者的确认消息后，使用 TCP 尝试与发布者建立网络连接。

⑦ 成功连接之后，发布者开始向订阅者发布话题消息数据。

至此，完成了发布者向订阅者发布消息的过程。这两步使用 TCP 协议，节点管理器在这个阶段并不参与两者之间的数据传递，但是仍然起到了中介的作用，如果节点管理器断开，那么 ROS 中所有的节点都无法再进行通信了。需要注意的是，有可能多个发布者连接一个订阅者，也有可能是一个发布者连接多个订阅者。

话题通信的好处在于，只要双方通过同一个话题建立联系，发布者就可以向订阅者一直发送数据，订阅者也可以从话题中实时获取数据。只要这个联系一直存在，那么数据的单向传输就不会中断。

对于为何节点管理器断开，ROS 所有节点通信就全部失效，这里再多做一些说明。订阅者和发布者确实是通过 TCP 直接建立连接，从发布者节点获取消息数据。在建立 TCP 连接之前，订阅者需要向 ROS 节点管理器注册自己对哪个话题感兴趣，ROS 节点管理器会将这些信息存储起来。当发布者发布消息时，它会将消息发送到 ROS 节点管理器，该消息中包含了其话题名称信息，ROS 节点管理器根据消息的话题名称将消息转发给所有订阅该话题的节点，而订阅者从节点管理器接收到该转发消息后，则会直接通过 TCP 连接向发布者请求该话题的消息数据。注意：发布者发给节点管理器的只是话题名称，经过 TCP 从发布者直接发送给订阅者的是最终消息具体的数据内容。由此可知，虽然消息的实际传输是通过发布者节点和订阅者节点之间的 TCP 连接完成的，但是 ROS 节点管理器在消息传输过程中起到了关键作用，它是消息传输的中介，负责注册话题、记录发布者和订阅者的信息、转发消息，实现了发布者和订阅者之间的解耦。因此，在 ROS 中，发布者和订阅者之间的消息传输仍然是需要经过 ROS 节点管理器的。

（2）话题通信示例

在 2.3.1 小节中提到了节点管理器的一个案例，现基于该案例继续讲解节点在节点管理器中注册之后如何进行话题通信。

如图 2-12 所示，首先在节点管理器启动后，各个节点启动，并通过 RPC 向 ROS 节点管理器注册节点信息，相机节点（camera node）将作为发布者发布一个名为/image_data 的话题，而其他两个节点则在节点管理器中注册时订阅了该话题，节点管理器根据订阅者提供的信息，在注册列表中查找匹配的发布者，因此它们被订阅到话题/image_data，在节点管理器将相关发布者与订阅者连接上后，一旦相机节点从相机接收到某些数据，它就会将/image_data 消息直接发送到其他两个订阅者节点。这样，就能够在机器人本身（需配备显示屏幕）和从机上看到摄像头的图像。

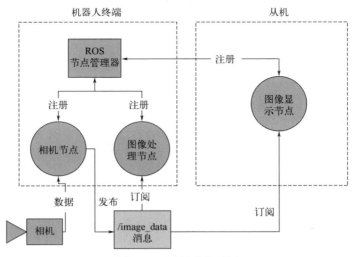

图 2-12　话题通信示例

（3）操作命令

表 2-9 总结了 rostopic 的几种使用命令，方便读者需要时查阅。

表 2-9　rostopic 用法

命令	作用	命令	作用
rostopic list	列出当前所有的 topic	rostopic bw topic_name	查看某个 topic 的带宽
rostopic info topic_name	显示某个 topic 的属性信息	rostopic hz topic_name	查看某个 topic 的频率
rostopic echo topic_name	显示某个 topic 的内容	rostopic find topic_type	查找某个类型的 topic
rostopic pub topic_name ...	向某个 topic 发布内容	rostopic type topic_name	查看某个 topic 的类型(msg)

2.3.3.2　案例实现

（1）小乌龟

话题通信是 ROS 系统最常用的通信方式，rostopic 也是 ROS 系统使用时用得极多的功能，下面通过一个小例子来更形象地展示话题的工作方式。在安装的 ROS 中一般都自带了"小乌龟"的功能包，使用如下命令启动小乌龟：

```
$ rosrun turtlesim turtlesim_node
```

打开后的效果如图 2-13 所示。

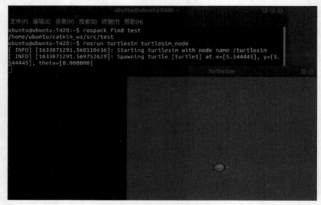

图 2-13　启动小乌龟

使用小乌龟往往伴随着控制移动，所以同时打开其键盘节点，使用 rosrun 来运行 turtlesim 功能包下的 turtle_teleop_key 键盘控制节点，命令如下：

```
$ rosrun turtlesim turtle_teleop_key
```

打开后可以使用键盘的"↑""↓""←""→"四个键来控制移动，效果如图 2-14 所示。

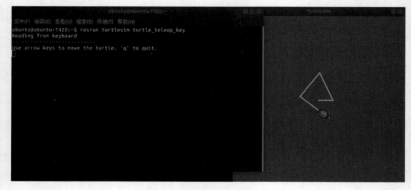

图 2-14　键盘控制移动

新建终端并执行以下命令：

$ rostopic list

这样即可展示出目前 ROS 中存在的话题，结果如图 2-15 所示。

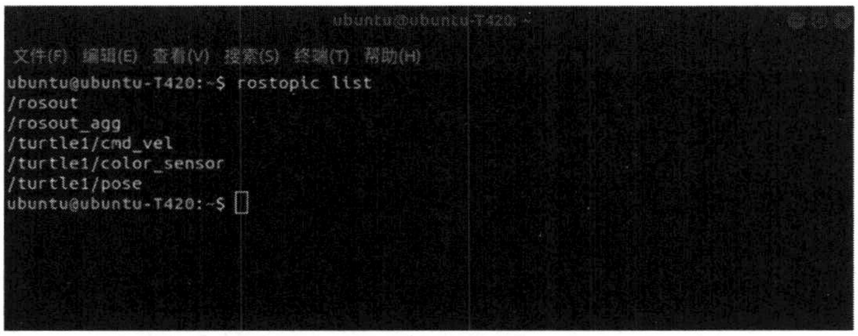

图 2-15　ROS 中的话题显示

图 2-15 中的以 turtle1 开头的话题即为可启动的小乌龟相关的话题，它们的作用分别为控制运动、修改小乌龟的颜色和展示位姿信息。

下面用 rostopic echo 加上具体的话题名称来查看该话题信息，如查看小乌龟的位姿信息，具体命令如下：

$ rostopic echo /turtle1/pose

结果如图 2-16 所示。

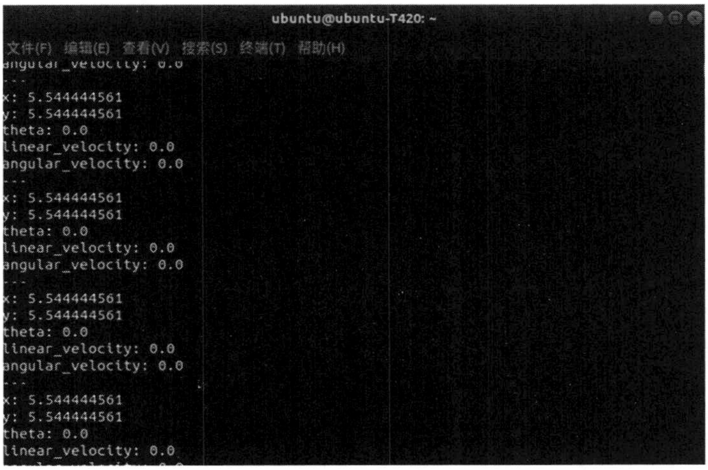

图 2-16　位姿话题查看

这个话题表示的是小乌龟的位姿信息，用五个变量成员描述，分别是二维坐标（x，y）、朝向、线速度和角速度。当使用键盘控制小乌龟移动时，可以在这个终端下看到小乌龟位姿实时更新。

除了使用键盘节点，也可以手动向小乌龟的速度话题发布一条移动命令的消息，具体命令为：

$ rostopic pub /turtle1/cmd_vel geometry_msgs/Twist

在输入时有一个小技巧，通过使用 Tab 键的命令补齐功能，能够使键盘操作效率大大提升，这里只需要输入"rostopic pub /turtle1/cmd_vel"，然后按一次 Tab 键，该命令会自动补齐，待该命令补齐后再按一次 Tab 键，就会继续出现如图 2-17 所示信息。现在将其中 angular 中的"z：

0.0"改为"z：1.0"，表示绕 Z 轴按照逆时针方向旋转，角速度为 1rad/s，并在"z：1.0"后加上"-r 1"，表示发布频率为 1Hz，完成后按回车键。这时就能够看到之前的小乌龟开始原地旋转了。读者亦可修改其他的参数看一下小乌龟的移动情况。

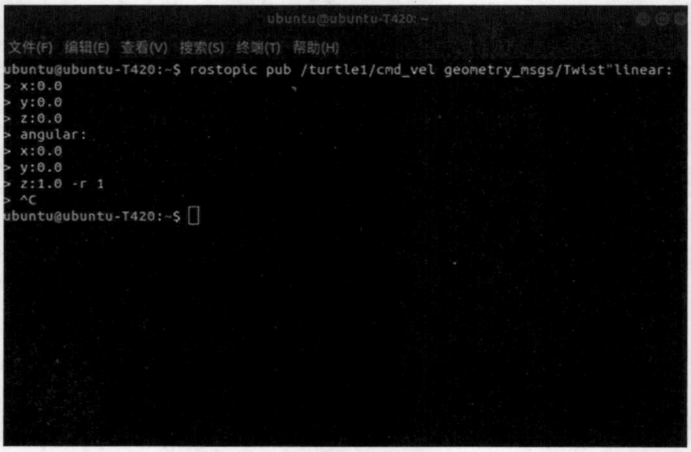

图 2-17　手动向小乌龟发布移动命令

　　当然还有诸如 rostopic info 加具体话题名来查看当前话题的发布者和订阅者、rostopic hz 加具体话题名来查看话题的发布频率等功能，这里留给读者去探索。

　　（2）发布者编程实现

　　① 创建工作空间与功能包。读者可自己命名工作空间与工作包名称，本例中功能包命名为 test，生成功能包可以使用第 2 章所提的 catkin_create_pkg 语句，需要注意依赖包的声明添加 roscpp 和 std_msgs，命令如下：

```
$ catkin_create_pkg test roscpp std_msgs
```

　　② talker.cpp 文件的创建。在功能包的 src 文件夹下新建一个 talker.cpp 文件，即程序的源码，内容如下：

```
#include <sstream>
#include <ros/ros.h>
#include <std_msgs/String.h>

int main(int argc, char **argv)
{
//ROS 节点初始化
ros::init(argc,argv,"talker");

//创建节点句柄
ros::NodeHandle n;

//创建一个 Publisher，发布名为 chatter 的话题，消息类型声明为 std_msgs::String
ros::Publisher chatter_pub = n.advertise<std_msgs::String>("chatter",1000);
```

```
//创建循环的频率
ros::Rate loop_rate(5);

int count = 0;
while (ros::ok())
  {
//初始化 std_msgs::String 类型的消息
std_msgs::String msg;
std::stringstream ss;
ss <<"Hello World"<<count;
msg.data = ss.str();

//发布消息
ROS_INFO("%s",msg.data.c_str());
chatter_pub.publish(msg);

//循环等待回调函数
ros::spinOnce();

//按照循环频率延时
loop_rate.sleep();
++count;
  }
return 0;
}
```

③ CMakeLists.txt 的设置。在 CMakeLists.txt 中主要进行的设置有：a.需要编译的代码和生成的可执行文件；b.链接库。

打开功能包下的 CMakeLists.txt 文件，在文件中添加以下 CMake 语句：

```
add_executable(talker src/talker.cpp)
target_link_libraries(talker ${catkin_LIBRARIES})
```

add_executable 代表添加可执行文件，括号内第一个参数"talker"为后面编译时准备生成的可执行文件名称，在之后使用 rosrun 命令启动节点执行的其实就是这个文件；第二个参数"src/talker.cpp"就是上一步中编写的源码目录。target_link_libraries 为设置链接库进行链接。以上 CMake 语句告诉 catkin 编译系统如何去编译生成程序。

④ 编译并运行发布者。在工作空间下使用如下命令对功能包进行编译：

```
$catkin_make
```

在首次使用 catkin_make 命令进行编译后，能够在工作空间下看到两个新的文件夹被创建。为了功能包能够正常工作，需要在系统的 bashrc 文件中进行环境变量声明：

```
$vim ~/.bashrc
```

将以下内容添加进 bashrc 文件的底部：

```
source ~/Documents/catkin_ws/devel/setup.bash    #读者需参照此目录中 setup.bash 文件位置进行修改
$source ~/.bashrc
```

环境变量配置好后，使用如下命令将发布者运行起来：

```
$roscore
$rosrun test talker
```

其中"test"为功能包名称，"talker"为可执行文件名称，读者需根据自己命名的不同进行相应替换。运行后结果如图 2-18 所示。

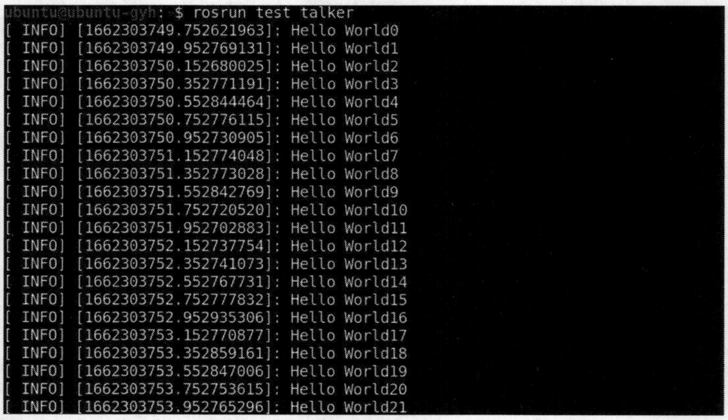

```
ubuntu@ubuntu-gyh:~$ rosrun test talker
[ INFO] [1662303749.752621963]: Hello World0
[ INFO] [1662303749.952769131]: Hello World1
[ INFO] [1662303750.152680025]: Hello World2
[ INFO] [1662303750.352771191]: Hello World3
[ INFO] [1662303750.552844464]: Hello World4
[ INFO] [1662303750.752776115]: Hello World5
[ INFO] [1662303750.952730905]: Hello World6
[ INFO] [1662303751.152774048]: Hello World7
[ INFO] [1662303751.352773028]: Hello World8
[ INFO] [1662303751.552842769]: Hello World9
[ INFO] [1662303751.752720520]: Hello World10
[ INFO] [1662303751.952702883]: Hello World11
[ INFO] [1662303752.152737754]: Hello World12
[ INFO] [1662303752.352741073]: Hello World13
[ INFO] [1662303752.552767731]: Hello World14
[ INFO] [1662303752.752777832]: Hello World15
[ INFO] [1662303752.952935306]: Hello World16
[ INFO] [1662303753.152770877]: Hello World17
[ INFO] [1662303753.352859161]: Hello World18
[ INFO] [1662303753.552847006]: Hello World19
[ INFO] [1662303753.752753615]: Hello World20
[ INFO] [1662303753.952765296]: Hello World21
```

图 2-18　发布者运行结果

（3）订阅者编程实现

① listener.cpp 的创建。同样在 test 功能包下，在 src 文件夹中创建 listener.cpp 文件，内容如下：

```
#include <ros/ros.h>
#include <std_msgs/String.h>

//接收到订阅的消息后，会进入消息回调函数
void chatterCallback(const std_msgs::String::ConstPtr& msg)
{
  //将接收到的消息以日志输出的形式打印出来
  ROS_INFO("I heard: [%s]", msg->data.c_str());
}

int main(int argc, char **argv)
{
  //初始化 ROS 节点
  ros::init(argc,argv,"listener");

  //创建节点句柄
  ros::NodeHandle n;

  //创建一个 Subscriber，订阅名为 chatter 的话题，注册回调函数 chatterCallback
  ros::Subscriber sub = n.subscribe("chatter", 1000, chatterCallback);
```

```
//循环等待回调函数
ros::spin();

return 0;
}
```

② CMakeLists.txt 的编译。在 CMakeLists.txt 文件中添加以下 CMake 语句：

```
add_executable(listener src/listener.cpp)
target_link_libraries(listener ${catkin_LIBRARIES})
```

代码含义可参考"发布者编程实现"中的讲解，这里可执行文件命名为"listener"。

③ 编译并运行订阅者。在工作空间下使用如下命令对功能包进行编译：

```
$catkin_make
```

确保发布者程序在运行，然后使用如下命令将订阅者运行起来：

```
$rosrun test listener
```

其中，"test"为功能包名称，"listener"为可执行文件名称，读者需根据自己命名不同进行相应替换。运行后结果如图 2-19 所示。

图 2-19　订阅者运行结果

可以看到，订阅者已经成功接收到发布者发布的消息。

（4）自定义话题编程实现

① 定义 msg 文件。在功能包中创建 msg 文件夹，然后在 msg 文件夹中创建 Person.msg 文件，在该文件中添加如下内容。

```
string name
uint8 sex
uint8 age

uint8 unknown = 0
uint8 male = 1
uint8 female = 2
```

② 在 package.xml 中添加功能包依赖。

```
<build_depend>message_generation</build_depend>
<exec_depend>message_runtime</exec_depend>
```

<build_depend>的作用为编译依赖项，<exec_depend>的作用为运行依赖项。这两行代码的

作用是设置了自定义消息编译时的依赖 message_generation 和运行时的依赖 message_runtime。

③ 在 CMakeLists.txt 中添加编译选项。

```
find_package(catkin REQUIRED COMPONENTS
 roscpp
 std_msgs
 message_generation   #需要添加的地方
)
add_message_files(FILES Person.msg)
generate_messages(DEPENDENCIES std_msgs)
catkin_package(CATKIN_DEPENDS roscpp std_msgs message_runtime)
```

其中，find_package 用来找到编译需要的其他 CMake/catkin package，这里新增了 message_generation 包，它是消息生成依赖的功能包；add_message_files 是 catkin 新加宏命令，可添加自定义 Message/Service/Action 文件，此处用来添加新建的消息文件 Person.msg；generate_messages()用来添加消息生成函数，DEPENDENCIES 后面生成了添加的 msg 文件所需要的依赖，由于 Person.msg 用到了 int8 这种 ROS 标准消息，因此需要添加 std_msgs 作为依赖。

完成以上三个步骤后，在工作空间先编译一下，看一下配置是否有问题。

```
$ catkin_make
```

如果没有问题，至此，对话题自定义消息的编译与运行就已经做好了相关配置。

④ person_publisher.cpp 的创建。在 test 功能包的 src 文件夹中创建 person_publisher.cpp 文件，并输入如下内容：

```cpp
# include "ros/ros.h"
# include <test/Person.h>

int main(int argc, char **argv){

    //ROS 节点初始化
    ros::init(argc, argv, "string_publisher");

    //句柄的创建
    ros::NodeHandle n;

    //创建一个 Publisher，发布名为 person_info 的话题，消息类型为 test::Person，队列长度为 10
    ros::Publisher person_info_pub = n.advertise<test::Person>("/person_info", 10);

    //设置循环频率
    ros::Rate loop_rate(100);//设置的循环频率越大，发布订阅的频率越高

    int count = 0;
    while(ros::ok()){

        //初始化自定义的 test::Person 类型消息
        test::Person person_msg;
```

```
        person_msg.name="xiaoming";
        person_msg.age=23;
        person_msg.sex=test::Person::male;

        //发布消息
        person_info_pub.publish(person_msg);
        ROS_INFO("publish person info: name:%s age:%d
    sex:%d",person_msg.name.c_str(),person_msg.age,person_msg.sex);

        //按照循环频率延时
        loop_rate.sleep();

    }
    return 0;
}
```

在 CMakeLists.txt 文件中添加以下 CMake 语句：

```
add_executable(person_publisher src/ person_publisher.cpp)
target_link_libraries(person_ publisher ${catkin_LIBRARIES})
```

代码含义可参考"发布者编程实现"中的讲解，这里将可执行文件命名为"person_publisher"。

⑤ person_ subscriber.cpp 的创建。在 test 功能包的 src 文件夹中创建 person_ subscriber.cpp 文件，并输入如下内容：

```
# include "ros/ros.h"
# include <test/Person.h>

//接收到订阅的话题中的消息后，进入消息回调函数
void personinfocallback(const test::Person::ConstPtr& msg){

    //将接收到的消息打印
    ROS_INFO("Subcribe Person Info :name:%s age:%d sex:%d", msg->name.c_str() , msg->age,
    msg->sex);
}

int main(int argc, char **argv){

    //ROS 节点初始化
    ros::init(argc, argv, "person_subscriber");

    //句柄的创建
    ros::NodeHandle n;

    //创建一个 Subscriber
    ros::Subscriber person_info_sub = n.subscribe("/person_info",10,personinfocallback);
```

```
//循环等待回调函数
ros::spin();

return 0;
}
```

在 CMakeLists.txt 文件中添加以下 CMake 语句：

```
add_executable(person_subscriber src/person_subscriber.cpp)
target_link_libraries(person_subscriber ${catkin_LIBRARIES})
```

代码含义可参考"发布者编程实现"中的讲解，这里可执行文件命名为"person_ subscriber"。

⑥ 编译。在工作空间下使用如下命令对功能包进行编译：

```
$catkin_make
```

⑦ 运行。使用如下命令运行自定义话题的订阅者和发布者，运行结果如图 2-20、图 2-21 所示。

```
$ roscore
$ rosrun test person_ publisher
```

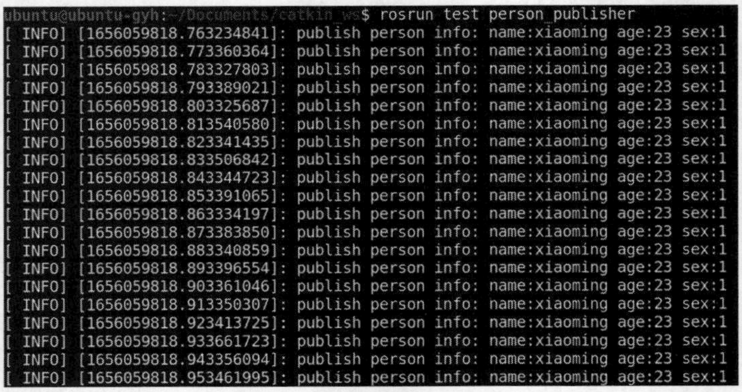

图 2-20　自定义话题发布者

```
$ rosrun test person_ subscriber
```

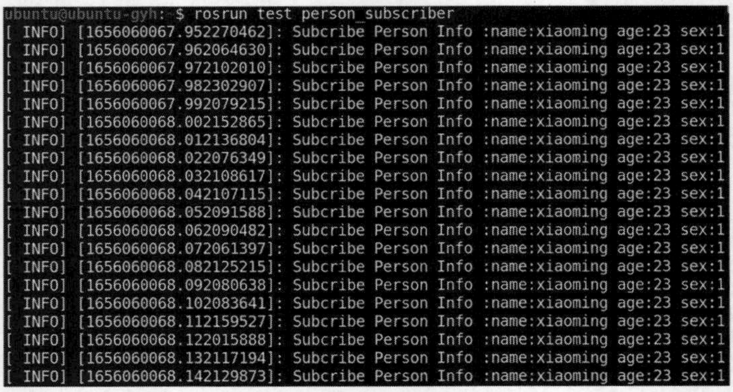

图 2-21　自定义话题订阅者

2.3.4　服务

2.3.4.1　原理概述

（1）服务简介

在 2.3.3 节中介绍了 ROS 的话题通信机制是一种单向的异步通信机制，即只能由发布者发送，订阅者接收，发布者发送之后即完成任务，并不关心接收者是否收到，而接收者也只能默默等待接收发布者发来的消息。这样的单向通信并不能满足所有情景下的通信要求。比如在相机传感器相关的通信中，当只是需要非周期性地临时获取一张图片时，就没必要使用话题通信，因为在话题通信下，需要一个话题专门用来发送拍照命令，同时还需要另一个话题来接收照片信息，这会造成大量的系统资源浪费。这种情况下，需要另一种"请求-应答"式的通信模型，ROS 提供了可以解决这种需求的通信方式——服务（service）通信。

服务通信是双向的，它不仅可以发送消息，同时还会有反馈。所以服务通信包括两部分：一部分是客户端（clinet）；另一部分是服务端（server）。这时客户端（client）就会发送一个请求（request），要等待服务端处理，反馈回一个应答，这样通过类似"请求-应答"的机制完成整个服务通信，其结构示意图见图 2-22。

与话题通信相同，服务通信也离不开节点管理器的支持。服务通信实现原理如图 2-23 所示。

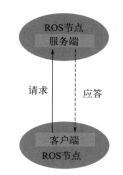

图 2-22　服务结构示意图

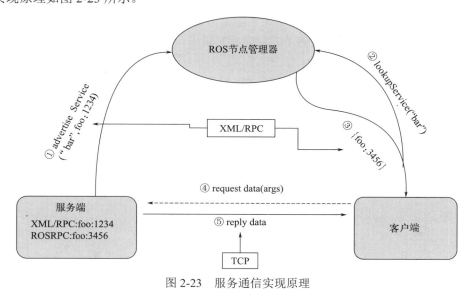

图 2-23　服务通信实现原理

在服务通信机制里，同样主要有三个角色：客户端（client）、服务端（server）、节点管理器（node master）。

建立连接阶段：

① 服务端启动，通过 RPC 向 ROS 节点管理器注册客户端的信息，其中包含提供的服务名称，节点管理器会将这些信息加入注册列表中。

② 客户端启动，通过 RPC 向 ROS 节点管理器注册应答方信息，其中包含需要查找的服务名称。

③ 节点管理器会根据注册表中的信息匹配客户端与应答方，并通过 PRC 向服务端发送客户端的 TCP 信息。

至此，连接前的准备工作就做完了。从这里可以发现服务通信的连接前准备工作相比话题通信的连接前准备工作少了两步，这主要是由于在话题通信中需要订阅者主动通过 RPC 向发布者发送连接请求，之后发布者会将自己的 TCP 地址返回给订阅者；而服务通信中节点管理器在将节点匹配好后，直接发送服务端的 TCP 给客户端，这样就免去了客户端在 RPC 协议下去单独向服务端索要其 TCP 地址以建立连接。

在发布消息阶段，服务通信和话题通信的连接与通信步骤都是一样的，唯一不同的是服务通信是有应答的。

④ 客户端使用 TCP 尝试与服务端建立网络连接并请求数据。

⑤ 成功连接之后，服务端开始向客户端发布应答消息数据。

至此，服务通信完成连接和通信过程，可以进行有应答的信息交流了。需要注意的是，有可能是一个服务端连接多个客户端。

相较于话题通信，服务通信显而易见的优点是，无论何时只要客户端发送请求，服务端一定给予实时响应。有了反馈信息，相关人员可以通过服务端回传的应答分析此次响应执行的情况。

（2）服务通信示例

为了更清晰地显示出话题通信与服务通信之间的区别，本示例仍采用与话题通信实例中相同的节点结构，在 2.3.3 话题小节的示例中，一旦相机节点从相机接收到某些数据，它就会将 /image_data 消息直接发送到其他节点。如果希望图像处理节点在特定时间从相机节点请求数据，就要通过 ROS 实施服务了，可以由客户端决定何时请求获取数据，从而实现节点可控性，减少不必要的资源消耗。

如图 2-24 所示，同样是相机节点和图像处理节点（图中省去了相机上的图像显示节点，功能相似），在客户端和服务端都启动的情况下，节点管理器通过注册表中的信息匹配两者，之后图像处理节点首先请求/image_data 消息，相机节点才会从相机处收集数据，然后将数据发送回复。

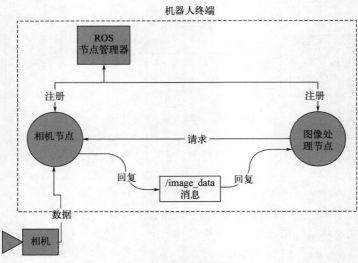

图 2-24　服务通信示例

（3）操作命令

表2-10列出服务通信rosservice所用的命令，供读者查阅参考。

表2-10　rosservice命令用法

命令	作用	命令	作用
rosservice list	显示服务列表	rosservice find	按服务类型查找服务
rosservice info	打印服务信息	rosservice call	使用所提供的args调用服务
rosservice type	打印服务类型	rosservice args	打印服务参数
rosservice uri	打印服务ROSRPC uri		

（4）话题通信与服务通信对比

作为ROS中用得最多的两种通信方式，表2-11所示为这两种通信方式的简单对比。

表2-11　话题与服务通信对比

名称	话题通信	服务通信
通信方式	异步通信	同步通信
实现原理	TCP/IP	TCP/IP
通信模型	publish-subscribe	request-reply
节点关系	publish-subscribe(多对多)	request-reply（多对一）
反馈机制	无	有
实时性	弱	强
缓冲区	有	无
特点	接收者收到数据会回调（callback）	远程过程调用（RPC）服务器端的服务
应用场景	连续、高频的数据发布	偶尔使用的功能/具体的任务
举例	激光雷达、里程计发布等数据传输	开关传感器、拍照等逻辑处理

2.3.4.2　案例实现

（1）定义.srv文件

.srv文件是用于定义ROS服务消息的文本文件，保存在srv文件夹下。现于test功能包下创建文件夹，命名为.srv，用以存放服务通信所需的.srv文件，在文件夹中使用如下命令：

```
$ touch AddTwoInts.srv
```

创建完成后在文件中添加如下内容：

```
int64 a          #短横线上面部分是服务请求的数据
int64 b
---
int64 sum        #短横线下面部分是服务回传的内容
```

通过"---"将数据分为两个部分，上面部分是服务的请求数据，下面部分是服务的应答数据，即客户端会把上面两个加数发送给服务端，服务端完成相加后把求和结果发回给客户端。与自定义消息中创建msg文件一样，当创建完.srv文件后，需修改CMakeLists.txt和package.xml，从而让系统能够编译自定义消息。

（2）在package.xml中添加功能包依赖

打开test功能包中的package.xml文件，检查是否包含以下内容，如缺少则需对照补齐。

```
<build_depend>message_generation</build_depend>
```

```
<exec_depend>message_runtime</exec_depend>
```

这两行代码的作用是设置自定义消息编译时的依赖 message_generation 和运行时的依赖 message_runtime。ROS 通过 message_generation、message_runtime 将.srv 文件自动转换成 C++ 的源码。

（3）在 CMakeList.txt 添加编译选项

打开功能包中的 CMakeList.txt 文件检查是否包含以下内容，如缺少则需对照补齐。

```
find_package(catkin REQUIRED COMPONENTS
  roscpp
  std_msgs
  message_generation    #需要添加的地方
)
add_service_files(FILES AddTwoInts.srv)   #注意和上一节自定义话题消息不同
generate_messages(DEPENDENCIES std_msgs)
```

其中，find_package 用来找到编译需要的其他 CMake/catkin package，这里新增了 message_generation 包，之前已经提及，它是消息生成依赖的功能包；add_service_files 用来添加新建的消息文件 AddTwoInts.srv；generate_messages() 用来添加消息生成函数，由于 AddTwoInts.srv 用到了 int64 这种 ROS 标准消息，因此需要再把 std_msgs 作为依赖。

完成以上三个步骤后，在工作空间先编译一下，看一下配置是否有问题：

```
$ catkin_make
```

如果没有问题，至此，对服务的编译与运行就已经做好了相关配置。

（4）功能包的源代码编写

功能包中需要编写两个独立可执行的节点：一个节点用来作为 client 端发起请求；另一个节点用来作为 server 端响应请求。所以需要在新建的功能包 src/目录下新建两个文件 server_node.cpp 和 client_node.cpp，如下所示：

① server_node.cpp：

```
#include"ros/ros.h"
#include"test/AddTwoInts.h"

bool add_execute(test::AddTwoInts::Request &req,

test::AddTwoInts::Response &res)
  {
    res.sum = req.a +req.b;
    //显示请求信息
    ROS_INFO("receive request: a=%ld,b=%ld",(long int)req.a,(long int)req.b);
    //处理请求，结果写入 response
    ROS_INFO("send response: sum=%ld",(long int)res.sum);
    //返回 true，正确处理了请求
    return true;
  }
```

```cpp
int main(int argc,char **argv)
{
    //初始化 ROS 节点
    ros::init(argc,argv,"server_node");

    //创建句柄，实例化节点
    ros::NodeHandle nh;

    //写明服务的处理函数
    ros::ServiceServer service = nh.advertiseService("add_two_ints",add_execute);

    //控制台打印消息
    ROS_INFO("service is ready!!!");

    //循环等待回调函数
    ros::spin();

    return 0;
}
```

② client_node.cpp：

```cpp
#include "ros/ros.h"
#include "test/AddTwoInts.h"
#include <iostream>

int main(int argc,char **argv)
{
    //初始化 ROS 节点
    ros::init(argc,argv,"client_node");
    //创建句柄，实例化节点
    ros::NodeHandle nh;
    //定义服务客户端
    ros::ServiceClient client =nh.serviceClient<test::AddTwoInts>("add_two_ints");
    //实例化 srv
    test::AddTwoInts srv;

while(ros::ok())
{
    long int a_in,b_in;
    std::cout<<"please input a and b:";
    std::cin>>a_in>>b_in;

    srv.request.a = a_in;
```

```
        srv.request.b = b_in;
        if(client.call(srv))
        {
            ROS_INFO("sum=%ld",(long int)srv.response.sum);
        }
        else
        {
            ROS_INFO("failed to call service add_two_ints");
        }
    }
  return 0;
}
```

（5）在 CMakeLists.txt 中添加编译选项

创建功能包时，使用命令行添加依赖 roscpp 和 std_msgs，依赖会被默认写到功能包的 CMakeLists.txt 和 package.xml 中，并且在功能包中创建*.srv 服务类型时已经对服务的编译与运行做了相关配置，所以只需要在 CMakeLists.txt 文件的末尾行加入以下几句来声明可执行文件就可以了。

```
add_executable(server_node src/server_node.cpp)
target_link_libraries(server_node ${catkin_LIBRARIES})
add_executable(client_node src/client_node.cpp)
target_link_libraries(client_node ${catkin_LIBRARIES})
```

（6）功能包运行

使用以下命令使功能包运行：

```
$ roscore
```

注意，一定要先打开服务端节点 server_node，然后再打开客户端节点 client_node。具体命令如下，运行结果见图 2-25、图 2-26。

```
$ rosrun test server_node
```

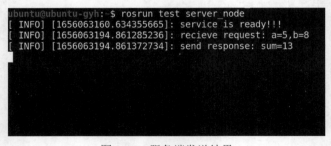

图 2-25　服务端发送结果

```
$ rosrun test client_node
```

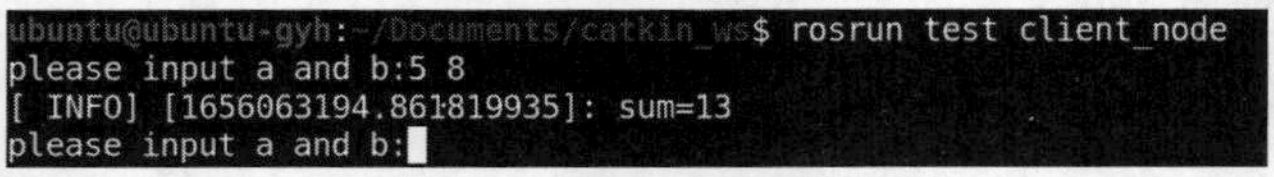

图 2-26　客户端发起请求

2.3.5　动作

2.3.5.1　原理概述

（1）动作简介

动作（action）通信是一种类似于服务通信的机制，因为动作通信的工作原理是 client-server 模式，也是一个双向的通信模式，这一点很像服务通信机制。但之所以会有动作通信这一通信方式，是因为服务通信实际上在某些项目中依然存在不足，比如，想要控制小车按照指定路线行驶 100m，在服务通信机制下，只有小车到达终点后，服务端才会反馈信息，在小车运动期间，操作者收不到任何反馈。因此，服务通信的缺点在于它的实时性还不够。图 2-27 为动作通信的结构示意图。

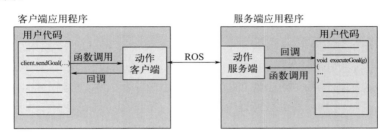

图 2-27　动作通信结构示意图

（2）通信规范

动作通信双方的逻辑关系如图 2-28 所示。

图 2-28　通信规范

其中，goal、cancel、status、result、feedback 的含义如下：

● goal：客户端发送的请求，也就是客户端要求服务端做到的事情。

● cancel：打断双方的通信联系。打断分两种：一种是两者的通信真正被切断；另一种是两者的通信被意外的事件所打断，等处理完意外的事件之后，两者之间的通信自然恢复。

● status：通信的状态（通信正在进行、通信已经完成、通信被挂起、通信被打断……）。

● result：客户端最终执行的结果。

● feedback：实时反馈的信息。

总结一下，动作通信的优势如下：

① 可以实时反馈信息以及通信的状态；

② 双方建立的通信关系在任务执行过程中稳定存在，并不需要一直存在；

③ 当出现意外情况时，可以先打断该通信联系，优先执行另一个通信；

④ 可以有条件地打断该通信联系。

（3）文件格式

action 规范文件的后缀名是.action，它的内容格式模板如下：

```
# Define the goal
uint32 goal_id    #发送目标的 id, 比如说让小车移动 100m

---
# Define the result
uint32 total_result    #任务结束时返回的最终结果

---
# Define a feedback message
float32 percent_complete    #任务完成百分比
```

2.3.5.2　案例实现

现设定需求如下：创建两个 ROS 节点（服务端和客户端），客户端可以向服务端发送目标数据 N（一个整型数据），服务端会计算 1～N 之间所有整数的和（这是一个循环累加的过程），返回给客户端，这是基于请求响应模式的，又已知服务端从收到请求到产生响应是一个耗时操作，每累加一次耗时 0.1s，为了有良好的用户体验，需要服务端在计算过程中，每累加一次，就给客户端响应一次百分比格式的执行进度，使用 action 实现。

（1）创建功能包并定义 action 文件

参照 2.2.3 节创建功能包的方式，在工作空间中创建一个新功能包 action_test，并导入相关依赖。

```
$ catkin_creat_pkg action_test roscpp rospy std_msgs actionlib actionlib_msgs
```

创建好功能包后，在该功能包下新建 action 目录，并在该目录中新建一个文件 AddInts.action，填入以下内容：

```
#目标值
int32 num
---
#最终结果
int32 result
---
#连续反馈
float64 progress_bar
```

由于这里新增了一个 action 文件，需要修改功能包的 CMakeLists.txt 配置文件以使 ROS 识别出该 action 文件，在该文件中填入以下内容：

```
add_action_files(
    FILES
    AddInts.action
)

generate_messages(
    DEPENDENCIES
    std_msgs
```

```
    actionlib_msgs
)

catkin_package(
#   INCLUDE_DIRS include
#   LIBRARIES demo04_action
CATKIN_DEPENDS roscpp rospy std_msgs actionlib actionlib_msgs
#   DEPENDS system_lib
)
```

完成上述步骤后，在工作空间下使用 catkin_make 编译该功能包，如无报错，则说明一切配置无误，可以继续执行下述步骤。

（2）编写 action 服务端

在功能包的 src 中新建一个 action_server.cpp，并填入如下内容：

```cpp
#include "ros/ros.h"
#include "actionlib/server/simple_action_server.h"
#include "action_test/AddIntsAction.h"

typedef actionlib::SimpleActionServer<action_test::AddIntsAction> Server;

void cb(const action_test::AddIntsGoalConstPtr &goal,Server* server){
    //获取目标值
    int num = goal->num;
    ROS_INFO("目标值:%d",num);
    //累加并响应连续反馈
    int result = 0;
    action_test::AddIntsFeedback feedback;//连续反馈
    ros::Rate rate(10);//通过频率设置休眠时间
    for (int i = 1; i <= num; i++)
    {
        result += i;
        //组织连续数据并发布
        feedback.progress_bar = i / (double)num;
        server->publishFeedback(feedback);
        rate.sleep();
    }
    //设置最终结果
    action_test::AddIntsResult r;
    r.result = result;
    server->setSucceeded(r);
    ROS_INFO("最终结果:%d",r.result);

}
```

```
int main(int argc, char *argv[])
{
    setlocale(LC_ALL,"");
    ROS_INFO("action 服务端实现");
    // 初始化 ROS 节点
    ros::init(argc,argv,"AddInts_server");
    // 创建 NodeHandle
    ros::NodeHandle nh;
    // 创建 action 服务对象
    Server server(nh,"addInts",boost::bind(&cb,_1,&server),false);
    server.start();
    // spin().
    ros::spin();
    return 0;
}
```

之后需要在功能包下的 CMakeLists.txt 中加入如下内容，生成一个服务端节点：

```
add_executable(action_server src/action_server.cpp) add_dependencies(action_server ${${PROJECT_
NAME}_EXPORTED_TARGETS} ${catkin_EXPORTED_TARGETS})
target_link_libraries(action_server
    ${catkin_LIBRARIES}
)
```

（3）编写 action 客户端

在功能包的 sre 中新建一个 action_client.cpp 并填入如下内容：

```
#include "ros/ros.h"
#include "actionlib/client/simple_action_client.h"
#include "action_test/AddIntsAction.h"

typedef actionlib::SimpleActionClient<action_test::AddIntsAction> Client;

//处理最终结果
void done_cb(const actionlib::SimpleClientGoalState &state, const action_test::AddIntsResultConstPtr
&result){
    if (state.state_ == state.SUCCEEDED)
    {
        ROS_INFO("最终结果:%d",result->result);
    } else {
        ROS_INFO("任务失败！");
    }

}
//服务已经被激活
void active_cb(){
    ROS_INFO("服务已经被激活....");
```

```
}
//处理连续反馈
void    feedback_cb(const action_test::AddIntsFeedbackConstPtr &feedback){
    ROS_INFO("当前进度:%.2f",feedback->progress_bar);
}

int main(int argc, char *argv[])
{
    setlocale(LC_ALL,"");
    //ROS 节点初始化
    ros::init(argc,argv,"AddInts_client");
    //创建 NodeHandle
    ros::NodeHandle nh;
    //创建 action 客户端对象
    Client client(nh,"addInts",true);
    //等待服务启动
    client.waitForServer();
    //发送目标，处理反馈以及最终结果
    action_test::AddIntsGoal goal;
    goal.num = 10;
    client.sendGoal(goal,&done_cb,&active_cb,&feedback_cb);
    //spin().
    ros::spin();
    return 0;
}
```

　　与 action_server 相同，在 CMakeLists.txt 中加入如下内容以生成客户端节点：

```
add_executable(action_client src/action_client.cpp)
add_dependencies(action_client ${${PROJECT_NAME}_EXPORTED_TARGETS} ${catkin_
EXPORTED_TARGETS})
target_link_libraries(action_client
${catkin_LIBRARIES}
)
```

（4）查看执行结果

　　查看结果前需要在工作空间下使用 catkin_make 编译该功能包，并刷新环境变量。完成编译等工作后，就可以在终端中查看 action 的效果了。首先启动 roscore，然后分别启动 action 服务端与 action 客户端，命令如下：

```
$ roscore
$ rosrun action_test action_server
$ rosrun action_test action_client
```

　　运行结果如图 2-29、图 2-30 所示。刚运行 server 时其终端可以看到 action 服务端实现的信息，此时服务端等待客户端激活，运行 client 后，在 client 终端中可以看到已经激活服务端，然后只需处理从服务端接收到的进度反馈信息，最后收到最终计算结果。

图 2-29 action 客户端   图 2-30 action 服务端

2.3.6 参数服务器

（1）简介

参数服务器是一种特殊的通信方式，特殊点在于参数服务器是节点存储参数的地方，用于配置参数，其类似于程序中的全局变量。参数服务器本质是多个节点共享基于内存的数据，其使用互联网传输，但通信过程不涉及 TCP/UDP，其在节点管理器中运行，实现整个通信过程。图 2-31 为参数通信的原理图。

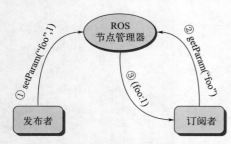

图 2-31 参数服务器通信实现原理

● 发布者：更新全局变量，发布者通过 RPC 更新 ROS 节点管理器中的共享参数（包含参数名和参数值）；

● 订阅者：通过 RPC 向 ROS 节点管理器发送参数查询请求（包含要查询的参数名）；

● ROS 节点管理器：通过 RPC 回复订阅者的请求（包括参数值）。

从上述流程可知，如果订阅者想实时知道共享参数的变化，需要自己不停地去询问 ROS 节点管理器。

参数服务器作为 ROS 中另外一种数据传输方式，有别于话题和服务，其有静态参数和动态参数。静态参数一般用于在节点启动时设置节点的工作模式，动态参数可以用于在节点运行时动态配置节点或改变节点的工作状态。

参数服务器中维护着一个数据字典，字典里存储着各种参数和配置，适合存储静态、非二进制的配置参数，不适合存储动态配置的数据。关于字典，可以联想 python 中的字典语法。python 中的字典是另一种可变容器模型，且可存储任意类型对象，字典的每个键值对（key:value）用冒号 "："分割。ROS 的共享参数机制同样采用这种规则，在实际的项目应用中，因为字典的这种静态的映射特点，可以将一些不常用到的参数和配置放入参数服务器中的字典里，这样对这些数据进行读写都将方便高效。

仅仅使用 ROS 的静态参数并不能百分百满足各种工作场景需求，比如在调试无人车参数时，往往希望可以动态地改变参数，从而观察无人车的各种反应。ROS 中的动态参数类似于话题发布和订阅形式，一旦配置好动态参数文件，只需要在程序中订阅相关参数即可，客户端（发布者）修改参数就向服务器（订阅者）发出请求，服务器收到请求之后，读取修改后的实时参数，从而实现实时动态更新功能。

（2）维护方式

维护方式可以理解为怎么在 ROS 中去设置这些参数，这些参数存储在哪里，怎么查看问题。

　　使用命令行来维护参数服务器，主要使用 rosparam 语句来进行操作，见表 2-12。

表 2-12　rosparam 命令用法

命令	作用	命令	作用
rosparam set param_key param_value	设置参数	rosparam dump file_name	保存参数到文件
rosparam get param_key	显示参数	rosparam delete	删除参数
rosparam load file_name	从文件加载参数	rosparam list	列出参数名称

（3）静态参数

　　<param>、<rosparam>以及<arg>都是对 launch 文件中的参数进行设置。<param>与<rosparam>两个参数调用差不多，都是把 launch 文件中的一些参数直接设置到 ROS 节点管理器里面，以便于各个节点的使用。主要不同在于<param>只对一个参数进行操作，<arg>是把参数用在 launch 文件内部。

　　① <param>用来设置单个参数，其参数源可以在标签中用 value 定义，也可使用外部文件加载。<param>标签属性及作用如表 2-13 所示。

表 2-13　<param>标签属性及作用

属性	作用
name="命名空间/参数名"	参数名称，可以包含命名空间
value="xxx"（可选）	定义参数值，如果此处省略，必须指定外部文件作为参数源
type="str | int | double | bool | yaml"（可选）	指定参数类型。如果未指定，roslaunch 会尝试确定参数类型，规则如下： ① 包含 '.' 的数字解析为浮点型，否则为整型； ② "true" 和 "false" 是 bool 值(不区分大小写)，其他是字符串

　　以激光雷达驱动 lidar.launch 文件为例，它在 launch 文件中设置参数形式如下：

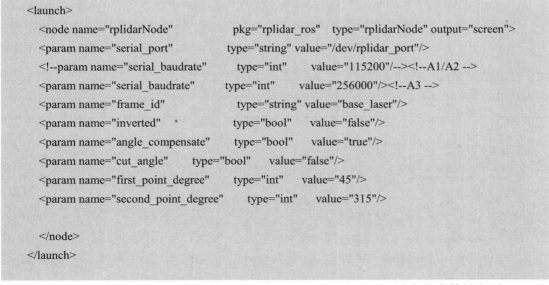

```
<launch>
  <node name="rplidarNode"          pkg="rplidar_ros"    type="rplidarNode" output="screen">
  <param name="serial_port"         type="string" value="/dev/rplidar_port"/>
  <!--param name="serial_baudrate"    type="int"      value="115200"/--><!--A1/A2 -->
  <param name="serial_baudrate"     type="int"      value="256000"/><!--A3 -->
  <param name="frame_id"            type="string" value="base_laser"/>
  <param name="inverted"            type="bool"     value="false"/>
  <param name="angle_compensate"    type="bool"     value="true"/>
  <param name="cut_angle"        type="bool"    value="false"/>
  <param name="first_point_degree"    type="int"     value="45"/>
  <param name="second_point_degree"     type="int"     value="315"/>

  </node>
</launch>
```

　　② <rosparam>用于加载参数文件，可以从 yaml 文件导入参数，或者将参数导出到 yaml 文件，也可以用于删除参数，如果在 node 标签下定义，则会被视为私有。<rosparam>标签的属性

如表 2-14 所示。

表 2-14　<rosparam>标签属性及作用

属性	作用
file="$(find xxxxx)/xxx/yyy…"	加载或导出的 yaml 文件
command="load | dump | delete"（可选，默认 load）	加载、导出或删除参数
ns="命名空间"（可选）	在指定命名空间加载参数文件

以导航驱动 move_base.launch 文件部分内容为例，它在 launch 文件中设置参数形式如下：

```
<launch>
    <node pkg="move_base" type="move_base" respawn="false" name="move_base" output= "screen"
clear_params="true">
    <rosparam file="$(find move_base)/param/temp/costmap_common_params.yaml" command= "load"
ns="global_costmap" />
    <rosparam file="$(find move_base)/param/temp/costmap_common_params.yaml" command= "load"
ns="local_costmap" />
     <rosparam file="$(find move_base)/param/temp/local_costmap_params.yaml" command= "load"
/>
    <rosparam file="$(find move_base)/param/temp/global_costmap_params.yaml" command= "load"
/>
    <rosparam file="$(find move_base)/param/temp/base_local_planner_params.yaml" command= "load"
/>
    <rosparam file="$(find move_base)/param/temp/move_base_params.yaml" command="load" />
    </node>

</launch>
```

③ <arg>把参数用在 launch 文件内部，不上传至 ROS 节点管理器中。如果把 launch 文件看作是脚本的话，<arg>类似在脚本里面设置变量的语法、语句。<arg>标签的属性及作用如表 2-15 所示。

表 2-15　<arg>标签属性及作用

属性	属性作用	属性	属性作用
name="参数名称"	arg 参数的名称	default="默认值"（可选）	为参数设置一个默认值

以下为<arg>标签的示例 launch 文件。

```
<launch>

    <!--演示 arg 的使用，需要设置多个参数，参数使用的是同一个值（小车长度）  -->
    <!--<param name="A" value="0.5"/>
    <param name="B" value="0.5"/>
    <param name="C" value="0.5"/> -->

    <arg name="car_length" default="0.5"/>
```

```
        <param name="A" value="$(arg car_length)"/>
        <param name="B" value="$(arg car_length)"/>
        <param name="C" value="$(arg car_length)"/>
</launch>
```

（4）动态参数

下面通过一个功能包案例来对动态参数进行简单说明。实现动态参数的配置需要分别实现客户端与服务器的搭建。

① 客户端的搭建。首先需要新建或者利用现有的工作空间，使用如下命令生成一个功能包，注意相关依赖。本例使用 2.2.2 节创建的工作空间。

```
$ catkin_create_pkg parameter_test dynamic_reconfigure roscpp rospy std_msgs
```

在功能包下新建 cfg 文件夹，在该文件夹中新建 cfg 文件并命名为 dr.cfg，在 cfg 文件中添加如下内容：

```
#! /usr/bin/env python
# coding=utf-8

# 导包
from dynamic_reconfigure.parameter_generator_catkin import *
PACKAGE = "parameter_test"
# 创建生成器
gen = ParameterGenerator()
# 向生成器添加若干参数
#add(name, paramtype, level, description, default=None, min=None, max=None, edit_method="")
gen.add("int_param" ,int_t ,0 ,"整型参数" ,50 ,0 ,100)
gen.add("double_param",double_t,0,"浮点参数",1.57,0,3.14)
gen.add("string_param",str_t,0,"字符串参数","hello world ")
gen.add("bool_param",bool_t,0,"bool 参数",True)
many_enum = gen.enum([gen.const("small",int_t,0,"a small size"),
                    gen.const("mediun",int_t,1,"a medium size"),
                    gen.const("big",int_t,2,"a big size")
                    ],"a car size set")
gen.add("list_param",int_t,0,"列表参数",0,0,2, edit_method=many_enum)

# 生成中间文件并退出
# generate(pkgname, nodename, name)
# 分别是包名、节点名以及 cfg 名称
exit(gen.generate(PACKAGE,"dr_client","dr"))
```

cfg 文件本质就是 python 代码，本代码主要用于生成对应的消息结构体。

接下来需要编辑 CMakeLists.txt 文件，加入以下内容，目的是使 ROS 根据 cfg 文件来生成相应的动态参数客户端。

```
generate_dynamic_reconfigure_options(
    cfg/dr.cfg
)
```

② 服务器的搭建。在功能包的 src 文件下新建 parameter_server.cpp 文件，并填入以下内容：

```
#include "ros/ros.h"
#include "dynamic_reconfigure/server.h"
#include "parameter_test/drConfig.h"

//回调函数
void cb (parameter_test::drConfig& config, uint32_t level) {
    ROS_INFO("动态参数解析数据:%d, %.2f, %d, %s, %d",
        config.int_param,
        config.double_param,
        config.bool_param,
        config.string_param.c_str(),
        config.list_param
    );
}

int main(int argc, char *argv[])
{
    setlocale(LC_ALL, "");
    ros::init(argc, argv, "dr");
    // 创建服务器对象 （parameter_test::drConfig）
    dynamic_reconfigure::Server<parameter_test::drConfig> server;
    // 创建回调函数 （使用回调函数，打印修改后的参数）
    dynamic_reconfigure::Server<parameter_test::drConfig>::CallbackType cbType;
    cbType = boost::bind(&cb, _1, _2);
    // 服务器对象采用回调函数
    server.setCallback(cbType);
    // 回旋回调函数
    ros::spin();
    return 0;
}
```

同样，需要修改功能包的 CMakeLists.txt 配置文件，添加如下内容：

```
add_executable(parameter_server src/parameter_server.cpp)
add_dependencies(parameter_server ${${PROJECT_NAME}_EXPORTED_TARGETS} ${catkin_EXPORTED_TARGETS})
target_link_libraries(parameter_server
    ${catkin_LIBRARIES}
)
```

③ 测试。首先需要在工作空间下对该功能包进行编译，然后刷新环境变量，之后便可以按下述步骤进行操作了。

● 启动 roscore：

```
$ roscore
```

● 启动 server 参数服务节点：

```
$ rosrun parameter_test parameter_server
```

● 最后使用下列命令打开 rqt 进行在线测试：

```
$ rosrun rqt_gui rqt_gui -s rqt_reconfigure
```

该命令会出现一个如图 2-32 所示的 GUI 窗口，对该窗口内的参数进行修改，会在服务器终端中得到实时响应，如图 2-33 所示。

图 2-32　GUI 窗口修改参数

图 2-33　动态参数实时更新

2.3.7　pluginlib

（1）简介

pluginlib 是一个用于加载和卸载插件的 C++库，特别适用于 ROS 功能包。插件是指运行时可以从库中动态加载的类。通过使用 pluginlib，可以避免在应用程序中显式链接需要的类库，也不需要在代码中包含该类的头文件或编译和链接该库。使用 pluginlib 可以动态地打开包含某个类的库，而不需要应用程序预先知道该类定义的库名或头文件位置。因此，使用 pluginlib 可以更方便地修改和添加节点或功能包的功能，而无须修改其源代码，极大地提高了代码的可重用性。

为了理解 pluginlib 是如何工作的，现给出一个小例子，如图 2-34 所示。首先，假设存在一个包含多边形基类（polygon_interface package）的 ROS 包。其次，还假设系统中支持两种不同类型的多边形（可理解为派生类）：一种是位于 rectangle_plugin 包中的矩形，另一种是位于 triangle_plugin 包中的三角形。triangle_plugin 包和 rectangle_plugin 包的实现者都会在package.xml 文件中包含特殊的导出行，告诉构建系统其打算为 polygon_interface 包中的多边形类提供插件。这些导出行实际上将类注册到 ROS 构建/打包系统中，这意味着查看系统中所有可用多边形类时可以运行一个简单的 rospack 查询，它将返回可用类的列表，在本例中为矩形和三角形。

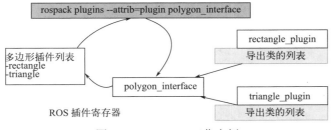

图 2-34　pluginlib 工作案例

（2）案例实现

现使用实例对 pluginlib 如何实现及使用进行简单讲解。利用 pluginlib 编写和使用插件的方法大致包括如下五步：

- 创建插件基类，定义统一接口（如果是为现有接口编写插件，则跳过此步）；
- 编写插件类，继承插件基类，实现统一接口；
- 导出插件，并编译为动态库；
- 将插件加入 ROS 系统，使其可识别和管理；
- 调用插件。

① 创建工作空间与功能包。这是准备工作，首先需创建一个工作空间或者利用现有的工作空间，具体创建方式可参考 2.2.2 节。本案例使用创建好的工作空间，并参考 2.2.3 节方法在该工作空间中创建一个新功能包 plugin_test：

```
$ catkin_create_pkg plugin_test roscpp pluginlib
```

从上述命令可以看出，plugin 功能包依赖于两个包：roscpp 是 ROS 中 C++语言的基础，pluginlib 则是这里插件系统的主角。准备好上述环境后，下面进入正式工作。

② 创建插件基类。首先需要创建一个基类，后面用到的所有插件都将继承基类，还需要在 plugin_test 功能包中的 include/plugin_test 下创建一个文件 polygon_base.h，内容如下：

```
#ifndef POLYGON_BASE_H_
#define POLYGON_BASE_H_
namespace polygon_base
{
class Polygon{
public:
    Polygon() {};
    virtual ~Polygon() {};
    virtual void init(float side_len) = 0;
    virtual float area() = 0;
};

};
#endif
```

上述代码创建了一个名为 polygon 的抽象类，需要注意的是在类中对参数进行了初始化，如果需要任何参数，可以使用 init 方法来初始化对象。

③ 创建插件类。有了插件基类，现在再继续创建两个 polygon（多边形）的插件，第一个是正方形，第二个是三角形。创建方式同样是在 plugin_tset 功能包的 include/plugin_test 目录下创建一个头文件 polygon_plugin.h，并填写如下内容：

```
#ifndef POLYGON_PLUGIN_H_
#define POLYGON_PLUGIN_H_
#include <cmath>
#include <plugin_test/polygon_base.h>

namespace polygon_plugin{
```

```cpp
class Square: public polygon_base::Polygon{
    public:
        Square() {};
        virtual ~Square() {};
        virtual void init(float side_len)
        {
            this->side_len = side_len;
        }
        virtual float area()
        {
            return (side_len * side_len);
        }
    private:
        float side_len;
};

class Triangle: public polygon_base::Polygon{
    public:
        Triangle() {};
        virtual ~Triangle() {};
        virtual void init(float side_len)
        {
            this->side_len = side_len;
        }
        virtual float area()
        {
            return 0.5 * (side_len * ( sqrt( (side_len * side_len) -(0.5 * side_len)*(0.5 * side_len) ) ) );
        }

    private:
        float side_len;
    };
};
#endif
```

这段代码基于 C++ 语法，创建了两个继承自 polygon 的类，将它们用作目标插件。

④ 导出插件并编译为动态链接库。

a. 导出插件。到目前为止，只是创建了一些标准的 C++ 类，并没有和 pluginlib 库产生什么关联，现在需要利用 pluginlib 库提供的宏操作注册插件，将三角形类和正方形类声明为插件。在功能包 plugin_tset 的 src 中创建 polygon_plugins.cpp 并加入以下内容：

```cpp
#include <pluginlib/class_list_macros.h>
#include <plugin_test/polygon_base.h>
#include <plugin_test/polygon_plugin.h>
```

```
//标记正方形和三角形为可导出的类
PLUGINLIB_EXPORT_CLASS(polygon_plugin::Triangle, polygon_base::Polygon)
PLUGINLIB_EXPORT_CLASS(polygon_plugin::Square, polygon_base::Polygon)
```

如果要实现 class 可动态加载，必须要将其标记为可导出的 class。通过特定的宏 PLUGINLIB_EXPORT_CLASS 可以完成导出，该宏通常放置于 cpp 文件的底部。PLUGINLIB_EXPORT_CLASS 宏的参数解释如下：

- 插件类的完全限定类型，在本例中为 polygon_plugins::Triangle 与 polygon_plugin::Square。
- 基类的完全限定类型，在本例中为 polygon_base::Polygon。

b. 编译为动态链接库。上一步使用.cpp 文件将插件类进行了注册，基于 ROS 的知识，.cpp 文件需要添加进 CMakeLists.txt 中方能生成实际库。因此，在 plugin_test 功能包下的 CMakeLists.txt 中添加如下内容：

```
include_directories(include ${catkin_INCLUDE_DIRS}    )
add_library(polygon_plugins src/polygon_plugins.cpp)
```

⑤ 将插件加入 ROS 系统，使其可识别和管理。上面的步骤完成后，一旦加载了插件存在的库，就可以创建它们的实例，但插件加载器仍然需要一种方法来查找该库，并知道在该库中引用什么。为此，还需要创建一个 XML 文件，该文件用于存储插件的重要信息（如插件库路径、插件名称、插件类的类型、插件基类的类型）。

a. 创建插件描述文件。在功能包 plugin_test 的目录下，创建名为 polygon_plugin.xml 的文件，添加如下内容：

```
<library path="lib/libpolygon_plugin">
        <class type="polygon_plugin::Triangle" base_class_type="polygon_base::Polygon">
            <description>This is a triangle plugin.</description>
        </class>
        <class type="polygon_plugin::Square" base_class_type="polygon_base::Polygon">
            <description>This is a square plugin.</description>
        </class>
</library>
```

对该文件代码解释如下：标签<library>和其属性 path 一起定义了主功能包相对插件库的路径，一个插件库可以包含多个不同的插件类（如这里是 2 个插件类）；标签<class>用以描述插件库中的插件类，属性 type 指定插件类的完全限定类型，属性 base_class_type 指定插件基类的完全限定类型，属性 description 描述插件类的功能。

b. 注册插件描述文件到 ROS 系统。为确保 pluginlib 可以查到 ROS 系统所有插件，定义插件的功能包必须显式地指定哪个包导出了什么插件。这需要在功能包的 package.xml 文件中定义以下内容：

```
<export>
        <plugin_test plugin="${prefix}/polygon_plugin.xml" />
</export>
```

这里标签<plugin_test>是定义插件基类的功能包名称，属性 plugin 后面跟随的是前面定义的插件描述符文件。找到 package.xml 中的<export>标签，并在该标签中加入"<plugin_test plugin="${prefix}/polygon_plugin.xml" />"一行，这是因为 package.xml 文件不允许有超过一个的<export>标签。

注意：在<plugin_test>位置定义的插件基类所在功能包的名称，如果插件类与基类不在同一功能包，为了使插件的<export>生效，还必须在插件类的 package.xml 中添加对插件基类所在功能包的依赖：

```
<build_depend>plugin_test</build_depend>
<exec_depend>plugin_test</exec_depend>
```

本例中插件基类与插件类在同一功能包中，无须进行上述操作。

c. 测试。要验证一切是否正常，需要使用 catkin_make 构建工作区并获取生成的安装文件，然后使用$ source devel/setup.bash 刷新环境变量，使系统能检测到 plugin_test 功能包，再尝试运行以下 rospack 命令：

```
rospack plugins --attrib=plugin plugin_test
```

如果看到一个目录输出 polygon_plugin.xml 文件位置，则代表插件注册成功。

⑥ 调用插件。至此，已经创建并注册了插件，下面用一个简单的例子介绍如何在程序中使用该插件。

a. 创建 plugin_loader.cpp。在功能包 plugin_test 的 src 文件夹中新建 plugin_loader.cpp 文件，并加入以下内容：

```
#include <ros/ros.h>
#include <pluginlib/class_loader.h>
#include <plugin_test/polygon_base.h>

int main(int argc, char ** argv)
{
 ros::init(argc, argv, "plugin_loader");
 ros::NodeHandle nh;
 float side_len = 5.0;
 std::string param_name = "polygon_plugin";
 std::string plugin_class;
//如果没有检测到参数输入则报错
 if(!nh.getParam(param_name.c_str(), plugin_class))
 {
   ROS_ERROR("can't get param");
   return 0;
 }
 /**
以下创建一个用于加载插件的类加载器。它需要两个参数。第一个是包含插件基类的功能包的名称，在本例中是 plugin_test。第二个是基类的完全限定类型，在本例子中为 polygon_base::Polygon */
 pluginlib::ClassLoader<polygon_base::Polygon> polygon_loader("plugin_test", "polygon_base::Polygon");
 try
 {
     /*基于后期输入的参数通过类加载器实例化相应的插件对象*/
     boost::shared_ptr<polygon_base::Polygon> polygon_cal = polygon_loader.createInstance(plugin_class);
```

```
        polygon_cal->init(side_len);
        //最终结果输出
    ROS_INFO("plugin class is %s, area is %f",plugin_class.c_str(), polygon_cal->area());
}
    /*检查加载插件时是否出现问题 */
catch(pluginlib::PluginlibException& ex)
{
    ROS_ERROR("The plugin failed to load for some reason. Error: %s", ex.what());
}
    return 0;
}
```

在功能包的 CMakeLists.txt 中添加以下内容：

```
## 声明 C++可执行文件
add_executable(plugin_loader src/plugin_loader.cpp)
## 指定要链接库或可执行目标的库
target_link_libraries(plugin_loader
    ${catkin_LIBRARIES}
)
```

b. 运行代码。完成以上操作后，在工作空间的主目录中运行 catkin_make 命令来构建所有内容，刷新系统环境变量并运行如下命令：

```
$ rosparam set polygon_plugin polygon_plugin::Triangle
$ rosrun plugin_test plugin_loader
```

代码运行结果如图 2-35 所示。

图 2-35　plugin（插件）运行结果

从显示结果可以看出，首先进行了参数设置，声明了使用插件基类的三角形插件类，然后运行 plugin_test 功能包中的类加载节点 plugin_loader。该节点创建类加载器并按照输入的参数示例化对应插件对象，最后输出计算结果。

2.3.8　nodelet

（1）简介

ROS 是一种基于分布式网络通信的操作系统，整个机器人控制系统是由节点管理器和若干个功能相对独立的节点模块组成。在 ROS 通信过程中节点管理器存储着各个节点的话题（topics）和服务（services）的注册信息，每个功能节点在请求服务之前先向节点管理器进行注册，然后节点之间就可以直接进行信息传递。ROS 的底层通信都是基于 XML-RPC 协议实现的。

以 XML-RPC 的方式传输数据存在一定的延时和阻塞。在数据量小、频率低的情况下，传输耗费的时间可以忽略不计。但当传输图像流、点云等数据量较大的消息，或者执行有一定的实时性要求的任务时，因传输而耗费的时间就不得不考虑。nodelet 包就是为改善这一状况设计的，它提供一种方法，可以让多个算法程序在一个进程中用 shared_ptr(C++11 提供的一种智能指针类) 实现零拷贝通信（zero copy transport），以降低因为传输大数据而损耗的时间。简单讲就是可以将多个 node 捆绑在一起管理，使得同一个 manager 里面的 topic 的数据传输更快。ROS nodelet 是基于 ROS plugin 技术实现的，掌握了 ROS plugin 的编写方法之后，就很容易理解并掌握 ROS nodelet 了。

（2）案例实现

下面通过一个小案例来对 nodelet 的作用产生一个更实际的感知。

首先确保 roscore 运行：

```
$ roscore
```

然后启动 nodelet manager，并设置管理器名称为 mymanager（nodelet_manager 进程可以加载一个或多个 nodelet）：

```
$ rosrun nodelet nodelet manager __name:=mymanager
```

添加第一个节点：

```
$ rosrun nodelet nodelet load nodelet_tutorial_math/Plus mymanager __name:=n1 _value:=100
```

添加第二个节点：

```
$ rosrun nodelet nodelet load nodelet_tutorial_math/Plus mymanager __name:=n2 _value:=-50
/n2/in:=/n1/out
```

针对第一个节点的解释为：nodelet 使用了 nodelet_tutorial_math 下的加法功能，并向 mymanager 添加了一个 nodelet，即 n1 节点，设置的参数值为 100。

第二个节点同第一个节点，也使用了加法功能，并在 mymanager 中添加了一个 nodelet，也即 n2 节点，参数值设置为-50，并且在命令的最后让 nodelet 订阅的话题由 /n2/in 重映射为 /n1/out，即接收 n1 的输出作为自己的输入。

所以 nodelet 在这里可以实现：当向节点 n1 发布消息后，节点 n1 处理完后的结果输出到节点 n2，最后节点 n2 在节点 n1 结果的基础上运算得到最终结果。通过 nodelet 将多个节点集成到一个进程，这就是 nodelet 的核心所在。

下面看一下结果，向节点 n1 发布消息：

```
rostopic pub -r 10 /n1/in std_msgs/Float64 "data: 10.0"
```

打印节点 n2 发布的消息：

```
rostopic echo /n2/out
```

最终结果为 60，如图 2-36 所示。

2.3.9　rosbridge

（1）简介

ROS 默认安装没有包含 rosbridge，需要在终端中执行下面命令来安装：

```
$ sudo apt install ros-noetic-rosbridge-suite
```

图 2-36   nodelet 测试结果

安装完后，可以在/opt/ros/noetic/lib/python3/dist-packages/下看到三个重要的包 rosbridge_server、rosbridge_library 和 rosapi。rosbridge_server、rosbridge_library、rosapi 就是 rosbridge 的代码实现部分，现对三部分的功能分别简要介绍。

① rosbridg_server 是软件包 rosbridge_suite 的一部分，提供 WebSocket 传输层。WebSocket 是客户端（Web 浏览器）和服务器之间的低延迟双向通信层。通过提供 WebSocket 连接，rosbridge_server 允许网页使用 rosbridge 协议进行 ROS 通信。

rosbridge_server 创建一个 WebSocket 连接，并将任何 JSON 消息从 WebSocket 传递给 rosbridge_library，因此 rosbridge 库可以将 JSON 字符串转换为 ROS 调用。反之亦然，rosbridge_library 将任何 ROS 响应转换为 JSON，然后将其传递给 rosbridge _server 以通过 WebSocket 连接发送。

在/opt/ros/noetic/share/rosbridge_server/目录中，rosbridge_server 下的 launch 目录里有三个启动文件（rosbridge_tcp.launch、rosbridge_udp.launch 和 rosbridge_websocket.launch）供执行启动 TCP server、UDP Server 或 WebSocket Server 使用，它们执行的分别是 scripts 目录下的 rosbridge_tcp.py、rosbridge_udp.py、rosbridge_websocket.py 三个 python 文件(由.launch 文件里的 node 定义中的 type 指定)，这三个 python 文件分别启动对应的 server，并把 src/rosbridge_server 目录下的 tcp_handler.py、udp_handler.py、websocket_handler.py 里分别定义的 RosbridgeTcpSocket、RosbridgeUdpSocket、RosbridgeWebSocket 三个类用作对应通信方式的 handler，对连接的建立/关闭、数据的收/发进行处理。

② Rosbridge_library 是一个 python 库，负责获取 JSON 字符串并将其转换为 ROS 消息，反之亦然。rosbridge 旨在用作传输层包的库。例如，rosbridge_server 包创建一个 WebSocket 连接，并使用 rosbridge 库来处理 JSON 到 ROS 的转换。

任何 python 包或程序都可以使用 rosbridge 库直接进行 JSON 到 ROS 的通信。例如，TCP 服务器、串行网桥等。

③ rosapi 是 rosbridge_suite 的一部分，通过服务调用公开 ROS 功能，例如获取和设置参数、话题列表等。rosapi 通过 rosbridge 将通常为 ROS 客户端库保留的功能公开给外部程序。

（2）案例实现

下面通过一个简单的例子对 rosbridge 进行简要使用，以便读者能够对 rosbridge 有一个更加直观的概念。首先确保 rosbridge 功能包已经安装好。准备网页代码：将以下代码复制到文本文件 rosbridgetest.html 中，也可以自己对文件进行命名，注意后缀一定为 html 格式。

```html
<!DOCTYPE html>
<html>
<head>
<meta charset="utf-8" />
<script type="text/javascript" src="http://static.robotwebtools.org/EventEmitter2/current/
eventemitter2.min.js"></script>
<script type="text/javascript" src="http://static.robotwebtools.org/roslibjs/current/roslib. min.js">
</script>
<style type="text/css">
    #box1 {
        width: 44px;
        height:44px;
        position: absolute;
        background: lightskyblue;
    }
</style>
<script type="text/javascript" type="text/javascript">
    // Connecting to ROS
    var ros = new ROSLIB.Ros({
        url : 'ws://localhost:9090'
    });

    var isconected=false;
    //判断是否连接成功并输出相应的提示消息到 web 控制台
    ros.on('connection', function() {
        isconected=true;
        console.log('Connected to websocket server.');
        subscribe();
    });

    ros.on('error', function(error) {
        isconected=false;
        console.log('Error connecting to websocket server: ', error);
    });

    ros.on('close', function() {
        isconected=false;
        console.log('Connection to websocket server closed.');
        unsubscribe();
    });

    // Publishing a Topic
```

```javascript
var cmdVel = new ROSLIB.Topic({
  ros : ros,
  name : 'turtle1/cmd_vel',
  messageType : 'geometry_msgs/Twist'
});//创建一个话题,它的名字是'/cmd_vel',消息类型是'geometry_msgs/Twist'

var twist = new ROSLIB.Message({
  linear : {
    x : 0.0,
    y : 0.0,
    z : 0.0
  },
  angular : {
    x : 0.0,
    y : 0.0,
    z : 0.0
  }
});//创建一个 message

function control_move(direction){
  twist.linear.x = 0.0;
  twist.linear.y = 0;
  twist.linear.z = 0;
  twist.angular.x = 0;
  twist.angular.y = 0;
  twist.angular.z = 0.0;

  switch(direction){
    case 'up':
      twist.linear.x = 2.0;
      break;
    case 'down':
      twist.linear.x = -2.0;
    break;
    case 'left':
      twist.angular.z = 2.0;
    break;
    case 'right':
      twist.angular.z = -2.0;
    break;
  }
  cmdVel.publish(twist);//发布 twist 消息
```

```
    }
    var timer=null;
    function buttonmove(){
        var oUp=document.getElementById('up');
        var oDown=document.getElementById('down');
        var oLeft=document.getElementById('left');
        var oRight=document.getElementById('right');

        oUp.onmousedown=function ()
        {
            Move('up');
        }
        oDown.onmousedown=function ()
        {
            Move('down');
        }

        oLeft.onmousedown=function ()
        {
            Move('left');
        }

        oRight.onmousedown=function ()
        {
            Move('right');
        }

        oUp.onmouseup=oDown.onmouseup=oLeft.onmouseup=oRight.onmouseup=function ()
        {
            MouseUp ();
        }
    }


    function keymove (event) {
        event = event || window.event;/*||为或语句，当浏览器不能识别 event 时，就执行 window.event
赋值*/
        console.log(event.keyCode);
        switch (event.keyCode){/*keyCode:字母和数字键的键码值*/
            /*65、87、68、83 分别对应 a、w、d、s*/
            case 65:
```

```
                    Move('left');
                    break;
            case 87:
                    Move('up');
                    break;
            case 68:
                    Move('right');
                    break;
            case 83:
                    Move('down');
                    break;
            default:
                    break;
        }
}

var MoveTime=20;

function Move (f){
    clearInterval(timer);

    timer=setInterval(function (){
        control_move(f)
    },MoveTime);
}

function MouseUp ()
{
        clearInterval(timer);
}

function KeyUp(event){
        MouseUp();
}
window.onload=function ()
{
        buttonmove();
        document.onkeyup=KeyUp;
        document.onkeydown=keymove;
        Movebox();
}
```

```
// Subscribing to a Topic
var listener = new ROSLIB.Topic({
  ros : ros,
  name : '/turtle1/pose',
  messageType : 'turtlesim/Pose'
});//创建一个话题,它的名字是'/turtle1/pose',消息类型是'turtlesim/Pose',用于接收乌龟位置信息

var turtle_x=0.0;
var turtle_y=0.0;

function subscribe()//在连接成功后, 控制 div 的位置,
{
    listener.subscribe(function(message) {
        turtle_x=message.x;
        turtle_y=message.y;
        document.getElementById("output").innerHTML = ('收到信息: ' +listener.name +'   x: '
+message.x+" ,y: "+message.y);
    });
}

function unsubscribe()//在断开连接后, 取消订阅
{
    listener.unsubscribe();
}

function Movebox ()
{
  var obox=document.getElementById("box1");
  var timer=null;

  clearInterval(timer);

  timer=setInterval(function (){
    if(!isconected)
    {
      obox.style.left = '0px';
      obox.style.top = '0px';
    } else {
      obox.style.left =Math.round(60*turtle_x)-330+"px";
      console.log(obox.style.left)
      obox.style.top =330-Math.round(60*turtle_y)+"px";
      console.log(obox.style.top)
    }
```

```
        },20);
    }


    </script>
    </head>
    <body>


        <h1>rosbridge 使用案例--使用键盘与鼠标移动小乌龟 </h1>
        <p>第一步，打开终端运行: roslaunch rosbridge_server rosbridge_websocket.launch</p>
        <p>第二步，打开新终端运行: rosrun turtlesim turtlesim_node</p>
        <p>第三步，通过键盘的 W/A/S/D 键或者鼠标点击以下按钮进行操控</p>
        <p>最后，查看小乌龟的运动情况</p>

        <input type="button" value="前行" id="up">
        <input type="button" value="后退" id="down">
        <input type="button" value="左转" id="left">
        <input type="button" value="右转" id="right">


        <p id = "output"></p>

        <div id="mbox" style="width:704px;height:704px;border:1px solid red;position: relative;">
            <div id="box1" style="margin-left:330px;margin-top:330px;position:absolute;" ></div>
        </div>
    </body>
    </html>
```

完成上述步骤后，打开终端并输入以下命令，启动 roscore 及 rosbridge server。

```
$ roslaunch rosbridge_server rosbridge_websocket.launch
```

然后再运行 ROS 自带的小乌龟节点。

```
$ rosrun turtlesim turtlesim_node
```

利用 firefox 浏览器打开或者刷新刚才的 html 文件：rosbridgetest.html。

此时点击网页上的前行、后退、左转、右转按钮，或者键盘的 W、S、A、D 按键控制小乌龟移动，可以看到机器人端的小乌龟移动，同时小乌龟的位置实时更新在网页上，如图 2-37 所示。

2.3.10 rosserial

rosserial 是一个用于在 ROS 和串行设备（例如无人车底盘驱动 Arduino 开发版或 stm32 单片机）之间进行通信的软件包。下面是一个简单的例程，它演示了如何在 Arduino 上使用 rosserial 库来发布和订阅 ROS 话题。

以下为实现这个例程的步骤：首先，需要安装 ROS 和 Arduino IDE。新安装的 Arduino IDE 工具默认是没有各种第三方支持库的，需要在左侧边栏中安装 rosserial_arduino 库，可以通过在 Arduino IDE 中打开"草图"下的"库管理器"，搜索并安装 rosserial_arduino 库来完成此操作。安装 rosserial_arduino 库的操作如图 2-38 所示。

图 2-37　rosbridge 控制小乌龟移动

图 2-38　Ardunio IDE 安装 rosserial_arduino 库

rosserial_arduino 库安装完成后，在 Arduino IDE 中打开一个新草图，将 Arduino 板连接到计算机，并在 Arduino IDE 中选择正确的串行端口和板型，本例使用 Ardunio Uno，端口为 USB0，见图 2-39。

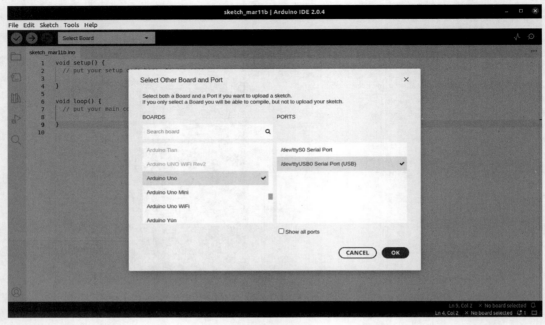

图 2-39　选择型号与端口

　　然后将下面提供的代码复制粘贴到草图中：

```
#include <ros.h>
#include <std_msgs/String.h>
//实例化使用的发布者和订阅者。例如，一个话题名称为"chatter"的订阅者。订阅服务器的第二个
参数是对要用于订阅的消息实例的回调函数
//实例化节点句柄，这允许程序利用句柄创建发布者和订阅者，节点句柄还负责串行端口通信
ros::NodeHandle nh;

void messageCb(const std_msgs::String& msg){
    Serial.println(msg.data);
}
ros::Subscriber<std_msgs::String> sub("chatter", &messageCb);
//初始化 ROS 节点句柄，通告正在发布的任何话题，并订阅想收听的任何话题，这里通过前面创建
的订阅者订阅了话题"chatter"
void setup()
{
    Serial.begin(57600);
    nh.initNode();
    nh.subscribe(sub);
}
//调用 ros::spinOnce()，处理所有 ROS 通信回调
void loop()
{
```

```
      nh.spinOnce();
      delay(1);
    }
```

这个例程订阅了名为"chatter"的 ROS 话题，并在接收到消息时在串行监视器中打印消息内容。

接下来，通过单击"上传"按钮将草图上传到 Arduino 板。上传完成后，打开串行监视器来查看从 ROS 话题"chatter"接收到的消息(此时尚未从 ROS 往 Arduino 板上发送消息)。

为了保证 Arduino 板能够收到消息，ROS 需要确保启动了 rosserial_python 节点。

```
$ rosrun rosserial_python serial_node.py _port:=<your_serial_port>
```

这里需要将<your_serial_port>替换为 Arduino 板的串行端口。

若未安装 rosserial_python，需在终端中使用以下命令进行安装：

```
$ sudo apt install ros-noetic-rosserial-python
```

如果在打开串口时遇到"Device or resource busy"的错误，这通常意味着该串口已被其他程序占用，这时将连接 Arduino 板的串口拔下，一般可以解决该问题。

在 ROS 正确运行了 roscore 和 rosserial_python 节点后，ROS 端最后还需要运行一个节点来发布消息到"chatter"话题。可以使用 rostopic 命令来完成此操作。例如，在终端中运行以下命令来发布一条消息：

```
$ rostopic pub /chatter std_msgs/String "Hello, world!"
```

正常情况下，可以在 Arduino IDE 的串口监视器中看到输出了一个 Hello, world!，如图 2-40 所示，这是一个 rosserial 的经典案例。通过该案例学习，能够对 rosserial 的功能有一个初步认识，即 rosserial 可以让非 ROS 设备轻松地与 ROS 节点通信，使得在非 ROS 环境中运行的应用能够通过串口或网络轻松地与 ROS 应用进行数据交互。

图 2-40　串口打印结果

本章
小结

本章 2.1 节首先讲述了 ROS 的基本概念。为了便于初学的读者学习和使用，ROS 中提供了非常多的辅助开发工具和功能包，这些都是读者学习的重要内容。ROS 中的应用功能涵盖各种各样的功能包，可简单分为底层驱动、上层功能、控制模块以及常用组件四个类别，这些功能是 ROS 得以运行的根基，掌握这些功能才能够真正掌握 ROS 的核心。

对 ROS 的学习方面，建议从主要框架开始，就好比建一栋大楼，应该先打好地基，建造主体结构，然后才能进行自己的设计。对于刚接触 ROS 的人来说，ROS 里面涉及了很多陌生的概念，但当理解了这些概念之后，就会轻车熟路，倍感亲切了。从系统实现的角度来看，目前 ROS 的主要框架可分为三级，分别为文件系统级、计算图级、开源社区级。

2.2 节中主要介绍了 ROS 的工程结构，也就是 ROS 的文件系统结构。首先从 ROS 的编译系统 catkin 开始，然后一步一步地了解工作空间的创建、功能包的创建，也介绍了一部分功能包中重要的文件，便于读者对 ROS 的文件系统有一个全面的印象。要学会建立一个 ROS 工程，首先要认识一个 ROS 工程，了解它的组织架构，从根本上熟悉 ROS 项目的组织形式。了解各个文件的功能和作用，系统地掌握 ROS 文件空间的结构，对于 ROS 的学习和开发有着重要的作用。

2.3 节介绍了 ROS 通信机制。ROS 是一个分布式框架，为用户提供很多节点或者进程之间的通信服务。ROS 的通信机制是 ROS 最底层也是最重要的技术。ROS 主要有三种通信机制：话题通信机制、服务通信机制以及参数管理机制，另外也有动作（action）、插件（plugin）机制和提高效率的 nodelet 等。本节介绍了最小的进程单元节点（node）和节点管理器（node master），ROS 中的进程都是由很多的节点组成，并且由节点管理器来管理这些节点，基于此，ROS 每种通信方式都有其特点及适合的工作场景。针对 ROS 与外界进行通信的问题，本节简单介绍了 rosbridge 与 rosserial，两者应用场景不同，前者主要用于与 Web 应用的通信，后者则主要用于与嵌入式硬件设备通信。通过本节的学习及练习，可以大致掌握 ROS 主要的通信机制用法，作为初学者在练习过程中会遇到很多问题，大多是相关编译过程依赖或者代码编写的错误，所以 ROS 软件编码实践非常重要。

扫码免费获取
本书资源包

第 **3** 章

ROS 基础实践

继上一章学习完 ROS 的基本内容与框架后，本章将从零开始搭建一个 ROS 平台，学习基本的 ROS 编程知识，对机器人进行 3D 建模，并进行虚拟环境下的仿真平台搭建与仿真测试。

3.1　Ubuntu 与 ROS 的安装

ROS 并非像 Windows、Linux 等传统意义上的操作系统，无法直接运行在计算机硬件上，因此它需要依赖于 Linux 系统。本书使用基于 Linux 发行版的 Ubuntu 操作系统进行讲解，采用两种方式进行 Ubuntu 安装：一种是安装虚拟机方式，可以实现在 Windows 中运行 Ubuntu 系统；另一种为使用 rufus 工具制作系统启动镜像，这种方式一般多用于双系统，直接安装在计算机磁盘中。本章对两种方式都做了介绍，供读者参考。

3.1.1　虚拟机安装准备

目前流行的虚拟机软件有 VMware、Virtual Box 和 Virtual PC 等，其中最常用的就是 VMware，而 Ubuntu 是 Linux 使用最广泛的版本之一。本小节使用 VMware 虚拟机来安装 Ubuntu20.04。首先确保计算机安装有 VMware，可以从网络上下载 VMWare 安装包，例如：VMware-workstation-full-16.0.0.exe。

安装虚拟机操作步骤如下：

① 打开 VMware 安装包软件，在"VMware Workstation"窗口选中"创建新的虚拟机"选项。

② 安装程序打开"新建虚拟机向导"对话框，选择默认"典型"配置，点击"下一步"按钮。

③ 安装程序切换到"安装客户机操作系统"对话框，选中"稍后安装操作系统（S）"选项，再点击"下一步"按钮。❶

---

❶ 编者注：直接选择"安装程序光盘映像文件(iso)(M)"选项也能够安装成功 Ubuntu 操作系统，但建议不要选该选项，如果选择这个选项，安装的系统可能有缺陷，例如，不能在主机与虚拟机之间做"复制-粘贴"操作，并且此缺陷较难改善。

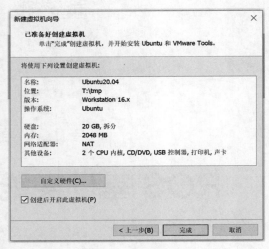

图 3-1　虚拟机配置

④　安装程序切换到选择操作系统界面，"客户机操作系统"选中"Linux"，"版本"默认为"Ubuntu 64 位"，然后点击"下一步"按钮。

⑤　安装程序切换到"虚拟机文件目录设置"对话框，输入"虚拟机名称"，选中"浏览"按钮，在文件管理器中选中虚拟机文件根目录，返回本对话框，再点击"下一步"按钮。

⑥　安装程序切换到磁盘配置对话框，本书默认：

- 最大磁盘 20G❶；
- 将虚拟磁盘拆分成多个文件。

再点击"下一步"按钮。

⑦　安装程序切换到如图 3-1 所示对话框，

显示创建虚拟机的基本配置，确认无误后，点击"完成"按钮，完成本次新建虚拟机过程。

⑧　安装虚拟机 VMware 完毕，系统关闭"新建虚拟机向导"对话框，返回到虚拟机应用主窗口，显示新创建的虚拟机工作页面，见图 3-2。

图 3-2　创建新系统后的虚拟机主界面

⑨　加入 Ubuntu 镜像文件，为安装 Ubuntu 操作系统做准备。选中"CD/DVC(SATA)"选项，打开"虚拟机设置"对话框，如图 3-3 所示。然后选中"使用 ISO 映像文件（M）"，选中"浏览"按钮，打开"浏览 ISO 映像"对话框，在目录中选择提前下载好的 Ubuntu20.04 的镜像文件"Ubuntu-20.04.2-desktop-amd64.iso"。没有提前下载的需要去 Ubuntu 官网或者国内镜像网站进行下载。

目前在 Ubuntu 官网或清华镜像源可下载 Ubuntu20.04 镜像文件有：

---

❶ 编者注：对于磁盘大小，若不知分配多少空间合适，可以先默认 20G，以后再根据使用情况扩充磁盘容量。

● Ubuntu-20.04.2-desktop-amd64.iso；

● Ubuntu-20.04.4-desktop-amd64.iso。

建议使用 Ubuntu-20.04.2-desktop-amd64.iso，在安装时比较流畅。

⑩ 网络配置。选中"网络适配器"，"网络连接"选中"桥接模式"如图 3-4 所示。

图 3-3　虚拟机设置

图 3-4　网络配置

配置完成后点击"确定"按钮即可。

注：建议按照上述设置进行网络配置，否则无法正常安装 Ubuntu 系统，或者安装的 Ubuntu 系统的窗口主菜单缺失 Wi-Fi 图标，不能实现无线网络功能。有关网络配置的一些说明如下。

在网络配置步骤中涉及网络适配器网络模式的选择配置，VMware 提供三种网络工作模式，分别是：Bridged（桥接模式）、NAT（网络地址转换模式）、Host-Only（仅主机模式）。读者在 VMware 窗口选中"编辑"菜单选项，在"编辑"子菜单选中"虚拟网络编辑器"，即可打开虚拟机的"虚拟网络编辑器"对话框，对话框界面如图 3-5 所示。

点击"更改设置"按钮，获得管理员的配置权限，对话框信息如图 3-6 所示。

图 3-5　虚拟网络编辑器对话框

图 3-6　获取配置权限

列表区显示，虚拟机网络有三种模式：

● VMnet0-桥接模式；

● VMnet1-仅主机模式；

● VMnet8-NAT 模式。

同时，在主机上对应的有 VMware Network Adapter VMnet1 和 VMware Network Adapter VMnet8 两块虚拟网卡，它们分别作用于仅主机模式与 NAT 模式下，如图 3-7 所示。

图 3-7　主机上查看虚拟网卡

如需在虚拟机中选用"VMnet0-桥接模式"，需执行如下操作：在连接节点列表中选中 "VMnet0-桥接模式"，然后在"已桥接至"下拉框中选择"自动"或主机物理网卡，例如"Realtek 8822BE Wireless LAN 802.11ac PCI-E NIC"。

读者到这里可能还是不明白这几种模式之间的具体区别，接下来就这三种模式进行详细介绍。

a. 桥接模式。桥接模式就是使主机网卡与虚拟机虚拟的网卡利用虚拟网桥进行通信。在桥接的作用下，类似于把物理主机虚拟为一个交换机，所有桥接设置的虚拟机连接到这个交换机的一个接口上，物理主机也同样插在这个交换机当中，所以所有桥接下的网卡与网卡都是交换模式的，可以相互访问而不干扰。在桥接模式下，虚拟机 IP 地址需要与主机在同一个网段，如果需要联网，则网关及 DNS 需要与主机网卡一致。其网络结构如图 3-8 所示。

VMnet0 提供虚拟网桥，这个网桥有若干个端口，一个端口用于连接主机（Host），一个端口用于连接虚拟机，它们的位置是对等的，谁也不是谁的网关。所以在桥接模式下，虚拟机成为一台和主机（Host）设备地位相同的虚拟设备。值得注意的是，桥接模式相当于虚拟机和主机在同一个真实网段，VMware 充当一个集线器的功能（一根网线连到与主机相连的路由器上），所以如果计算机换了内网，静态分配的 IP 要更改。

桥接模式原理简单，但是也有缺点。如果所处的网络环境 IP 资源很缺少或对 IP 管理比较严格的话，那桥接模式就不太适用了，需要采用 VMware 的另一种网络模式：NAT 模式。

b. NAT 模式。VMnet8 提供 NAT 模式，是最简单的组网方式。主机的"VMware Network Adapter VMnet8"虚拟网卡，连接 VMnet8 虚拟交换机，虚拟交换机的另外一个端口连接到虚拟 NAT 设备（这也是一个 VMware 组件），还有一个端口连接到虚拟 DHCP 服务器，其他的端口连接虚拟机，虚拟机的网关即是"VMware Network Adapter VMnet8"网卡所在的主机（Host）。同样，用 ipconfig 也可以看出来，虚拟机的默认网关指向了"VMware Virtual Ethernet Adapter for VMnet8"虚拟网卡地址。NAT 模式网络结构如图 3-9 所示。

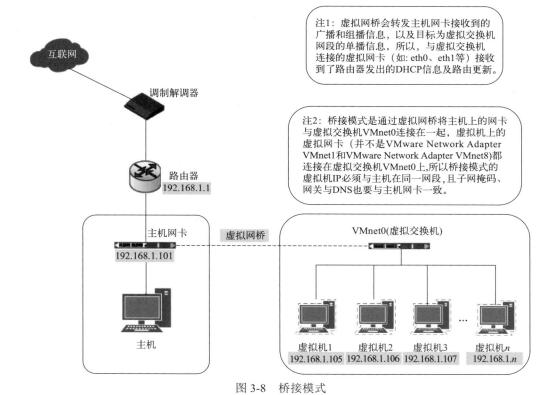

注1：虚拟网桥会转发主机网卡接收到的
广播和组播信息，以及目标为虚拟交换机
网段的单播信息，所以，与虚拟交换机
连接的虚拟网卡（如：eth0、eth1等）接收
到了路由器发出的DHCP信息及路由更新。

注2：桥接模式是通过虚拟网桥将主机上的网卡
与虚拟交换机VMnet0连接在一起，虚拟机上的
虚拟网卡（并不是VMware Network Adapter
VMnet1和VMware Network Adapter VMnet8)都
连接在虚拟交换机VMnet0上，所以桥接模式的
虚拟机IP必须与主机在同一网段，且子网掩码、
网关与DNS也要与主机网卡一致。

图 3-8　桥接模式

注：在连接VMnet8虚拟交换机时，虚拟机会将虚拟NAT设备及虚
拟DHCP服务器连接到VMnet8虚拟交换机上，同时也会将主机上的
虚拟网卡VMware Network Adapter VMnet8连接到VMnet8虚拟交换机
上。虚拟网卡VMware Network Adapter VMnet8只是作为主机与虚拟
机通信的接口，虚拟机并不是依靠虚拟网卡VMware Network Adapter
VMnet8来联网的。

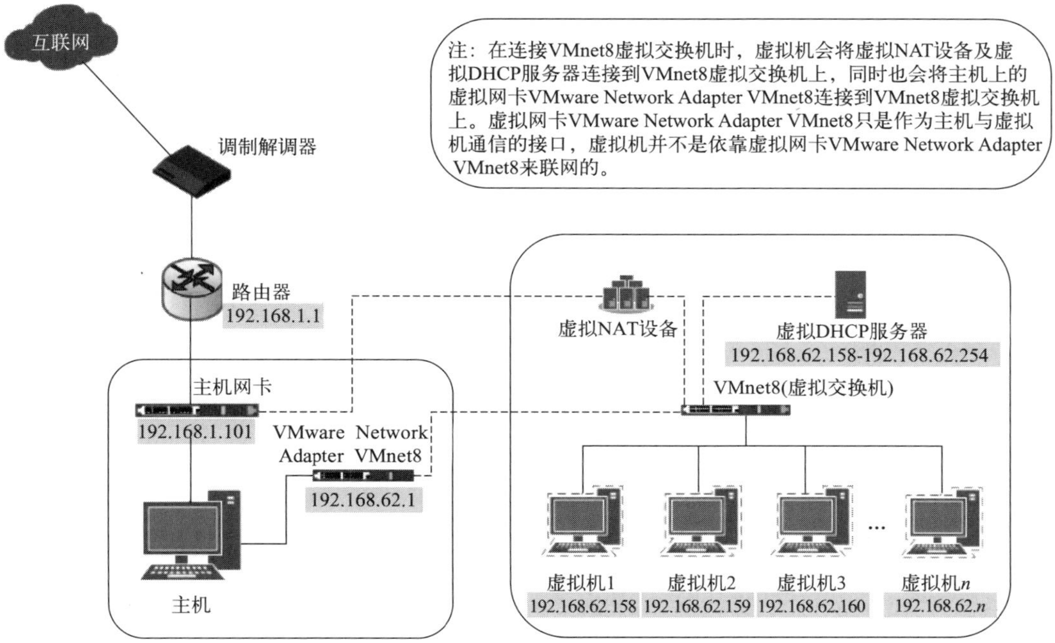

图 3-9　NAT 模式

在 NAT 模式中，主机网卡直接与虚拟 NAT 设备相连，然后虚拟 NAT 设备与虚拟 DHCP 服务器一起连接在虚拟交换机 VMnet8 上。注意一定要将主机网卡和虚拟网卡 VMware Network Adapter VMnet8 的地址设置成不同网段的 IP，这样就实现了虚拟机联网。

c. Host-Only 模式。在前面的"虚拟网络编辑器"对话框中还有一种"仅主机模式"，也就是 Host-Only 模式。VMnet1 是一个虚拟的交换机，交换机的一个端口连接到主机（Host）上，另外一个端口连接到虚拟 DHCP 服务器上（实际上是 VMware 的一个组件），剩下的端口连接虚拟机。虚拟网卡 "VMware Network Adapter VMnet1" 作为虚拟机的网关接口，为虚拟机提供服务。在虚拟机启动后，如果用 ipconfig 命令，会很清楚地看到默认网关指向"VMWare Network Adapter VMnet1"网卡的地址。实际上该默认网关并不能提供路由，这是 VMware 设计使然，使得虚拟机不可以访问 Host-Only 模式所指定的网段之外的地址。其网络结构如图 3-10 所示。

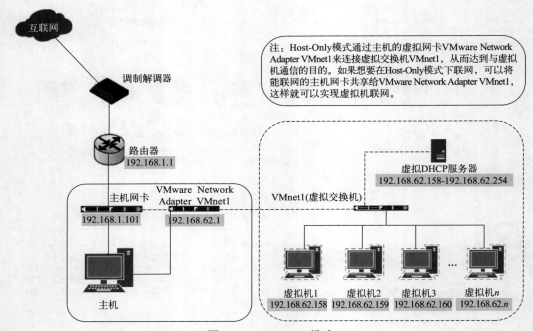

图 3-10　Host-Only 模式

Host-Only 模式其实就是 NAT 模式去除了虚拟 NAT 设备，然后使用 VMware Network Adapter VMnet1 虚拟网卡连接 VMnet1 虚拟交换机来与虚拟机通信。Host-Only 模式将虚拟机与外网隔开，使得虚拟机成为一个独立的系统，只与主机相互通信。

仅主机模式和 NAT 模式很相似，只不过不能上网，相当于 VMware 虚拟了一个局域网，并且是个没有连互联网的局域网。

3.1.2　双系统安装准备

如果想直接将系统安装到硬磁盘（简称"硬盘"，计算机系统中称"磁盘"）中，比如说硬盘双系统，需要准备一个内存大于 8GB 的 U 盘作为存储介质，然后使用 Rufus 工具将下载好的系统镜像刷入 U 盘中，并对计算机进行分区，压缩出一块空间用来安装 Ubuntu 系统。注意：在刷入镜像时会格式化清空 U 盘，若 U 盘内有文件，务必确保进行文件备份。

（1）分区

在安装 Ubuntu 之前，若不采用虚拟机安装的方式，可手动分出一个空的磁盘区域给 Ubuntu 系统做存储。在桌面上，右键点击"计算机"图标，选择"管理"，然后找到"磁盘管理"，进入之后如图 3-11 所示。

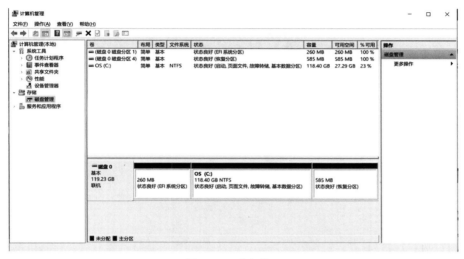

图 3-11 磁盘管理

选择一个有充足空间（建议大于 100GB）的磁盘分区，选中并用鼠标右击，选择"压缩卷"，然后弹出如图 3-12 所示窗口，在"输入压缩空间量"中，可以选择压缩的大小，此处压缩 60GB 空间，读者可根据磁盘剩余空间实际情况进行合理调配，之后点"压缩"即可。

图 3-12 磁盘压缩   图 3-13 启动盘的制作

（2）启动盘制作

首先在 Rufus 官网中下载 Rufus 工具，并在 Ubuntu 官网下载好 Ubuntu 系统镜像。

打开 Rufus 工具，"设备"选择插入计算机中的 U 盘，第二行引导类型选择下载的 Ubuntu 镜像，其他选项可参考图 3-13 中配置。

选择好对应的 iso 镜像并确认设置无误后，点击"开始"按钮制作启动盘。

（3）磁盘分区

图 3-14 为已经装好双系统的磁盘分区情况，使用的工具为 DiskGenius。值得注意的是，此图仅供讲解说明双系统用，读者无须按照如下布局提前分区。

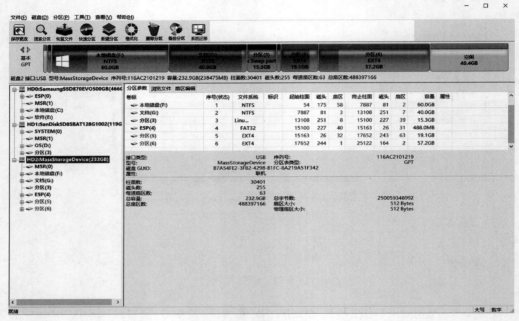

图 3-14　磁盘分区概览

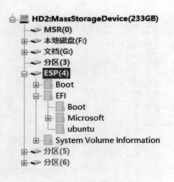

图 3-15　磁盘 HD2 分区

从窗口左边的分区概览中可以看到，本设备中有三块磁盘，其中主界面中显示的为第三块磁盘，即编号为 HD2 的磁盘。该磁盘中安装有双系统，其中 ESP 分区中存放着两个系统的 EFI 引导，如图 3-15 所示。

ESP 对 UEFI 启动模式很重要，UEFI 的引导程序是后缀名为.efi 的文件，存放在 ESP 分区中，ESP 分区采用 fat32 文件系统。UEFI 概念在系统安装中十分重要，关于 UEFI，在下文中将进行介绍。

（4）双系统安装准备工作

如果是在磁盘已有 Windows 的基础上安装 Ubuntu，需要保证磁盘中有一块空闲分区，建议不少于 100GB，然后即可按照 3.1.3 节的方法在空白分区中安装 Ubuntu 系统。如果磁盘中没有空闲分区，则可以选择一块空间容量比较充裕的分区，在该分区上点击右键，选择调整分区容量，如图 3-16 所示。按图 3-16 说明即可分出一块空闲分区以便之后安装 Ubuntu。

如果是一块没有安装任何系统的磁盘直接安装两个操作系统，则需要自行创建引导分区和系统分区，创建方法如下。

首先在 DiskGenius 中选中需要操作的磁盘，然后点击软件上方工具栏的"快速分区"，进入图 3-17 所示界面。

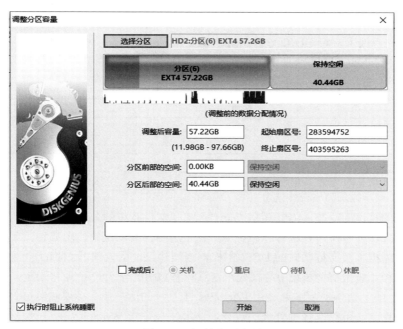

图 3-16　调整分区容量

图 3-17　新磁盘快速分区

图 3-17 左侧分区表类选项有两种，分别为 MBR 与 GUID。MBR 分区表全称是 master boot record，即磁盘主引导记录分区表。磁盘每一个逻辑扇区有 512 个字节，磁盘的第一个扇区（0 磁道 0 柱面 1 扇区），也就是逻辑扇区 0，这个扇区就叫作主引导记录，即 MBR，其只支持容量在 2TB 以下的磁盘，超过 2TB 的磁盘只能管理 2TB，并且不能超过 4 个主分区或 3 个主分区和 1 个扩展分区，扩展分区下可以有多个逻辑分区。GUID 分区表又叫 GPT，全称是全局唯一标识分区表(GUID partition table)，与 MBR 限制 4 个分区表相比，GUID 对分区数量没有限

制，但 Windows 仅支持 128 个 GUID 分区。GUID 可管理磁盘分区大小达到了 9.4ZB。只有基于 UEFI 平台的主板才支持 GUID 分区引导启动。

MBR 与 GUID 的主要区别见表 3-1 所示。

表 3-1 分区表类区别

项目	MBR	GUID
最大分区容量	2TB	9.4ZB
最大分区数	4 个主分区	128 个主分区
支持的固件接口	BIOS	UEFI
支持的操作系统	Windows7 或更早的系统	较新的系统如 Windows10、11 等

值得说明的是，不论是 MBR 还是 GUID，都是文件系统的分区方式，只是表示文件在磁盘上的存储方式，都由操作系统管理，对用户完全透明，所以无论使用哪种，对磁盘都没有任何影响。若计算机主板支持新式的 UEFI 主板，强烈建议使用较新的 GUID 分区方案。另外，Windows 11 操作系统不支持传统引导模式，这意味着 GUID 分区的磁盘是安装 Windows 11 的基本要求之一，因此，如果打算安装使用 Windows 11 系统的话，那么必须使用 GUID 分区类型。

在分区数目中，可以选择主分区的数目，这里往往是指 Windows 的分区（Ubuntu 的分区在 3.1.3 节 Ubuntu 安装过程中会进行说明），编者设置了两个分区，在图 3-17 右边的高级设置中，NTFS 是指 Windows 主分区表的文件系统类型，无须修改，读者可以修改合适的分区大小与卷标名称，但要注意为 Ubuntu 安装留适当空间。

在图 3-17 左下位置，默认是选择了创建新 ESP 分区，分配 300MB 大小的空间，无须修改。ESP 分区用来存放 EFI 引导。关于 EFI 引导，主要有两种引导方式，分别为 Legacy 与 UEFI，图 3-18 所示为其启动方式的区别。

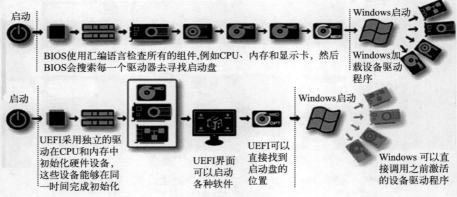

图 3-18 引导启动方式

总结图 3-18 的内容就是：

① Legacy 是使用 BIOS 固件引导计算机的过程。UEFI 是现代计算机使用的一种新型引导模式，提供了比 BIOS 更先进的功能。

② Legacy 使用 MBR 分区方案，UEFI 使用 GPT 分区方案。

③ Legacy 引导启动时间慢，UEFI 提供更快的启动时间。

④ Legacy 使用的 MBR 分区方案仅支持最多 2TB 的存储设备；UEFI 使用的 GPT 分区方

案可支持高达 9.4ZB 的存储设备。

⑤ Legacy 不提供允许加载未经授权的应用程序安全启动方法；UEFI 允许安全启动，防止加载未经授权的应用程序。

⑥ Legacy 界面比较古老，对用户不友好；UEFI 提供了更好的用户界面。

Legacy 以传统 BIOS 启动，可以进行 MBR 分区的系统安装，但是由于 GUID 分区必须 UEFI 启动，所以计算机系统引导一般为 BIOS（Legacy）+MBR 或 UEFI+GUID 两种对应模式。

鉴于 Legacy 是一种传统且古老的技术，且 Windows10 及之后的系统基本为 UEFI 引导启动，这里进一步探讨一下 UEFI 的特点。UEFI 模式下的系统会有两个很小的分区，一个是 ESP（EFI 系统分区），另一个是 MSR（微软保留分区，通常为 128MB），MSR 是窗口要求的分区。

创建好的分区需要保存更改才可生效，这时磁盘内部应当是分好了 ESP、MSR、Windows 的 NTFS 分区以及预留安装 Ubuntu 系统的空闲分区。对于 Windows 系统安装，读者需自行查找相关资料解决，本书主要讲解 Ubuntu 安装部分内容。

3.1.3　Ubuntu安装

无论是使用虚拟机安装 Ubuntu，还是使用 Rufus 制作的启动盘安装 Ubuntu，安装过程是一样的。

（1）进入安装程序

对于采用虚拟机安装方式的读者，在 VMware 界面选中"开启虚拟机"，静待安装程序的加载即可。

对于使用 Rufus 制作的启动盘安装的读者，首先确保启动盘插入计算机中，然后在开机时按启动热键以进入启动选项中（读者可上网查找自己品牌计算机所对应的启动热键），顺利进入选择界面后，选择启动盘并按"回车"即可进入并加载 Ubuntu 安装程序。

（2）安装过程

Ubuntu 安装相对容易，这里仅讲解重点过程，选择"正常安装"并"清除整个磁盘并安装 Ubuntu"，之后安装程序切换到图 3-19 所示对话框，如果对分区没有特别要求，可直接使用默认的"清除整个磁盘并安装 Ubuntu"，然后点击"现在安装"按钮。

对分区有要求的话，需要选择图 3-20 所示"其他选项"，然后点击"继续"。

图 3-19　清除磁盘安装方式

图 3-20　按分区安装

如果是虚拟机安装，则需要创建新的空分区表才可添加分区。点击"新建分区表"按钮出现如图 3-21 所示界面，然后点击"继续"，之后便可以创建新分区了。

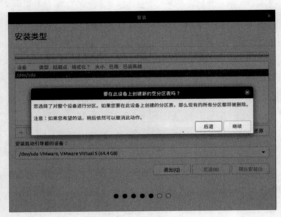

图 3-21　创建新分区表

图 3-22　创建 swap 分区

如果是双系统安装，若已经使用 Windows 系统磁盘管理或 DiskGenius 压缩出一个空分区，则可以选中该分区然后采用下述方法建立分区。

以下以虚拟机上的安装为例，选中"空闲"行（已提前压缩好分区的则选择对应压缩的分区），然后点击"+"号，添加 swap 分区，这里交换空间内存设置为了 8GB（8192MB），详细设置如图 3-22 所示。

继续点击"+"号，设置"/"根目录挂载空间大小，如图 3-23 所示。

继续点击"+"号，设置"/home"挂载空间大小，如图 3-24 所示。

图 3-23　创建根分区

图 3-24　创建 home 分区

最后设置完的分区情况如图 3-25 所示，读者在操作时需根据分配给虚拟机的空间大小来决定 Ubuntu 各分区的具体空间分配情况。一般来说，swap 分区为计算机运行内存的大小即可，/home 是用户个人的空间，可以多分配一些空间。值得注意的是，安装启动引导器的设备其实就是安装 UEFI 启动文件，这里务必保证设备选择与 Ubuntu 所在设备一致，比如，Ubuntu 的分区是在/dev/sda 下，安装启动引导器的设备也选择成/dev/sda。一切确认无误后，点击"现在安装"。

最后设置完时区及用户名密码后，一直点击"继续"直到系统安装完毕且界面弹出"安装完成"对话框，至此，系统安装完毕。

3.1.4　Ubuntu arm 版安装

　　事实上，Ubuntu 不仅可以安装在 x86 架构的 PC 上，也可以安装在 arm 架构的主机中，一般无人车上搭载 ROS 的 Ubuntu 系统往往装在类似 Jetson nano 这种设备上，而这种 Ubuntu 系统也是经过厂家定制过的，称为 Xubuntu 20.04，与 3.1.3 节中 Ubuntu 的安装有所差别。下面主要介绍 Jetson nano 上安装 Xubuntu 20.04 操作系统的流程。

　　① 获取开源"Xubuntu-20.04-l4t-r32.3.1.tar.tbz2"文件。

　　访问网址如下：

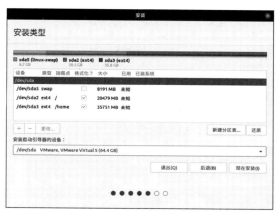

图 3-25　选择启动引导安装设备

https://forums.developer.nvidia.com/t/xubuntu-20-04-focal-fossa-l4t-r32-3-1-custom-image-for-the-jetson-nano/121768

　　在该网页，选中"Download　link：Xubuntu-20.04-l4t-r32.3.1.tar.tbz2"，下载获取开源"Xubuntu-20.04-l4t-r32.3.1.tar.tbz2"文件。

　　注："Xubuntu-20.04-l4t-r32.3.1.tar.tbz2"文件是一个为 Jetson nano 制作的 Xubuntu 20.04 镜像的压缩文件。

　　② 将开源文件还原成镜像文件。

　　将"Xubuntu-20.04-l4t-r32.3.1.tar.tbz2"文件传送到虚拟机，解压 \$ tar –xjvf Xubuntu-20.04-l4t-r32.3.1.tar.tbz2，还原成 Xubuntu-20.04-l4t-r32.3.1.img 镜像文件。

　　③ 将 Xubuntu-20.04-l4t-r32.3.1.img 文件回传给 Windows 系统目录下备用。

　　④ 将镜像文件烧写到 SD 卡上。

　　首先准备一个空 SD 卡，将 SD 卡插入或通过读卡器连接计算机，打开 SD 卡烧写软件 Win32DiskImager，显示"磁盘映像工具"对话框如图 3-26 所示。

　　选中对话框中"映像文件"右侧 🖼 图标，系统弹出"选择一个磁盘映像"对话框。在该对话框中，选中上一步解压的"Xubuntu-20.04-14t-r32.3.1.img"镜像文件，再选中"打开"按钮，此时映像文件框加载了打开的镜像文件。

　　确认文件无误后，选中"写入"按钮，系统弹出"确认覆盖"信息框，这时选中"Yes"按钮，开始烧写 SD 卡，如图 3-27 所示。

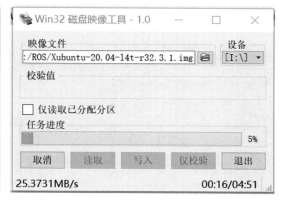

图 3-26　磁盘映像工具　　　　　　　　　　图 3-27　烧写 SD 卡

烧写完毕，将 SD 卡从插槽拔出。

⑤ 烧写完成的 SD 卡还需要初始化才能真正进入 Ubuntu 系统。将 SD 卡插入 Jetson nano 主板的 SD 卡插槽，然后主板上电。进入初始化 Xubuntu 20.04 操作系统界面，需要进行选择语言、键盘、联网、时区以及系统用户名设置等操作，不需要进行任何分区的操作，比较简单，不再详细讲解。

3.1.5 ROS Noetic安装

首先需要打开 Ubuntu 操作系统终端，然后依次执行以下操作步骤。

① 更换系统源。

一般来说，新安装的 Ubuntu 系统需要更换系统源来保证下载速度，国内常用的 Ubuntu 源有阿里源、清华源、中科大源等，本章使用清华源，源提供的官方地址为 https://mirrors.tuna.tsinghua.edu.cn/help/Ubuntu/，换源方式如下。

Ubuntu 系统中，软件源文件地址为/etc/apt/sources.list。

备份原来的源，以后可能用到：

$sudo cp /etc/apt/sources.list /etc/apt/sources.list.bak

打开/etc/apt/sources.list 文件：

$sudo vim /etc/apt/sources.list（可将 vim 更换为自己熟悉的编辑器）

添加以下条目后保存：

默认注释了源码镜像以提高 apt update 速度，如有需要可自行取消注释
deb https://mirrors.tuna.tsinghua.edu.cn/Ubuntu/ focal main restricted universe multiverse
deb-src https://mirrors.tuna.tsinghua.edu.cn/Ubuntu/ focal main restricted universe multiverse
deb https://mirrors.tuna.tsinghua.edu.cn/Ubuntu/ focal-updates main restricted universe multiverse
deb-src https://mirrors.tuna.tsinghua.edu.cn/Ubuntu/ focal-updates main restricted universe
multiverse
deb https://mirrors.tuna.tsinghua.edu.cn/Ubuntu/ focal-backports main restricted universe multiverse
deb-src https://mirrors.tuna.tsinghua.edu.cn/Ubuntu/ focal-backports main restricted universe
multiverse
deb https://mirrors.tuna.tsinghua.edu.cn/Ubuntu/ focal-security main restricted universe multiverse
deb-src https://mirrors.tuna.tsinghua.edu.cn/Ubuntu/ focal-security main restricted universe multiverse

② 更新本地源列表：

$ sudo apt update

③ 获取 ROS 源地址信息：

$ sudo sh -c 'echo "deb http://packages.ros.org/ros/Ubuntu $(lsb_release -sc) main" >
/etc/apt/sources.list.d/ros-latest.list'

④ 获取访问 ROS 源密钥：

$ curl -s https://raw.githubusercontent.com/ros/rosdistro/master/ros.asc | sudo apt-key add –

⑤ 再更新本地源列表：

$ sudo apt update

⑥ 安装 ROS Noetic：

$ sudo apt install ros-noetic-desktop-full

⑦ 设置 ROS 环境。

将"source /opt/ros/noetic/setup.bash"指令加入到 bashrc 文件中：

$ echo source /opt/ros/noetic/setup.bash　>>　~/.bashrc
$ source ~/.bashrc

设置完后可使用如下命令查询 ROS 环境配置：

$ export | grep ROS

⑧ 建立 python 等重要依赖项：

$ sudo apt install python3-rosdep python3-rosinstall python3-rosinstall-generator python3-wstool build-essential

⑨ 初始化 rosdep：

$ sudo rosdep init

⑩ 更新 rosdep：

$ rosdep update

至此，ROS 便安装完成。

3.1.6　ROS测试

对 ROS 进行测试需要打开 2 个终端：

终端 1，启动 ROS 节点管理器：

$ roscore

终端 2，启动测试"小乌龟"程序：

$ rosrun turtlesim turtlesim_node

系统打开"小乌龟"窗口，见图 3-28。

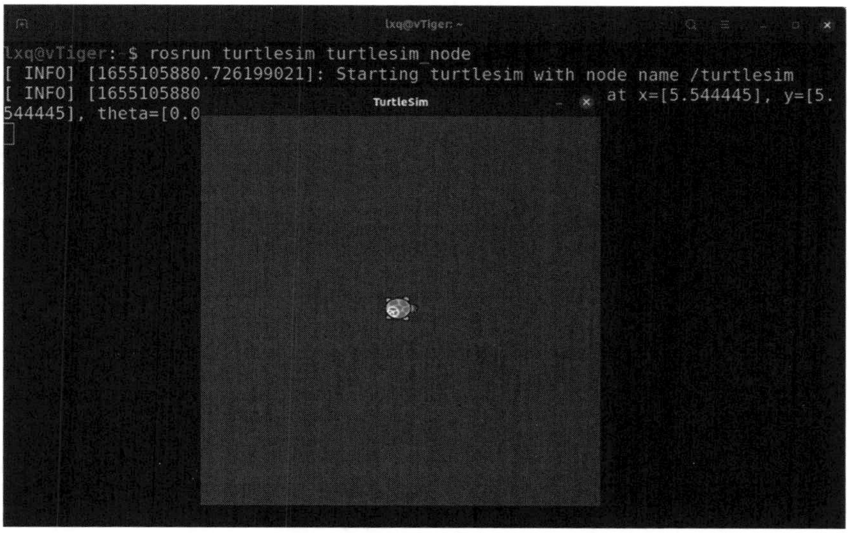

图 3-28　小乌龟

如果在运行 roscore 时终端出现了以下类似的错误：

... logging to /home/gyh/.ros/log/5574b26e-2e7c-11eb-8470-4074e0a66b16/roslaunch-1-18514.log
Checking log directory for disk usage. This may take a while.

```
Press Ctrl-C to interrupt
Done checking log file disk usage. Usage is <1GB.

RLException: Unable to contact my own server at [http://1:41259/].
This usually means that the network is not configured properly.

A common cause is that the machine cannot connect to itself.   Please check
for errors by running:

 ping 1

For more tips,   please see

 http://wiki.ros.org/ROS/NetworkSetup

The traceback for the exception was written to the log file
```

则在 bashrc 中加入以下两行：

```
export ROS_HOSTNAME=localhost
export ROS_MASTER_URI=http://localhost:11311
```

最后保存文件并退出，然后在终端中刷新一下 bashrc 文件：

```
$ source ~/.bashrc
```

3.2 ROS 常用工具

3.2.1 可视化工具

机器人模型调试需要可视化工具，ROS 提供了一款显示多种数据的三维可视化工具 rviz。rviz 作为三维可视化工具，很好地兼容了各种基于 ROS 软件框架的机器人平台。在 rviz 中，可以使用 xml 文件对机器人、周围物体等任何实物的尺寸、质量、位置、材质、关节等属性进行描述，并且在界面中呈现出来。同时，rviz 还可以通过图形化方式，实时显示机器人传感器的信息、机器人的运动状态、周围环境的变化等。总而言之，rviz 可以帮助开发者实现所有可监测信息的图形化显示，开发者可以在 rviz 的窗口界面下，通过鼠标或键盘控制机器人的行为。

rviz 在机器人开发中应用广泛，图 3-29 展示了 rviz 的一些典型应用案例。

（1）安装并运行 rviz

rviz 已经集成在桌面完整版的 ROS 中，如果已经成功安装桌面完整版的 ROS，可以直接跳过这一步骤，如果没有，请使用如下命令，单独安装 rviz：

```
$ sudo apt-get install ROS-noetic-rviz
```

安装完成后，在终端中分别运行如下命令即可启动 ROS 和 rviz 工具：

```
$ roscore
$ rosrun rviz rviz
```

成功启动的 rviz 主界面如图 3-30 所示。

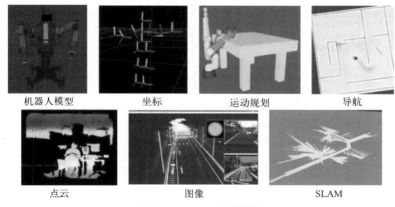

机器人模型　　　坐标　　　　运动规划　　　　导航

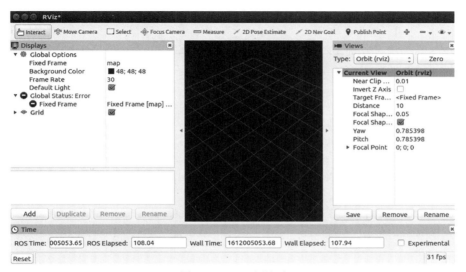

点云　　　　　　图像　　　　　　SLAM

图 3-29　rviz 应用场景

图 3-30　rviz 主界面

rviz 主界面主要包含以下几个部分。

① 3D 视图区：用于可视化显示数据，目前没有任何数据，所以显示黑色。

② 工具栏：用于提供视角控制、目标设置、发布地点等工具。

③ 显示项列表：用于显示当前选择的显示插件，可以配置每个插件的属性。

④ 视角设置区：用于选择多种观测视角。

⑤ 时间显示区：用于显示当前的系统时间和 ROS 时间。

（2）数据可视化

进行数据可视化的前提是要有数据。假设需要可视化的数据以对应的消息类型发布，则在 rviz 中使用相应的插件订阅该消息即可实现显示。

首先，需要添加显示数据的插件。单击 rviz 界面左侧下方的 "Add" 按钮，rviz 会将默认支持的所有数据类型的显示插件罗列出来，如图 3-31 所示。

rviz 支持丰富的数据类型，通过加载不同的 display 数据类型进行可视化，每一个 display 数据类型都有一个独特的名字。常见的 display 数据类型见表 3-2。

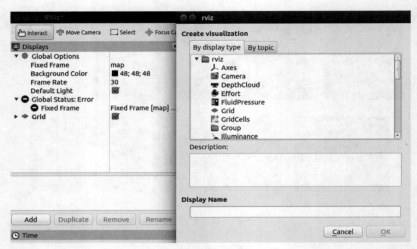

图 3-31　rviz 插件

表 3-2　常见的 display 数据类型

类型	描述	消息类型
Axes	显示坐标系	—
Camera	从相机视角显示图像	sensor_msgs/CameraInfo
Grid	显示网格	—
Image	显示图像	sensor_msgs/Image
LaserScan	显示激光雷达数据	sensor_msgs/LaserScan
Odomerty	显示里程计数据	nav_msgs/Odometry
PointCloud2	显示点云数据	sensor_msgs/PointCloud2
TF	显示 TF 树	—
RobotModel	显示机器人模型	—

3.2.2　仿真工具

（1）Gazebo 的简介

Gazebo 是一个机器人仿真工具、模拟器，也是一个独立的开源机器人仿真平台。当今市面上还有其他的仿真工具，如 v-rep、Webots 等。Gazebo 不仅是开源机器人仿真平台，也是兼容 ROS 最好的仿真工具。

Gazebo 的功能非常强大，Gazebo 和 ROS 都是由开源机器人组织（Open Source Robotics Foundation，OSRF）来维护的，其最大优点是可以非常好地支持 ROS。Gazebo 支持很多开源的物理引擎，如最典型的 ODE，可以进行机器人的运动学、动力学仿真，可以模拟机器人常用的传感器（如激光雷达、摄像头、IMU），也可以加载自定义的环境和场景。

通常一些不依赖具体硬件的算法和场景都可以在 Gazebo 上仿真实现，如图像识别、传感器数据融合处理、路径规划、SLAM 等。通过使用 Gazebo 进行机器人系统仿真，大大减轻了开发工作对硬件的依赖。

（2）Gazebo 仿真的特点

Gazebo 是一个优秀的开源物理仿真环境，它具备如下特点。

① 动力学仿真：支持多种高性能的物理引擎，如 ODE、Bullet、SimBody、DART 等。

② 三维可视化环境：支持显示逼真的三维环境，包括光线、纹理、影子。

③ 传感器仿真：指传感器数据的仿真，同时可以仿真传感器噪声。

④ 可扩展插件：用户可以定制化开发插件以扩展 Gazebo 的功能，满足个性化的需求。

⑤ 多种机器人模型：官方提供 PR2、Pioneer2 DX、TurtleBot 等机器人模型，当然也可以使用自己创建的机器人模型。

⑥ TCP/IP 传输：Gazebo 的后台仿真处理和前台图形显示可以通过网络通信实现远程仿真。

⑦ 云仿真：Gazebo 仿真既可以在 Amazon、Softlayer 等云端运行，也可以在自己搭建的云服务器上运行。

⑧ 终端工具：用户可以使用 Gazebo 提供的命令行工具在终端实现仿真控制。

（3）安装并运行 Gazebo

为了实现 ROS 与 Gazebo 的集成，人们开发了一组名为 gazebo_ros_pkgs 的 ROS 功能包，提供了必要的接口。gazebo_ros_pkgs 的一些功能有：

① 支持 Gazebo 的系统独立性，没有与 ROS 进行绑定；

② 通过 catkin 编译；

③ 尽可能支持 urdf 文件格式；

④ 减少与 Gazebo 代码的重复；

⑤ 使用 ros_control 改进了控制器。

在尝试安装 gazebo_ros_pkgs 之前，通过在终端中运行来确保独立的 Gazebo 能够正常工作，第一次启动需要加载一段时间：

```
$ gazebo
```

然后使用以下命令安装 gazebo_ros_pkgs：

```
$ sudo apt-get install ros-noetic-gazebo-ros-pkgs ros-noetic-gazebo-ros-control
```

安装完成后，需要重启 roscore 使配置生效，在终端中使用如下命令启动 ROS 和 Gazebo：

```
$ roscore
$ rosrun gazebo_ros gazebo
```

成功启动 Gazebo 后的界面如图 3-32。

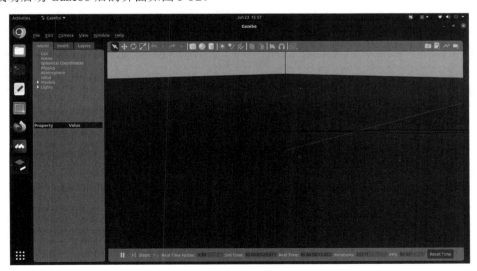

图 3-32　Gazebo 启动界面

Gazebo 启动界面中主要包含：3D 视图区、工具栏、模型列表、模型属性项、时间显示区。
验证 Gazebo 是否与 ROS 系统成功链接，可以查看 ROS 的话题列表：

```
$ rostopic list
```

```
ubuntu@ubuntu-gyh: $ rostopic list
/clock
/gazebo/link_states
/gazebo/model_states
/gazebo/parameter_descriptions
/gazebo/parameter_updates
/gazebo/performance_metrics
/gazebo/set_link_state
/gazebo/set_model_state
/rosout
/rosout_agg
```

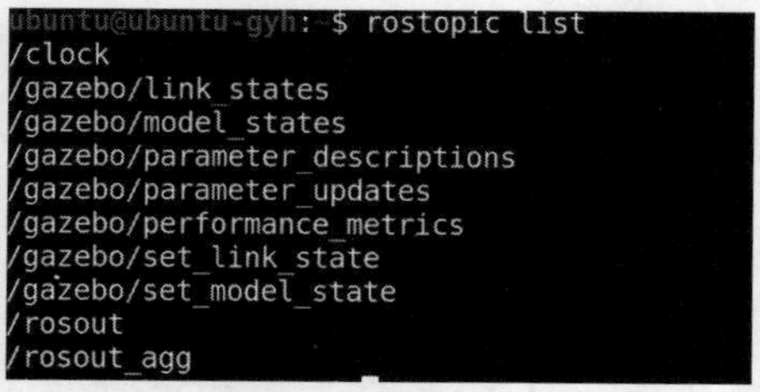

图 3-33　Gazebo 话题列表

如果链接成功，应该可以看到 Gazebo 发布/订阅的话题列表，如图 3-33 所示。

出现以上有关 Gazebo 的话题显示就代表 Gazebo 与 ROS 之间通信成功。

（4）构建仿真环境

在仿真之前需要构建一个仿真环境。Gazebo 中有两种构建仿真环境的方法。

① 直接插入模型。在 Gazebo 左侧的模型列表中，有一个 Insert 选项罗列了所有可使用的模型。用户只要选择需要使用的模型，放置在主显示区中，就可以在仿真环境中添加机器人和外部物体等仿真实例。模型的加载需要联网，为了保证模型顺利加载，可以提前将模型文件下载并放置到本地路径"~/.gazebo/models"下。

② Building Editor。第二种方法是使用 Gazebo 提供的 Building Editor 工具，手动绘制地图。启动 Gazebo，选择菜单命令"Edit→Building Editor"，可以打开如图 3-34 所示的 Building Editor 界面。

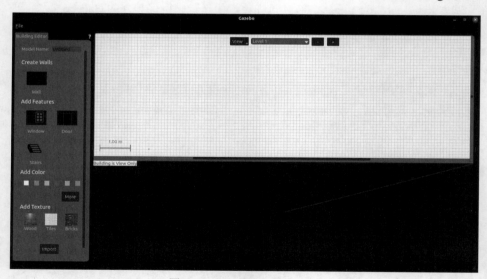

图 3-34　Building Editor 界面

在该界面左侧根据需求选择不同的绘制选项，然后在右上侧窗口中使用鼠标绘制，在右下侧窗口中即可实时显示绘制的仿真环境。

模型创建完成后就可以加载机器人模型并进行仿真了，本章对 Gazebo 有一个整体的认识即可，在后续的学习过程中会详细讲解机器人仿真的过程。

3.2.3　调试工具

为了方便可视化调试和显示，ROS 提供了一个 Qt 架构的后台图形工具套件 rqt _common_ plugins，以下简称"rqt"，其中包含不少实用工具。在使用之前，需要安装该 Qt 工具箱，命令如下：

```
$ sudo apt-get install ros-noetic-rqt
$ sudo apt-get install ros-noetic-rqt-common-plugins
```

（1）rqt 中的日志输出工具(rqt_console)

rqt_console 工具用来图像化显示和过滤 ROS 系统运行状态中的所有日志消息，包括 info、warn、error 等级别的日志。使用以下命令即可启动该工具：

```
$ rqt_console
```

启动成功后可以看到如图 3-35 所示的 rqt_console 可视化界面。

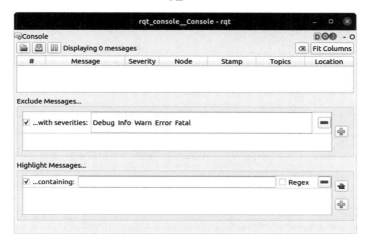

图 3-35　rqt_console 可视化界面

当系统中有不同级别的日志消息时，rqt_console 的界面中就会依次显示这些日志的相关内容，包括日志内容、时间戳、级别等。当日志较多时，也可以使用该工具进行过滤显示。

（2）rqt 中的计算图可视化工具(rqt_graph)

rqt_graph 工具可以图形化显示当前 ROS 系统中的计算图。在系统运行时，使用如下命令即可启动该工具：

```
$ rqt_graph
```

启动成功后的计算图如图 3-36 所示。

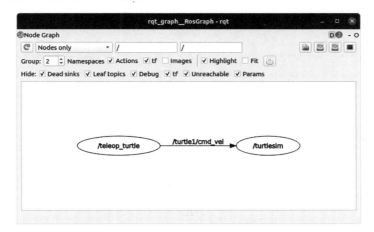

图 3-36　rqt-graph 显示计算图

（3）rqt 中的参数动态配置工具（rqt_ reconfigure ）

rqt_ reconfigure 工具可以在不重启系统的情况下，动态配置 ROS 系统中的参数，但是该功能的使用需要在代码中设置参数的相关属性。使用如下命令即可启动该工具：

```
$ rosrun rqt_reconfigure rqt_reconfigure
```

启动后的界面将显示当前系统中所有可动态配置的参数，在界面中使用输入框、滑动条或下拉框进行设置即可实现参数的动态配置。关于 ROS 参数动态配置功能的实现，本书不做具体讲解，感兴趣的同学可以自行学习。

3.3 ROS 机器人 3D 建模

3.3.1 统一机器人描述格式——URDF

（1）URDF 文件的概念

统一机器人描述格式（Unified Robot Description Format，URDF）是一种用于描述机器人部分结构、关节、自由度等对象的 xml 格式文件。机器人 3D 建模或部分结构模型主要用于仿真机器人，以简化开发者的工作。ROS 中的机器人建模就通过 URDF 文件来实现。每次在 ROS 系统中看到的 3D 机器人都会有相应的 URDF 文件与之对应。在下面的章节中将会介绍如何创建一个 URDF 文件来定义不同的值。

（2）<link>标签

<link>标签用于描述机器人某个部分的外观和物理属性，包括尺寸、颜色、形状、惯性矩阵、碰撞参数等。

机器人的<link>标签的描述语法如下所示：

```
<link name=" <link_name" >
<inertial>...</inertial>
    <visual>...</visual>
    <collision>...</collision>
</link>
```

<inertial>标签用于描述机器人<link>的惯性参数，<visual>标签用于描述机器人<link>部分的外观参数，而<collision>标签用于描述机器人<link>的碰撞属性。检测碰撞的<link>区域大于外观可视区域，意味着只要其他物体与<collision>区域相交，就认为<link>发生碰撞。

（3）<joint>标签

<joint>标签用于描述机器人关节的运动学和动力学属性，包括关节运动的位置和速度限制。根据机器人的运动形式，可以将<joint>分为 6 种类型，见表 3-3。

表 3-3　URDF 模型中的<joint>类型

关节类型	描述
continuous	旋转关节，可以围绕单轴无限旋转
revolute	旋转关节，但是有旋转的角度限制
prismatic	滑动关节，沿某一轴移动的关节，有位置限制
planar	平面关节，允许在正交平面上平移或旋转
floating	浮动关节，允许进行平移和旋转运动
Fixed	固定关节，不允许进行任何运动

一个<joint>用于连接两个<link>，类似于人的关节。<joint>标签的描述语法如下：

```
<joint name＝"<name of the joint>">
<parent link="parent_link"/>
<child link="child_link"/>
<calibration .../>
<dynamics damping .../>
<limit effort .../>
...
</joint>
```

（4）<gazebo>标签

<gazebo>标签用于描述机器人模型在 Gazebo 中仿真所需参数，包括机器人材料的属性、Gazebo 插件等。该标签不是机器人模型必需部分，只有在 Gazebo 仿真时才需加入。该标签基本语法如下：

```
<gazebo reference="link_1">
<material>Gazebo/B1ack</material>
</gazebo>
```

3.3.2　建立URDF模型

在 ROS 中，机器人的模型一般放在 RobotName_description 功能包下。下面尝试从零开始创建一个移动机器人的 URDF 模型，使用如下命令创建一个新功能包，本章机器人模型命名为 ares：

```
$ catkin_creat_pkg ares_description urdf xacro
```

ares_description 功能包中包含 urdf、meshes、launch 和 config 四个文件夹。

① urdf：用于存放机器人模型的 URDF 或 xacro 文件。

② meshes：用于放置 URDF 中引用的模型渲染文件。

③ launch：用于保存相关启动文件。

④ config：用于保存 rviz 的配置文件。

在了解了 URDF 模型中常用标签和语法之后，接下来将使用这些基本语法创建一个如图 3-37 所示的机器人底盘模型。

这个机器人底盘模型文件中有 5 个<link>和 4 个<joint>。5 个<link>包括 1 个机器人底板和左前、左后、右前、右后 4 个车轮；4 个<joint>负责将车轮安装到底板上，并设置相应连接方式。

图 3-37　机器人底盘模型

模型文件 ares_description/urdf/ares_base.urdf 的具体内容如下：

```
<?xml version="1.0" encoding="utf-8"?>
<robot name="ares_base">
    <link name="base_link">
        <visual>
```

```xml
            <origin xyz="0 0 0" rpy="0 0 0" />
            <geometry>
      <mesh filename="package://ares_description/meshes/base_link.STL" />
            </geometry>
            <material name="yellow">
                <color rgba="1 0.4 0 1" />
            </material>
        </visual>
    </link>
    <link name="wheel_lf_link">
        <visual>
            <origin xyz="0 0 0" rpy="0 0 0" />
            <geometry>
                <mesh filename="package://ares_description/meshes/wheel_lf_link.STL" />
            </geometry>
            <material name="">
                    <color rgba="0.831 0.839 0.831 1" />
            </material>
        </visual>
    </link>
    <joint name="wheel_lf_joint" type="continuous">
        <origin xyz="0.061 0.0695 0.012077" rpy="0 0 0" />
        <parent link="base_link" />
        <child link="wheel_lf_link" />
        <axis xyz="0 1 0" />
    </joint>
    <link name="wheel_lb_link">
        <visual>
            <origin xyz="0 0 0" rpy="0 0 0" />
            <geometry>
                <meshfilename="package://ares_description/meshes/wheel_lb_link.STL" />
            </geometry>
            <material name="">
                    <color rgba="0.831 0.839 0.831 1" />
            </material>
        </visual>
    </link>
    <joint name="wheel_lb_joint" type="continuous">
        <origin xyz="-0.061 0.0695 0.012077" rpy="0 0 0" />
        <parent link="base_link" />
        <child link="wheel_lb_link" />
        <axis xyz="0 1 0" />
```

```xml
    </joint>
    <link name="wheel_rf_link">

        <visual>
          <origin xyz="0 0 0" rpy="0 0 0" />
          <geometry>
           <meshfilename="package://ares_description/meshes/wheel_rf_link.STL" />
          </geometry>
          <material name="">
       <color rgba="0.831 0.839 0.831 1" />
          </material>
      </visual>

    </link>
    <joint name="wheel_rf_joint" type="continuous">
      <origin xyz="0.061 -0.0695 0.012077" rpy="0 0 0" />
      <parent link="base_link" />
      <child link="wheel_rf_link" />
      <axis xyz="0 1 0" />
    </joint>
    <link name="wheel_rb_link">

        <visual>
          <origin xyz="0 0 0" rpy="0 0 0" />
          <geometry>
             <mesh filename="package://ares_description/meshes/wheel_rb_link.STL" />
          </geometry>
          <material name="">
              <color rgba="0.831 0.839 0.831 1" />
        </material>
      </visual>

    </link>
    <joint name="wheel_rb_joint" type="continuous">
      <origin xyz="-0.061 -0.0695 0.012077" rpy="0 0 0" />
      <parent link="base_link" />
      <child link="wheel_rb_link" />
      <axis xyz="0 1 0" />

    </joint>

</robot>
```

URDF 提供了一些命令行工具，可以帮助检查、梳理模型文件。在终端中独立安装文件时，首先需要执行以下命令：

```
$ sudo apt-get install liburdfdom-tools
```

然后使用 check_urdf 命令对 ares_base.urdf 文件进行检查：

```
$ check_urdf  ares_base.urdf
```

最后使用 check_urdf 命令用来解析 URDF 文件，如果一切无误，那么终端将出现如图 3-38 所示的信息。

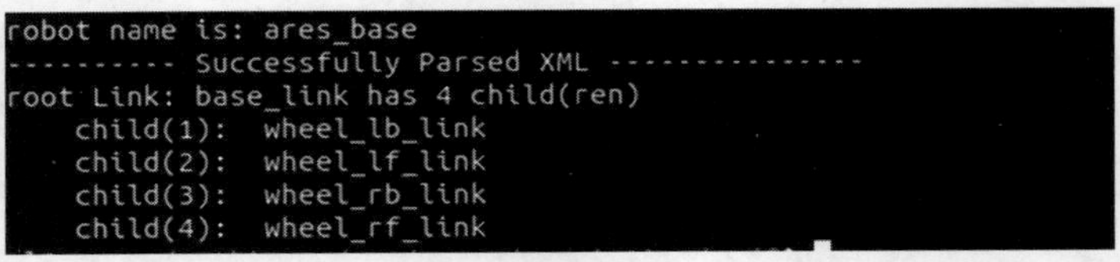

robot name is: ares_base
---------- Successfully Parsed XML ---------------
root Link: base_link has 4 child(ren)
child(1): wheel_lb_link
child(2): wheel_lf_link
child(3): wheel_rb_link
child(4): wheel_rf_link

图 3-38　check_urdf 解析 URDF 文件

此外，还可以使用 urdf_to_graphiz 命令查看 URDF 模型的整体结构：

```
$ urdf_to_graphiz ares_base.urdf
```

执行 urdf_to_graphiz 命令后，会在当前文件夹生成一个 pdf 文件，打开该文件就可以看到机器人 URDF 模型的整体结构图（图 3-39）。

base_link
xyz:-0.061 0.0695 0.012077
rpy:0 -0 0
xyz:0.061 0.0695 0.012077
rpy:0 -0 0
xyz:-0.061 -0.0695 0.012077
rpy:0 -0 0
xyz:0.061 -0.0695 0.012077
rpy:0 -0 0
wheel_lb_joint
wheel_lf_joint
wheel_rb_joint
wheel_rf_joint
wheel_lb_link
wheel_lf_link
wheel_rb_link
wheel_rf_link

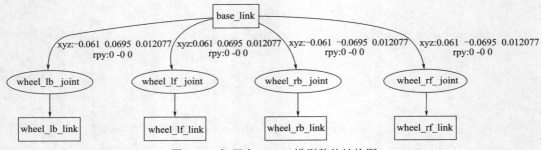

图 3-39　机器人 URDF 模型整体结构图

针对上面创建的 URDF 模型，下面对其关键部分进行模型解析。

```
< ?xml version="1.0" ?>
<robot name="ares_chassis">
```

首先需要声明该文件使用 xml 描述，然后使用<robot>根标签定义一个机器人模型，并定义该机器人模型名称为“ares_chassis”。根标签内的内容即为对机器人模型的详细定义。

```
<link name="base_link">
        <visual>
            <origin xyz="0 0 0" rpy="0 0 0" />
            <geometry>
  <mesh filename="package://ares_description/meshes/base_link.STL" />
      </geometry>
      <material name="yellow">
          <color rgba="1 0.4 0 1" />
      </material>
```

```
        </visual>
    </link>
```

上面这一段代码用来描述机器人的底盘，<visual> 标签用来定义底盘的外观属性，在显示和仿真中，rviz 或 Gazebo 会按照描述将机器人模型呈现出来。读者可以根据自己的需要使用 SolidWorks 进行建模，将建好的模型放在 ares_description/meshes 文件夹下，使用<mesh filename="package://ares_description/meshes/base_link.STL" />代码调用即可。然后声明这个底盘在空间内的三维坐标位置和旋转姿态，底盘中心位于界面的中心点，使用<origin>设置起点坐标为界面的中心坐标。此外，使用<material>标签设置机器人底盘的颜色，其中的<color>的数值便是颜色的 rgba 值。

```
    <link name="wheel_lf_link">
        <visual>
            <origin xyz="0 0 0" rpy="0 0 0" />
            <geometry>
            <mesh filename="package://ares_description/meshes/wheel_lf_link.STL" />
            </geometry>
            <material name="grey">
                <color rgba="0.831 0.839 0.831 1" />
            </material>
        </visual>
    </link>
```

上面这一段代码描述了左前轮的模型。其他的描述和机器人底盘的类似，只是换成了车轮的建模文件，并定义了该车轮模型中心的起点位置和外观颜色，rgba 值表示灰色。

```
    <joint name="wheel_lf_joint" type="continuous">
        <origin xyz="0.061 0.0695 0.012077" rpy="0 0 0" />
        <parent link="base_link" />
        <child link="wheel_lf_link" />
        <axis xyz="0 1 0" />
    </joint>
```

上面这一段代码定义了第一个关节<joint>，该关节用来连接机器人底盘 base_link 和左前轮 wheel_lf_link。<joint>的类型是 continuous，这种类型的<joint>是旋转关节，可绕单轴无限旋转运动，很适合车轮这种模型。<origin>标签定义了<joint>的起点，将起点设置在需要底盘的左前轮的位置。<axis>标签定义该<joint>的旋转轴是正 Y 轴，车轮在运动时就会围绕 Y 轴旋转。

```
    <link name="wheel_lb_link">
        <visual>
            <origin xyz="0 0 0" rpy="0 0 0" />
            <geometry>
            <meshfilename="package://ares_description/meshes/wheel_lb_link.STL" />
            </geometry>
            <material name="">
                <color rgba="0.831 0.839 0.831 1" />
            </material>
        </visual>
```

```
</link>
```

上面这一段代码为左后轮的模型描述，与前文左前轮的描述基本相似。

```
<joint name="wheel_lb_joint" type="continuous">
    <origin xyz="-0.061 0.0695 0.012077" rpy="0 0 0" />
    <parent link="base_link" />
    <child link="wheel_lb_link" />
    <axis xyz="0 1 0" />
</joint>
```

上面这一段代码定义了第二个关节<joint>，该关节用来连接机器人底盘 base_link 和左后轮 wheel_lb_link。<joint>的类型也是 continuous，<origin>标签定义了<joint>的起点，将起点设置在需要底盘的左后轮的位置。

机器人底盘模型的其他部分都采用类似的代码定义，这里不再赘述，建议学习者一定要动手从无到有亲自尝试编写一个机器人的 URDF 文件，在实践中才能更加深刻地理解 URDF 中的坐标、旋转轴、关节类型等关键参数的意义和设置方法。

完成 URDF 模型的设计编写后，可以使用 rviz 将该模型可视化显示出来，检查成果是否符合设计的预期目标。

在 ares_description 功能包 launch 文件夹下创建用于显示 ares_base.urdf 模型的 launch 文件：ares_description/launch/display_base_rviz.launch。其详细内容如下：

```
<launch>
<param name="robot_description" textfile="$(find ares_description)/urdf/ares_base.urdf" />

<!--设置 GUI 参数，显示关节控制插件 -->
<param name="use_gui" value="true"/>

<!--运行 joint_state_publisher 节点，发布机器人的关节状态   -->
<node name="joint_state_publisher_gui"
    pkg="joint_state_publisher_gui"type="joint_state_publisher_gui" />

<!--运行 robot_state_publisher 节点，发布 TF   -->
<node name="robot_state_publisher" pkg="robot_state_publisher" type="robot_state_publisher" />

<!--运行 rviz 可视化界面 -->
<node name="rviz" pkg="rviz" type="rviz" args="-d $(find
    ares_description)/config/display_base.rviz" required="true" />
</launch>
```

打开终端运行 launch 文件，如果一切正常，就可以在打开的 rviz 中看到如图 3-40 所示的情况。终端命令如下：

```
$ roslaunch ares_description display_base_rviz.launch
```

从图 3-40 中发现并没有出现机器人模型，这是因为没有将要显示的固定框架添加进来，此时需要将界面左侧的 "Fixed Frame" 设置为 "base_link"，之后单击 "Add" 按钮添加 RobotModel 模型。同样也可以利用 "Add" 按钮添加 TF。

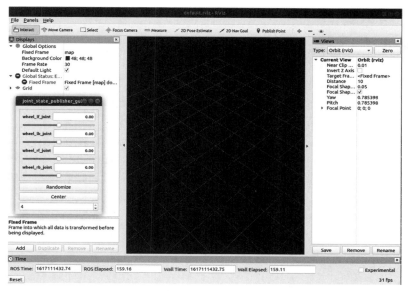

图 3-40　rviz 界面

　　添加模型成功后，可以看到在 rviz 里出现了小车模型和一个名为"joint_state_publisher_gui"的 UI。这是因为在 launch 文件中启动了 joint_state_publisher 节点，该节点可发布除 Fixed 类型外的任意一个关节状态，而且通过该 UI 还可以对关节进行控制。用鼠标滑动 UI 控制条就可以控制 rviz 中对应车轮的转动。

　　此外，要特别注意区分 launch 启动的另一个名为"robot_state_publisher"的节点，它与"joint_state_publisher"节点名称相似，因此极易混淆，分不清它们各自的功能。与 joint_state_publisher 节点不同，robot_state_publisher 节点的功能是将机器人的各个部分、关节之间的关系，通过 TF 的形式整理成三维姿态信息发布出去。在 rviz 中可以选择添加 TF 插件来显示各个部分的坐标，如图 3-41 所示。

图 3-41　rviz 显示机器人模型

3.3.3 建立xacro模型

（1）xacro 模型

回顾现在已经建立的机器人模型，创建的 URDF 模型文件显得十分冗长。在这个 URDF 模型文件中，除了设置的参数，有很多内容几乎都是重复代码。但是 URDF 文件并没有支持代码复用的特性，如果为一个复杂的机器人建模，很难想象将要建立的 URDF 文件会有多么复杂。ROS 针对这种情况有一定的解决方案，它的设计目标就是提高代码复用率。于是，针对 URDF 模型产生了另外一种精简化、可复用、模块化的描述形式，即 xacro，它具备以下两点突出的优势。

① 精简模型代码：xacro 是一个精简版本的 URDF 文件，在 xacro 文件中，可以通过创建宏定义的方式定义常量或者复用代码，不仅可以减少代码量，而且可以让模型代码更加模块化、更具可读性。

② 提供可编程接口：xacro 的语法支持一些可编程接口，如常量、变量、数学公式、条件语句等，可以让建模过程更加智能有效。xacro 是 URDF 的升级版，模型文件的后缀名由.urdf 变为.xacro，而且在模型<robot>标签中需要加 xacro 的声明：

```
<?xml version="1.0"?>
<robot name=" robot_ name "xmlns :xacro= "http://www. ros . org/wiki /xacro> "
```

（2）添加 xacro 模型

首先尝试添加一个摄像头模型。通过新建一个 xacro 文件画一个长方体，以此代表摄像头模型。对应的模型文件是 ares_description/urdf/kinect.xacro，内容如下：

```
<?xml version="1.0"?>
<robot xmlns:xacro="http://www.ros.org/wiki/xacro" name="kinect_camera">
    <xacro:property name="M_PI" value="3.14159"/>
    <xacro:macro name="kinect_camera" params="prefix:=camera">
        <link name="${prefix}_link">
            <origin xyz="0 0 0" rpy="0 0 0"/>
            <visual>
                <origin xyz="0 0 0" rpy="0 0 ${M_PI/2}"/>
                <geometry>
                    <mesh filename="package://ares_description/meshes/kinect.dae" />
                </geometry>
            </visual>
            <collision>
                <geometry>
                    <box size="0.07 0.3 0.09"/>
                </geometry>
            </collision>
        </link>

        <joint name="${prefix}_optical_joint" type="fixed">
            <origin xyz="0 0 0" rpy="-1.5708 0 -1.5708"/>
            <parent link="${prefix}_link"/>
            <child link="${prefix}_frame_optical"/>
        </joint>
```

```
        <link name="${prefix}_frame_optical"/>
    </xacro:macro>

</robot>
```

在这个顶层 xacro 文件中，包含了描述 Kinect 摄像头的文件，在可视化设置中使用<mesh>标签可以导入该模型的 mesh 文件，在<collision> 标签中可将模型简化为一个长方体，精简碰撞检测的数学计算，最后使用一个固定的关节把摄像头固定到机器人顶部支撑板靠前的位置。

然后需要创建一个顶层 xacro 文件，把机器人和 Kinect 摄像头这两个模块拼接起来。顶层 xacro 文件 ares_description/urdf/ares_with_kinect.urdf.xacro 的内容如下：

```xml
<?xml version="1.0"?>
<robot name="ares" xmlns:xacro="http://www.ros.org/wiki/xacro">

    <xacro:include filename="$(find ares_description)/urdf/ares_base.urdf" />
    <xacro:include filename="$(find ares_description)/urdf/kinect.xacro" />

    <xacro:property name="kinect_offset_x" value="0.05" />
    <xacro:property name="kinect_offset_y" value="0" />
    <xacro:property name="kinect_offset_z" value="0.07" />

    <!--Kinect -->
    <joint name="kinect_frame_joint" type="fixed">
        <origin xyz="${kinect_offset_x} ${kinect_offset_y} ${kinect_offset_z}" rpy="0 0 0" />
        <parent link="base_link"/>
        <child link="camera_link"/>
    </joint>
    <xacro:kinect_camera prefix="camera"/>

</robot>
```

最后编写 launch 文件，用以启动 rviz 来查看模型建立后的效果。launch 文件代码如下：

```xml
<launch>

    <arg name="model" default="$(find xacro)/xacro --inorder '$(find ares_description)/urdf/ares_with_kinect.urdf.xacro'" />
    <arg name="gui" default="true" />

    <param name="robot_description" command="$(arg model)" />

    <!--设置 GUI 参数，显示关节控制插件 -->
    <param name="use_gui" value="$(arg gui)"/>

    <!--运行 joint_state_publisher 节点，发布机器人的关节状态   -->
```

```
<node name="joint_state_publisher" pkg="joint_state_publisher" type="joint_state_publisher" />

<!--运行 robot_state_publisher 节点，发布 TF  -->
<node name="robot_state_publisher" pkg="robot_state_publisher" type="robot_state_publisher" />

    <!--运行 rviz 可视化界面 -->
<node name="rviz" pkg="rviz" type="rviz" args="-d $(find
ares_description)/config/ares_with_kinect.rviz" required="true" />

</launch>
```

运行如下命令，即可在 rviz 中看到安装有 Kinect 摄像头的机器人模型，如图 3-42 所示。

```
$ roslaunch ares_description display_ares_with_kinect.launch
```

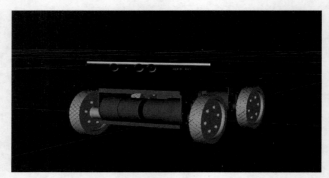

图 3-42　安装有 Kinect 摄像头的机器人模型

3.4　虚拟环境下的仿真测试

当所研究的系统造价昂贵、实验的危险性大或需要很长时间才能了解系统参数变化所引起的后果时，仿真是一种特别有效的研究手段，目前已经广泛应用于电气、机械、化工、水力、热力等领域。

3.4.1　Gazebo仿真

在 ROS 仿真中为了实现小车导航避障建图，可以选择在真实的环境中做实验，但现实中往往存在很多不确定性因素会影响算法实现的效果，而且使用真实的机器人也需要较高的成本，这对刚接触机器人学习的开发者很不友好。利用 Gazebo 搭建一个仿真环境进行实验可以解决这个问题。本节将会介绍如何在 Gazebo 中创建属于自己的仿真房子，作为机器人的实验环境。

3.4.1.1　Building Editor（场景编辑器）的使用方法

（1）界面介绍

首先在终端中输入命令行启动 Gazebo：

```
$ gazebo
```

有两种方式打开 Gazebo 场景编辑器：一种是可以通过 Edit 入口进入 Building Editor；另一种是使用快捷键 Ctrl+B 直接打开 Building Editor。启动之后的界面如图 3-43 所示。

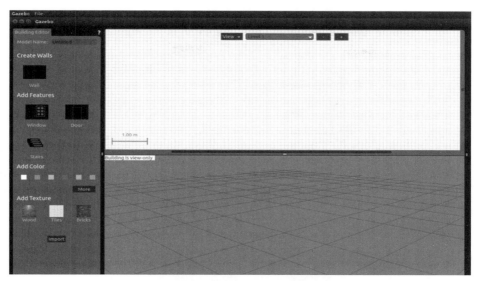

图 3-43　Gazebo 场景编辑器

Gazebo 场景编辑器由调色板、2D 视图、3D 视图 3 个区域组成，读者可以在调色板区域选择建筑特征和材料；在 2D 视图区域导入楼层平面图，定义墙体、门窗和楼梯的尺寸、位置等信息；在 3D 视图区域为建筑物添加外部修饰或预览设计好的建筑物模型。Gazebo 场景编辑器布局如图 3-44 所示。

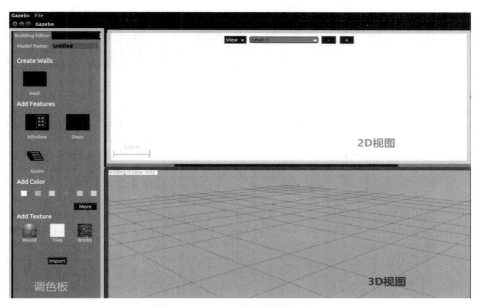

图 3-44　Gazebo 场景编辑器布局

（2）导入示例平面图

盖房子的第一步是准备好图纸。同样，构建仿真环境模型的第一步就是提供一个可参考的示例平面图。示例平面图可以是建筑物的扫描图也可以是 CAD 图纸，本例使用的示例平面图如图 3-45 所示。

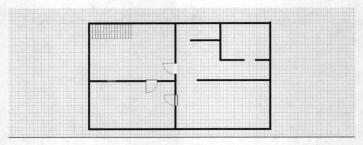

图 3-45　示例平面图

在确定好了图纸后，接下来将示例平面图导入 Gazebo 场景编辑器即可。单击调色板下方的"import"按钮，然后在"File"一栏为示例平面图选择一个合适的存储路径，点击"Next"完成导入，如图 3-46 所示。

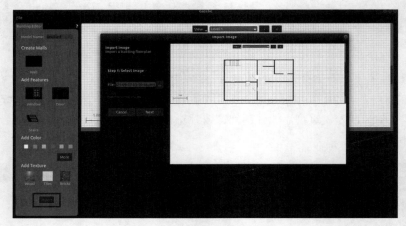

图 3-46　导入示例平面图

为确保在图像上绘制的墙以正确的比例显示，必须选择合适的分辨率。假设已知分辨率，可以直接在对话框中输入具体数值，然后点击"Ok"按钮完成设置。在此示例中根据默认值设置分辨率为 80px/m，如图 3-47 所示。

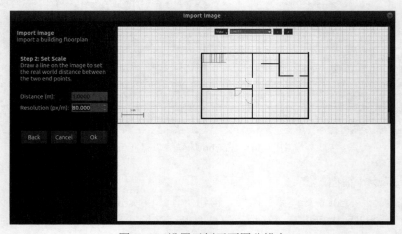

图 3-47　设置示例平面图分辨率

（3）添加特征

接下来要根据示例平面图为建筑绘制所有的墙体及创建墙体上的门窗。在调色板左上角区域可以看到"Wall""Window""Door"等选项，首先选择"Wall"，然后在右侧视图上单击任意墙角开始绘制墙体。这跟 CAD 的直线画法十分相像，画过 CAD 图纸的读者会较容易上手。随着鼠标的移动，墙体会以 15°和 0.25m 的数值递增，墙体在 3D 视图区域显示为银灰色半透明状。再次点击可以结束当前墙体的绘制，其他相邻墙体按同样方法绘制即可，如图 3-48 所示。

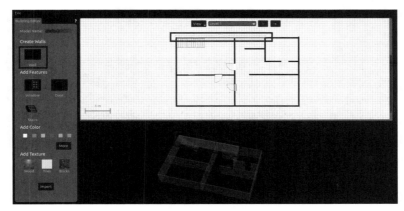

图 3-48　绘制墙体

现在模型虽然有了基本的墙体，但是建筑还不够完整，还要给机器人的房间配上门和窗户。在左侧面板上选择"Window"或"Door"。在 2D 视图区域中，插入的特征会随着鼠标移动；在 3D 视图区域中，读者能观察到对应的移动，如图 3-49 所示。

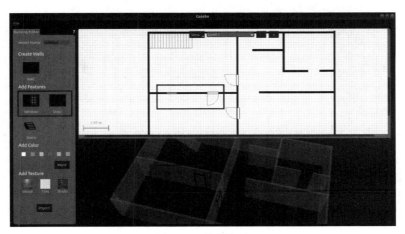

图 3-49　绘制门窗

为了更好地观察添加的相关特征在示例平面图中的位置。可以在 2D 视图区域的顶部选择保存或隐藏当前级别的图层特征，具体选择"View"中的"Features"选项即可。

最后在当前的示例平面图上插入一个楼梯，可以在调色面板上选择"Stairs"选项并滑动鼠标选择一个位置单击放置。

此时已经完成了第一层的布置，但是仍然无法放置楼梯，所以需要添加另外一个图层，使得楼梯能够连接上下两层。添加图层的操作也很简单，只需要在 2D 视图区域的顶部单击"+"按钮即可。添加新图层后，Gazebo 将自动补充地板，如图 3-50 所示。

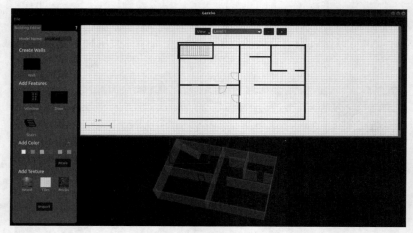

图 3-50　放置楼梯

添加完第二层后，Gazebo 默认显示当前图层，如果读者想要查看之前建立的图层，可以通过从 2D 视图区域顶部的下拉列表中选择从 Level2 返回到 Level1 来实现。在 Gazebo 中，当前选择的图层会呈半透明状态显示，而其他图层默认为不显示。

Level Inspector 层配置选项的检查器可以方便读者管理图层，在这里可以通过单击"+""–"按钮添加新的图层或者删除不需要的图层，如图 3-51 所示。

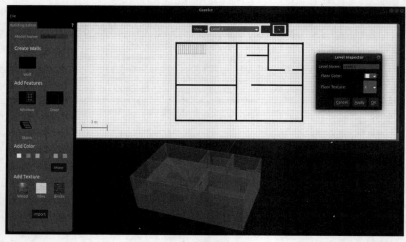

图 3-51　设置相关层

接下来需要学习对墙体细节的修改。鼠标单击选择想要修改的墙体，可以移动墙体。拖拽墙体的端点可以调整墙体的大小。右击并选择 Open Wall Inspector，可以打开参数化编辑器，根据需求修改参数，单击"Apply"按钮可以预览修改后的效果（图 3-52）。如果不满意，可以选中墙体按"delete"键将其删除，重新进行修整。

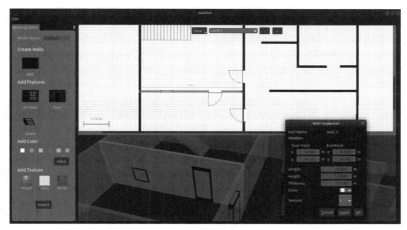

图 3-52　对墙体进行修整

修改门窗、楼梯与修改墙体一样，由于篇幅限制此处不展开说明。可参考图 3-53 和图 3-54自学。

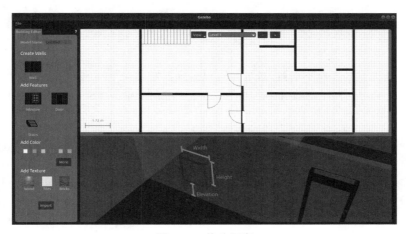

图 3-53　修改门窗

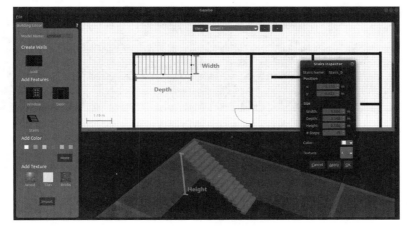

图 3-54　修改楼梯

房间门窗、楼梯的大小、位置都已经确定好了，接下来可以为墙体、地板和楼梯分配颜色和纹理。有两种方法可以为建筑物添加颜色和纹理：一种方法是从 Wall Inspector、Stairs Inspector 和 Level Inspector 参数编辑器中分别为墙体、楼梯和地板添加颜色和纹理；另一种方法是从调色板中选择颜色和纹理，单击想要修改的项目，如图 3-55 所示。

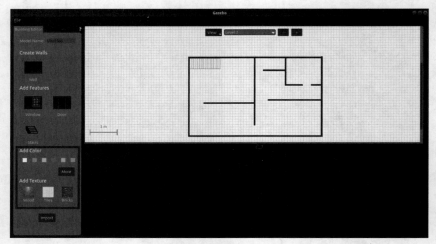

图 3-55　分配颜色和纹理

如果对系统提供的颜色不满意，读者也可以选择自定义一个颜色，在调色板上单击"More"按钮，弹出选色卡对话框，在该对话框中选中自定义颜色后单击"Select"按钮即可，如图 3-56 所示。

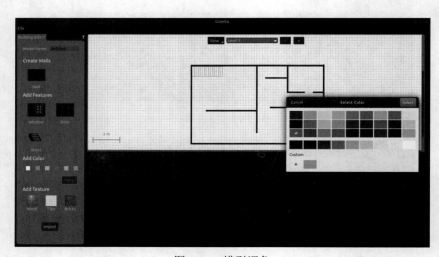

图 3-56　模型调色

在保存场景之前，需要在选用板上为建筑物命名，本节为建筑物模型命名为"robot house01"，单击"Browse"按钮选择模型保存的位置，如图 3-57 所示。需要注意的是，一旦退出场景编辑器，场景不能再次编辑，所有操作需要一次性完成。

完成建筑物创建并保存之后，可以在后续的仿真中复用已创建好的建筑物模型，在"Insert"选项中找到创建好的场景。

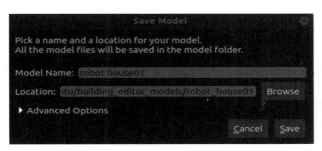

图 3-57 保存模型

3.4.1.2 为机器人模型添加Gazebo属性

机器人 URDF 模型已经描述了机器人的外观特征和物理特性。虽然该模型已经具备在 Gazebo 中仿真的基本条件，但由于没有在模型中加入 Gazebo 的相关属性，因此无法让模型在 Gazebo 仿真环境中动起来。本节将讲述这一知识点。

首先需要确保每个<link>的<inertia>标签都已经进行了合理的设置，然后要为每个必要的 <link>、 <joint> 、<robot>设置<gazebo>标签。<gazebo>标签是 URDF 模型中描述 Gazebo 仿真时所需要的扩展属性。

（1）为<link>添加<gazebo>标签

针对机器人模型，需要对每个<link>添加<gazebo>标签，包含的属性是 material。material 是材料的意思，是为机器人添加颜色的一个属性。由于 Gazebo 无法通过<visual>中的 material 参数设置外观颜色，所以需要单独设置，否则默认情况下 Gazebo 中显示的模型全是灰白色。

以 base_link 为例，<gazebo> 标签的内容如下：

```
<gazebo reference= "wheel _${lr}_link">
    <material >Gazebo/ Black< /material>
    </gazebo>
```

（2）添加传动装置

如果使用的机器人模型是一个四轮差速驱动的小车，通过调节每个车轮的转速，完成前进、倒退、原地转向等动作，那么为了实现驱动机器人的功能，就需要在模型中加入<transmission>标签，将传动装置与<joint>绑定。相关代码如下：

```
    <transmission name="wheel_${lr}_joint_trans">
<type>transmission_interface/SimpleTransmission</type>
<joint name="base_to_wheel_${lr}_joint" 1>
<actuator name="wheel_${lr}_joint_motor">
    <hardwareInterface>VelocityJoint Interface</hardwareInterface>
    <mechanicalReduction>1</mechanicalReduction>
</actuator>
    </transmission>
```

以上代码中<joint name = " base_to_wheel_${1r}_joint "1>定义了将要绑定驱动器的关节，<type>标签声明了所使用的传动装置类型，<hardwareInterface> 定义了硬件接口的类型，这里使用的是速度控制接口。

（3）添加 Gazebo 控制器插件

到现在为止，机器人还是一个静态显示的模型。如果要让它动起来，还需要使用 Gazebo 插件。Gazebo 插件赋予了 URDF 模型更加强大的功能，可以帮助模型绑定 ROS 消息，从而实现传感器的仿真输出以及对电机的控制，让机器人模型更加真实。

为<robot>标签添加 Gazebo 插件的方式如下：

```
<gazebo>
<plugin name= "unique_name" filename= "plugin_name. so">
...plugin parameters...
</plugin>
</gazebo>
```

为<link>、<joint> 标签添加插件的方式如下：

```
<gazebo reference="your_link_name">
<plugin_name=" unique_name" filename="plugin_name .so">
    ...plugin parameters
</plugin>
</gazebo>
```

如果需要为<link>、<joint>标签添加插件，则需要设置<gazebo>标签中的 reference= "x"属性。Gazebo 提供差速控制的插件 libgazebo_ros_diff_drive.so，可以将其应用到现有的机器人模型上。具体操作为在 mrobot_gazebo/urdf/mrobot_body.urdf.xacro 文件中添加如下插件声明：

```
<!--controller -->
<gazebo>
<plugin name="differential_drive_controller" filename="libgazebo_ros_diff_drive.so">
<rosDebugLevel>Debug</rosDebugLevel>
<publishWheelTF>true</publishWheelTF>
<robotNamespace>/</robotNamespace>
<publishTf>1</publishTf>
<publishWheelJointState>true</publishWheelJointState>
<alwaysOn>true</alwaysOn>
<updateRate>100.0</updateRate>
<legacyMode>true</legacyMode>
<leftJoint>base_to_wheel_left_joint</leftJoint>
<rightJoint>base_to_wheel_right_joint</rightJoint>
<wheelSeparation>${base_link_radius*2}</wheelSeparation>
<wheelDiameter>${2*wheel_radius}</wheelDiameter>
<broadcastTF>1</broadcastTF>
<wheelTorque>30</wheelTorque>
<wheelAcceleration>1.8</wheelAcceleration>
<commandTopic>cmd_vel</commandTopic>
<odometryFrame>odom</odometryFrame>
<odometryTopic>odom</odometryTopic>
<robotBaseFrame>base_footprint</robotBaseFrame>
</plugin>
</gazebo>
```

为了获得更好的仿真效果需要配置如下关键参数。

① <robotNamespace>：机器人的命名空间，插件中所有数据的发布、订阅都在该命名空间内。

② <leftJoint> 和<rightJoint>：左、右轮转动的关节，控制器插件最终需要控制这两个关节转动。

③ <wheelSeparation>和<wheelDiameter>：机器人的相关尺寸，在计算差速参数时需要用到。

④ <wheelAcceleration>：车轮转动的加速度。

⑤ <commandTopic>：控制器订阅的速度控制指令，ROS 中一般都命名为"cmd _vel"，生成全局命名时需要结合<robotNamespace>中设置的命名空间。

⑥ <odometryFrame>：里程计数据的参考坐标系，ROS 中一般都命名为"odom"。

（4）让小车在 Gazebo 中动起来

假设此时已经完成了小车模型的 Gazebo 属性定义，在终端输入命令"roslaunch ares_description display_gazebo.launch"，就可以显示小车模型 ares，如图 3-58 所示。

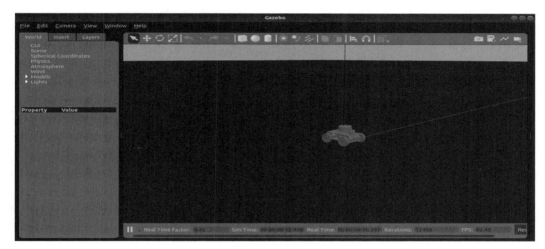

图 3-58　Gazebo 中的小车

滑动鼠标滚轮放大小车模型可以清晰地看见小车的每一个细节，如图 3-59 所示。

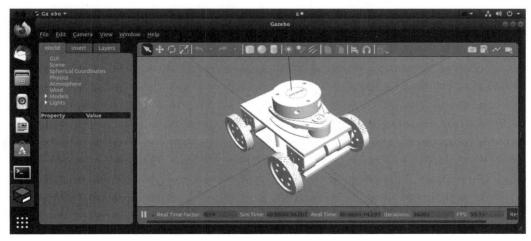

图 3-59　放大后的小车

现已为小车 URDF 模型添加了 Gazebo 属性，但是小车在 Gazebo 中还不能运动，还需要写一个 "roslaunch mrobot_teleop mrobot_teleop.launch" 的 launch 文件启动小车的控制程序，通过操作键盘把速度方向等信息传递给小车，这样在 Gazebo 中就可以看见小车运动了。launch 文件内容如下：

```
<launch>
<node name="mrobot_teleop" pkg="mrobot_teleop" type="mrobot_teleop.py" output="screen">
    <param name="scale_linear" value="0.1" type="double"/>
    <param name="scale_angular" value="0.4" type="double"/>
</node>
</launch>
```

在终端输入以下命令：

```
$ roslaunch mrobot_teleop mrobot_teleop.launch
```

该命令启动键盘控制节点如图 3-60 所示，按照提示就可以控制小车的运动。

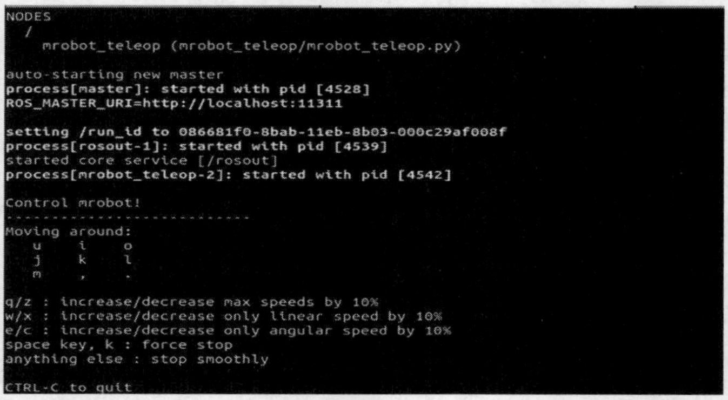

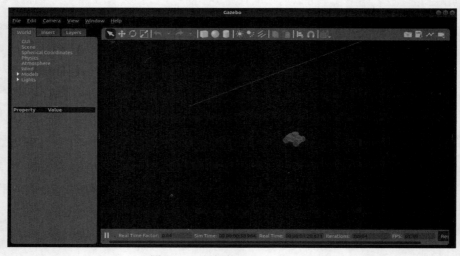

图 3-60　启动控制节点

在 Gazebo 中通过键盘控制小车移动：按住 "i" 键不动，就可以看到 Gazebo 中小车沿着红色的轴线向前移动了一段距离，小车的位置已经发生了变化，如图 3-61 所示。

图 3-61　小车在 Gazebo 中运动

3.4.2　ArbotiX 仿真

在进行仿真之前，读者需要在 ROS 中安装 ArbotiX。ArbotiX 是一款控制电机、舵机的控制板，并能提供相应的 ROS 功能包，这个功能包不仅可以驱动真实的 ArbotiX 控制板，还可以提供一个差速控制器，通过接收速度控制指令更新机器人的关节状态，从而实现机器人在 rviz 中的运动。

接下来将为读者介绍如何安装 ArbotiX，并配合 rviz 创建一个简单的仿真环境。

（1）安装 ArbotiX

在 noetic 版本的 ROS 软件源中已经集成了 ArbotiX 功能包的二进制安装文件，可以使用源码编译的方式进行安装。ArbotiX 功能包的源码在 GitHub 上托管，使用以下命令可以将代码下载到工作空间中：

```
$ git clonehttps://github.com/vanadiumlabs/arbotix_ros.git
```

下载成功后在工作空间的根路径下使用 catkin_make 命令进行编译即可。

（2）配置 ArbotiX 控制器

ArbotiX 功能包安装完成后，就可以针对机器人模型进行配置了。其配置步骤较为简单，不需要修改机器人的模型文件，只需要创建一个启动 ArbotiX 节点的 launch 文件，再创建一个控制器相关的配置文件即可。

以装配了 noetic 版本的摄像头机器人模型为例，创建启动 ArbotiX 节点的 launch 文件 ares_description/launch/arbotix_ares_with_noetic.launch，其代码如下：

```xml
<launch>
    <param name="/use_sim_time" value="false" />

    <!--加载机器人 URDF/xacro 模型  -->
    <arg name="urdf_file" default="$(find xacro)/xacro --inorder '$(find
ares_description)/urdf/ares_with_noetic.urdf.xacro'" />
    <arg name="gui" default="false" />

    <param name="robot_description" command="$(arg urdf_file)" />
    <param name="use_gui" value="$(arg gui)"/>

<node name="arbotix" pkg="arbotix_python" type="arbotix_driver" output="screen">
<rosparam file="$(find ares_description)/config/fake_ares_arbotix.yaml" command="load" />
    <param name="sim" value="true"/>
    </node>
<!--运行 joint_state_publisher 节点，发布机器人的关节状态   -->
    <node name="joint_state_publisher" pkg="joint_state_publisher" type="joint_state_publisher" />

    <node name="robot_state_publisher" pkg="robot_state_publisher" type="robot_state_publisher">
    <param name="publish_frequency" type="double" value="20.0" />
    </node>
```

```
        <node name="rviz" pkg="rviz" type="rviz" args="-d $(find ares_description)/config/ares_arbotix.rviz"
required="true" />
    </launch>
```

这个 launch 文件和之前显示机器人模型的 launch 文件几乎一致，只是添加了启动 arbotix_driver 节点的相关内容：

```
    <node name="arbotix" pkg="arbotix_python" type="arbotix_driver" output="screen">
        <rosparam file="$(find ares_description)/config/fake_ares_arbotix.yaml" command="load" />
        <param name="sim" value="true"/>
    </node>
```

（3）运行仿真环境

完成上述配置后，rviz+ArbotiX 的仿真环境就已经建成了，通过以下命令即可运行该环境：

```
$ roslaunch ares_description arbotix_ares_with_noetic.launch
```

启动成功后可以看到，机器人模型已经在 rviz 中准备就绪，如图 3-62 所示。

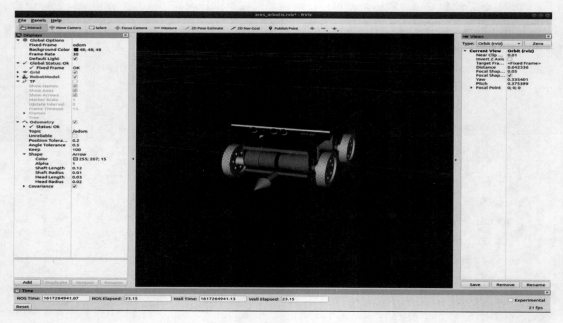

图 3-62　ArbotiX 环境下的机器人模型

使用 rostopic list 命令查看当前 ROS 系统中的菜单列表，cmd_vel 话题赫然在列，初学 ROS 时的小乌龟例程，就是使用这个话题来实现键盘控制小乌龟运动的。类似地，在 arbotix_driver 节点选中 cmd_vel 来驱动模型运动。运行如下所示键盘控制程序，在终端中根据提示信息点击键盘，就可以控制 rviz 中的机器人模型运动了。

```
$ roslaunch ares_teleop ares_teleop.launch
```

如图 3-63 所示，rviz 中的机器人已经按照速度指令开始运动了，箭头代表机器人的运动方向。机器人在做了一个圆周运动之后又做了一个直线运动。

本节的案例，演示了用 rviz+ArbotiX 构建的一个较为简单的运动仿真器。

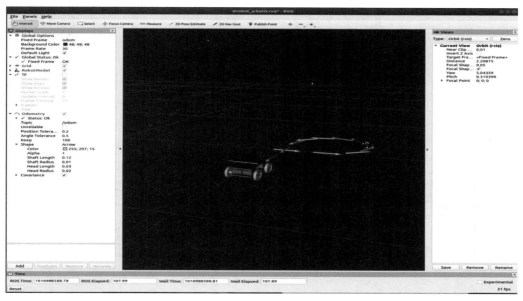

图 3-63　运动中的机器人模型

 本章小结

　　本章 3.1 节首先进行系统环境搭建，安装操作系统为 Ubuntu 20.04，可以采用虚拟机或者双系统方式进行安装。鉴于大部分读者没有操作系统安装的经验，本节详细介绍了安装虚拟机、x86 与 ram 环境下的操作系统、ROS Noetic 软件的步骤方法，同时扩展了硬盘分区、系统启动、网络配置的知识，这对读者以后的学习也有很大帮助。

　　3.2 节介绍的 ROS 常用工具是开发经常用到的工具。Gazebo 是一种最常用的 ROS 仿真工具，也是目前仿真 ROS 效果最好的工具；rviz 是可视化工具，可将接收到的信息呈现出来；rqt 则是非常好用的数据流可视化工具，用它可以直观地看到消息的通信架构和节点消息关系。

　　3.3 节介绍机器人建模。在虚拟仿真之前，首先需要对机器人本体进行建模，建立机器人的可视化模型。URDF 是机器人同 ROS 进行沟通的渠道，它可以将模型当前各个部分、关节的状态反馈到 ROS 中，这样 ROS 就可以有效地进行 navigation 和碰撞检测等功能，进行仿真。单纯地使用 URDF 的 xml 文件来描述机器人，是一件工作量非常大的事情，因此常常采用 xarco 来构建更短的文件，帮助提升效率。

　　3.4 节介绍仿真测试。有了建好的 3D 模型，就可以导入 Gazebo 中进行仿真测试了。打开 Gazebo 的时候，默认是没有模型的，需要自己制作，本节中举例说明了一般的 Building Editor 使用方法，在场景创建好后，虽然已经具备在 Gazebo 中仿真的基本条件，但是，由于没有在模型中加入 Gazebo 的相关属性，还是无法让模型在 Gazebo 仿真环境中动起来，所以需要为每个必要的<link><joint><robot>设置<gazebo>标签，最终实现虚拟环境的机器人运动仿真。

扫码免费获取
本书资源包

第4章

基于 ROS 的地面无人系统开发
实践和进阶

4.1 地面无人系统常用传感器

4.1.1 常用激光雷达

激光雷达具有稳定、可靠等优势，是自主定位导航技术的核心传感器，因此许多公司不断地对其进行研发和改进。下面介绍一些常见的激光雷达。

（1）Velodyne 的 VLP-16 型雷达

Velodyne 公司是一家专注于研究激光雷达，且在激光雷达领域有较高水平的企业，目前国内外无人驾驶方案采用的雷达多为该公司生产。VLP-16 是该公司出品的一款小型三维激光雷达，具有 100m 的远程测量距离，水平方向能够对 360°范围进行全方位的扫描，垂直方向则是在±15°范围内进行扫描，采集环境的三维数据，从而提供一个三维环境的点云图像。该雷达主要的应用场景包括无人机、无人驾驶、三维重构等。雷达详细参数见表 4-1。

表 4-1　Velodyne VLP-16 激光雷达参数表

通道	16 通道	通道	16 通道
测量最远距离	100m	旋转速率	5～20Hz
精确度	±3cm	波长	903nm
视场角(垂直)	±15°	输出	>30 万点/s
视场角(水平)	360°		

（2）速腾聚创的 RS-LiDAR-32 雷达

RoboSense（速腾聚创）是全球领先的智能激光雷达系统科技企业。RS-LiDAR-32 是该公司推出的一款 32 线的激光雷达。RS-LiDAR-32 采用混合固态激光雷达方式，测量距离高达 200m，测量精度达到±3cm，水平方向扫描范围为 360°，垂直方向扫描范围为-25°～15°。它通过 32个激光发射组件在快速旋转的同时发射高频率激光束，对外界环境进行持续性扫描，经过测距算法计算后提供三维空间点云数据及物体反射率，可以让机器看到周围的世界，为定位、导航、避障等提供有力的保障。

雷达详细参数见表 4-2。

表 4-2　RS-LiDAR-32 激光雷达参数表

通道	32 通道	通道	32 通道
测量最远距离	200m	旋转速率	5～20Hz
精确度	±3cm	波长	905nm
视场角(垂直)	40°	输出	>60 万点/s
视场角(水平)	360°		

（3）思岚激光雷达

多线的激光雷达尽管具有很高的精度和较远的测量范围，但其价格往往较为昂贵。经济实惠的单线激光雷达不可或缺。2014 年，思岚科技上线了世界上首个独立销售的低成本激光雷达 RPLIDAR A1。2016 年，思岚科技对 RPLIDAR A1 内部光学算法进行优化，发布了 RPLIDAR A2，采样频率达到 4000 次/s，同时，结合思岚自主研发的光磁融合、无刷电机技术，大幅提升了激光雷达的使用寿命，并且首次将三角测距激光雷达应用到对于性能和可靠性有着更高要求的商用、工业应用等领域。2017 年，思岚科技发布了 RPLIDAR A2M6，这是第一款可以实现 16m 测量半径的三角测距激光雷达。在 RPLIDAR A2M6 发布以前，行业内都认为采用三角测距法则的激光雷达受到视觉系统的限制，难以突破 10m 以上的测量距离。为此，商用和工业应用场合的机器人中仍旧是 TOF 技术激光雷达的天下，因为它们所处场合无法被 10m 以内测距的雷达所驾驭。RPLIDAR A2M6 的问世彻底改写了这个局面。并且将原本 4000 次/s 的采样频率提升到了 8000 次/s。最新款的 RPLIDAR A3 更是达到了 16000 次/s 的采样频率，测量距离可达 25m，可获取更多的环境轮廓信息，同时支持室内和室外两种工作模式，具备可靠的抗日光干扰能力。该雷达详细参数见表 4-3。

表 4-3　RPLIDAR A3 激光雷达参数表

通道	单通道	通道	单通道
测量最远距离	25m	采样频率	16000 次/s
视场角(水平)	360°	角度分辨率	0.33°
旋转速率	10～20Hz		

（4）杉川激光雷达

Lidar xl 系列雷达是深圳杉川机器人有限公司研发的新一代低成本、低功耗的二维激光雷达，具备 2000 次/s 的采样频率，使用自主研发的无线输电和无线通信技术，突破了传统激光雷达的寿命限制，实现了长时间可靠稳定运行。该雷达可实现 2D 平面内 8m 半径范围内的 360°全方位扫描，获得平面点云信息用于地图绘制、机器人定位导航、环境建模等场景。其具体参数如表 4-4 所示。

表 4-4　Lidar xl 激光雷达参数表

通道	单通道	通道	单通道
测量最远距离	8m	采样频率	2000 次/s
视场角(水平)	360°	测量分辨率	0.25mm
旋转速率	6.2Hz		

4.1.2　IMU

IMU（inertial measurement unit），即惯性测量单元，通常由 3 个陀螺仪和 3 个加速度机组合而成，是测量物体三轴姿态角（或角速率）以及加速度的装置。常见的有集成三轴光纤陀螺仪和全温补偿 MEMS 加速度计的 IMU-ISA-100C、JY901 高精度惯性导航模块、XW-GI5651MEMS 惯性/卫星组合导航、CH Robotics UM6 等。下面以 JY901 高精度惯性导航模块为例进行简要介绍，JY901 惯性导航模块如图 4-1 所示。

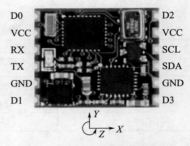

图 4-1　JY901 惯性导航模块

JY901 模块集成了高精度的陀螺仪、加速度计、地磁场传感器，采用高性能的微处理器和先进的动力学解算与卡尔曼动态滤波算法，能够快速求解出模块当前的实时运动姿态。模块的轴向向右为 X 轴，向上为 Y 轴，垂直于水平面向外为 Z 轴。用该模块获取 IMU（惯性测量单元）信息，同时 JY901 模块支持符合 NMEA-0183 标准的串口 GPS 数据，因此将 GPS 模块接入 JY901 模块中，组成 GPS-IMU 的组合导航单元，在进行软件设计时可以通过 JY901 模块的函数功能包同时获取 IMU 数据和 GPS 数据。

4.1.3　相机（摄像头）

（1）单目相机

单目相机是指用单独的一个相机来获取测量信息，具有结构简单、成本低等优势，但无法获得深度信息，具有尺度不确定性。而且单目相机在测距的范围和距离方面，有一个不可调和的矛盾，即摄像头的视角越宽，所能探测到的精准距离越短；视角越窄，探测到的距离越长。这类似于人眼看世界，看得远的时候，所能覆盖的范围就窄；看得近的时候，则覆盖的范围就广一些。它无法兼顾探测距离和视角。

（2）双目相机

双目相机一般由左右两个水平放置的相机组成，可以测得深度信息，每一个相机都可看成针孔相机，两个相机光圈中心的距离称为双目相机的基线。基线距离越大，能够测量的距离就越远。缺点：配置与标定较为复杂，深度量程和精度受到双目基线与分辨率限制，视差计算非常消耗计算资源，需要 GPU/FPGA 设备加速。

（3）深度相机

深度相机，顾名思义，是指能够测量相机到物体之间的深度（距离）的相机。相比于普通相机单一的记录采集影像的功能，深度相机则增添了测量深度的功能。

ZED 品牌的 Kinect 2.0 双目摄像头是一款常见的深度相机。其具备远程深度感应功能以及视觉惯性跟踪功能，可用于平台进行计算机视觉以及视觉 SLAM 等相关实验。其详细参数如表 4-5 所示。

表 4-5　ZED 的 Kinect 2.0 双目摄像头相关参数说明

产品参数	参数数值	产品参数	参数数值
水平视场角(FOV-H)	90°	清晰度	2K
垂直视场角(FOV-V)	60°	深度范围	0.1～15m
对角线视场角(FOV-D)	100°	精度误差	<1.5%（3m 以内）
温度	0～45℃		<7%（3～15m）

4.1.4　组合导航

组合导航将多种导航设备进行综合和最优化数学处理得到最终导航结果。POLA V16B 高精度组合导航模块如图 4-2 所示，是一款高性能、高性价比的 MEMS 惯性/卫星组合导航系统，内置三轴陀螺、三轴加速度计、一个 BD/GPS/GLONASS/GALILEO 四模接收机，可以测量载体的速度、位置、姿态，以及输出补偿后的角速率、加速度、温度等信息。它针对城市楼宇、树木遮挡环境，优化算法，实现高精度导航定位。其精度详细参数如表 4-6 所示。

图 4-2　POLA V16B 组合导航模块

表 4-6　POLA V16B 组合导航模块精度相关参数说明

位置精度	单点模式	1.5m（CEP）
	RTK 模式	（0.01+1ppm）m（CEP）
速度精度	—	0.01m/s
姿态	俯仰	0.03°（RMS，动态），0.015°（RMS，静态）
	横滚	0.03°（RMS，动态），0.015°（RMS，静态）
	测量范围	俯仰±90°，横滚±180°
航向	航向	0.05°（1m 基线）
	测量范围	±180°
定位时间	冷启动	<30s
	热启动	2s
	重捕获	<1s

4.2　navigation 导航

4.2.1　导航功能包

navigation 是 ROS 的导航功能包，主要功能为根据输入的里程计、传感器信息以及机器人的位置信息，通过导航算法进行全局路径规划和局部路径规划，最终输出机器人的速度控制指令。navigation 导航功能包的整体框架如图 4-3 所示。

navigation 各个功能包：

● map_server：地图服务器，使用 yaml 文件描述地图元数据和命名图像文件，用于保存地图和导入地图。

● costmap_2d：接收传感器数据，构建数据的占用网格，根据占用网格和指定的膨胀半径构建 2D 代价地图。该代价地图包含静态层、障碍层、膨胀层 3 层。

● robot_pose_ekf：扩展卡尔曼滤波器，根据不同来源的姿势测量值来估计机器人的 3D 姿势，订阅 odom 里程计、imu_data、vo 中的任意两个或者三个，发布估计的机器人 3D 姿态。

● voxel grid：一种强大的数据结构，通过将三维空间离散化为小的体积单元，能够有效地存储和处理空间中的信息，应用广泛且多样化。

● localization：包含两个定位用的功能包，fake_localization 一般用于仿真，amcl 用于现实世界的定位。

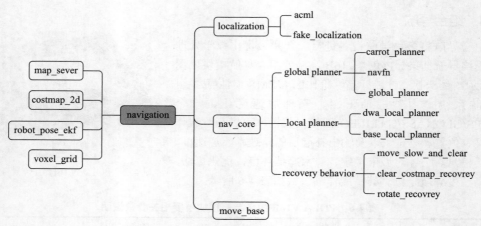

图 4-3　navigation 导航功能包框架

● nav_core：提供了 global planner、local planner 和 recovery behavior 接口，即全局路径规划、局部路径规划以及恢复行为。

● move_base：整个 navigation 的核心部分，它将 navigation 各个模块功能进行组合集成，实现整个导航的流程。

4.2.2　move_base

move_base 是 navigation 的核心功能包，它将各个模块进行组合集成。move_base 包含了 5 个输入，分别为 amcl(adaptive monte carlo localization)自适应蒙特卡洛定位、sensor transforms 传感器 TF 坐标转换、odometry source 里程计信息、map_server 地图服务、sensor sources 传感器信息，以及一个输出，即 base_controller。图 4-4 中深灰色节点因机器人平台而异；浅灰色节点是可选的，但为所有系统提供；白色节点是必需的，也为所有系统提供。

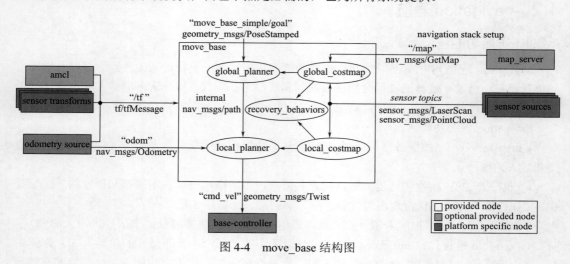

图 4-4　move_base 结构图

从图 4-4 中可以看出 move_base 内部包含如下部分：

● global_planner（全局规划器）。全局规划器负责生成机器人移动的高级路径，通常使用的算法是基于地图的路径搜索算法，例如 Dijkstra 算法或 A*算法。全局规划器考虑机器人的起始位置和目标位置，生成一条从起始位置到目标位置的路径。

● local_planner（局部规划器）。局部规划器负责在机器人实际移动时避开障碍物，并对机器人姿态进行调整，以执行全局规划器生成的路径。局部规划器通常使用机器人传感器数据来实时生成安全、平滑的轨迹。

● costmap（代价地图）。global_costmap/local_costmap 代价地图是二维地图，用于表示环境中各个区域的可移动性和可达性的代价。代价地图会考虑静态障碍物、动态障碍物（如其他移动物体）和禁止区域等因素，帮助规划器生成安全和有效的路径。

● recovery_behaviors（恢复行为）。恢复行为是一组机制，用于处理规划和执行移动过程中可能遇到的问题，比如遇到僵局、无法到达目标节点或丢失定位等。这些行为可以是重试、重新规划或回退操作等，以恢复机器人的导航能力。

● action_server（动作服务器）接口。move_base 提供了与其他 ROS 组件动作通信的接口，通过动作服务器的方式接收目标位置和发送导航结果。这使得 move_base 可以方便地与其他 ROS 节点进行集成。

这些组成部分共同工作，实现了机器人的导航功能。全局规划器生成高级路径，局部规划器根据代价地图生成安全路径，恢复行为处理异常情况，而动作服务器则提供了与外部交互的接口。通过这些模块的协同作用，move_base 能够实现机器人的自主导航。

4.2.3　常用路径规划算法

路径规划算法需要找出从起始节点到目标节点的一条最佳路径，随着环境和需求的变化，需要根据不同的路径搜索标准去优化现在的路径规划算法，同时考虑到应用的多样化，如何增强最短路径算法的普遍性也是当前需要研究的问题。

在求解单源最短路径问题时，Dijkstra 算法是最经典、应用最广的最短路径算法。在 Dijkstra 算法的基础上，研究人员又陆续提出了 Bellman-Ford 算法、Floyd 算法和 A*算法，虽然这些算法克服了之前一些算法的弊端，具有一定优点，但这些算法在应用过程中仍存在自身的缺点。

（1）Dijkstra（迪杰斯特拉）算法

Dijkstra 算法是一种经典的最短路径算法，主要采用贪心算法的策略。它在搜索路径的过程中，从起始节点开始每次选择节点时都会计算当前节点到扩展节点的距离，并以最短距离为依据进行下一扩展节点的选择。Dijkstra 算法是广度优先搜索算法的延伸，适用于有向图的路径搜索，但不适用于权重值为负的有向图搜索。它每次选择节点都基于当前的最优选择，从起始节点开始，每次扩展到距当前节点距离最短的最优节点，重复循环，直到搜索到目标节点为止。

在 Dijkstra 算法的搜索过程中，每次选择都会扩展一个最优节点，会更新当前节点与新扩展节点的距离。当所有的权重值为正时，这个扩展节点一定是与当前节点距离最短的节点。由于 Dijkstra 算法每次选择的节点都是与当前节点距离最短的节点，并迭代累加起始节点至新扩展节点的总距离，这意味着一旦选择了一个节点作为最优节点，它的路径总距离就不会再改变。这种特性保证了搜索路径的最优性，因为不会存在比已选中节点更近的路径被探索出来。

然而，由于这种搜索理念，Dijkstra 算法不适用于带有负权重的图搜索。如果图中存在负权重环路，Dijkstra 算法会陷入死循环并无法得到最短路径。因此，Dijkstra 算法的节点扩展性质与负权重的图不相符。

同时这种搜索路径算法的弊端在于每一次都要确保当前节点到起始节点的距离最短，全遍历扩展节点，增加了搜索问题计算工作量，产生很多重复性操作，降低了搜索路径的效率，且不适用于大型路径图搜索。

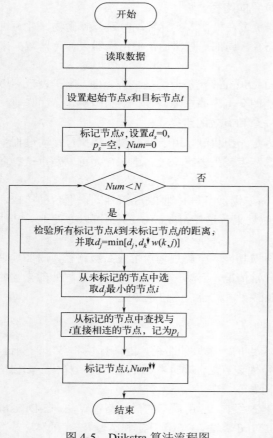

图 4-5　Dijkstra 算法流程图

Dijkstra 算法路径搜索的流程图如图 4-5 所示。

（2）Bellman-Ford（贝尔曼-福特）算法

贝尔曼-福特算法由理查德·贝尔曼（Richard Bellman）和莱斯特·福特提出，用于求解最短路径问题。与 Dijkstra 算法不同，Bellman-Ford 算法对图中的每一条边都进行松弛操作，重复计算每个节点到起始节点的距离。这种做法确保能够搜索到最短路径，即使图中存在负权边。然而，由于需要重复计算节点的距离，Bellman-Ford 算法的时间复杂度与资源开销要高于 Dijkstra 算法。

在搜索过程中，Dijkstra 算法和 Bellman-Ford 算法都以当前节点到扩展节点的最短距离为依据，并持续扩展节点，直到找到目标节点。不同之处在于，Dijkstra 算法在选中最短距离的扩展节点时进行松弛操作，即判断扩展节点到起始节点的距离是否为最短距离，而 Bellman-Ford 算法对图中的所有边进行松弛操作。

松弛操作是指通过比较两个节点之间的路径长度来更新节点的最短距离。也就是说，检查两个相邻节点之间的距离，并且如果通过一个节点能够获得更短的路径，则更新目标节点的最短距离。这样，算法可以逐步计算出从起始节点到其他所有节点的最短距离。

Dijkstra 算法和 Bellman-Ford 算法都使用了松弛操作来更新节点的最短距离，但它们在一些方面有所不同。以下是它们的差异：

① 单源最短路径与全源最短路径

● Dijkstra 算法：用于解决从单个源节点到其他所有节点的最短路径问题。它通过贪心策略，每次选择最短距离的节点进行松弛操作。

● Bellman-Ford 算法：用于解决从单个源节点到其他所有节点的最短路径问题，允许存在负权边。它采用迭代的方式进行松弛操作，进行多轮更新以处理可能的负权环。

② 时间复杂度

● Dijkstra 算法：在使用优先队列实现时，时间复杂度为 $O[(V+E)\log V]$，其中 V 是顶点数，E 是边数。

● Bellman-Ford 算法：时间复杂度为 $O(VE)$，其中 V 是顶点数，E 是边数。

③ 负权边处理

● Dijkstra 算法：不能处理负权边，因为它基于贪心策略，无法回溯已经松弛过的节点。

● Bellman-Ford 算法：可以处理带有负权边的图。在每一轮迭代中，Bellman-Ford 算法都会尝试从源节点到达所有其他节点的路径，以确保找到所有最短路径。如果某些节点在全部迭代之后还可以被松弛，那么说明存在负权环，即没有最短路径。

（3）Floyd（弗洛伊德）算法

Floyd（弗洛伊德）算法，也称为 Floyd-Warshall 算法，是一种经典的最短路径算法，用于求解任意两个节点之间的最短路径。与 Dijkstra 算法不同，Floyd 算法使用动态规划的思想，通过迭代的方式求解。该算法的核心思想是利用中转节点 k，检查从节点 i 到节点 j 的路径是否可以通过节点 k 实现更短的路径，如果可以，就更新从节点 i 到节点 j 的最短路径。

具体的算法步骤如下：

① 初始化一个二维矩阵 D，矩阵的维度为 $n×n$，其中 n 为图中节点的数量。矩阵 D 的值表示从节点 i 到节点 j 的最短路径长度。

② 通过两层循环遍历所有的节点对 i 和 j，并以每个节点 k 作为中转节点。

③ 检查是否存在一条从节点 i 经过节点 k 到达节点 j 的路径，如果存在，则更新矩阵 D 中的值为 $\min(D[i][j], D[i][k]+D[k][j])$，表示经过节点 k 获得的更短路径长度。

④ 重复步骤②和步骤③，直到遍历完所有的节点对 i 和 j。

当所有节点对都遍历完后，矩阵 D 中的值即为图中任意两个节点之间的最短路径长度。

Floyd 算法的时间复杂度为 $O(n^3)$，其中 n 表示图中节点的数量。这使得 Floyd 算法适用于小规模网络，但对于大规模网络可能会导致运行时间较长。

（4）A*算法

区别于 Dijkstra 算法、Bellman-Ford 算法和 Floyd 算法，A*算法是一种最经典、最常用的启发式搜索算法，也是应用最为有效的算法，普遍应用于自动驾驶领域。它的搜索特点是在搜索路径的过程中，它会考虑初始状态、当前状态和目标状态的关系，根据这三种状态对节点的位置进行评估,将三种状态的信息应用在搜索过程中。A*算法的搜索效率要高于 Dijkstra 算法、Bellman-Ford 算法和 Floyd 算法，比其他三种算法搜索速度快、搜索时间短，适用于大规模情况下的图搜索问题。

A*算法作为启发式搜索算法中的经典算法，能够有效地在图中搜索路径，已经被普遍应用在实际生活中。该算法的基本原理是根据启发函数对节点的位置进行评估，得到当下的最优节点，再从这个节点周围搜索下一个最优节点，直至找到目标节点。其中启发函数的选择是基于对环境信息的判断，A*算法的创始人设计 A*算法的启发函数为 $f(n)=g(n)+h(n)$，其中 $g(n)$ 是从起始节点到当前节点 n 的最短距离，$h(n)$ 是从节点 n 到目标节点的最短距离估计，要想获得最短路径，关键在于 $h(n)$ 的函数选择，$h(n)$ 需要尽可能接近当前节点到目标节点的最短路径，当 A*算法从起始节点向目标节点搜索路径时，每次都搜索 $f(n)$ 值最小的节点，直到搜索到目标节点，最终获得从起始节点到目标节点的最短距离。常用的 $h(n)$ 计算方法有三种，分别为曼哈顿距离、欧几里得距离和切比雪夫距离，当节点的运动方向为上、下、左、右时，$h(n)$ 使用曼哈顿距离计算；当节点被允许朝八个方向移动时，$h(n)$ 使用切比雪夫距离计算。在 A*算法的实际应用中，将 A*算法的搜索区域设置为二维数组，一般使用方格代表数组元素，这就是最终形成的栅格地图。将搜索路径过程中未检验的节点存放在 OPEN 列表中，将已检验的节点存放在 CLOSED 列表中，搜索路径完成时，需要将节点进行回溯，以获取规划的路径结果，其中用于回溯的节点称为父节点。A*算法的运行流程如下：

① 首先初始化列表，将起始节点加入 OPEN 列表中。

② 检查 OPEN 列表中是否存在目标节点，若存在，算法结束；反之，则继续下一步。

③ 将起始节点的周围节点存放到 OPEN 列表中，并设置它们的父节点为起始节点，将起始节点存放到 CLOSED 列表中。

④ 计算周围节点的 f 值，选择 f 值最小的节点放入 CLOSED 列表中并设为当前节点 n，继

续寻找当前节点 n 的周围节点。

⑤ 重复步骤④，直至 OPEN 列表中出现目标节点，代表已找到从起始节点到目标节点的最短路径。

A*算法的流程图如图 4-6 所示。

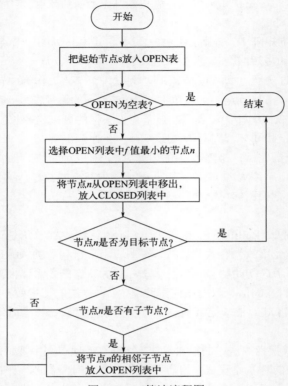

图 4-6　A*算法流程图

4.2.4　A*全局路径规划算法及优化

在 A*算法的运行过程中，理论上子节点的选择方向为四个方向、八个方向或者任意方向，但由于 A*算法主要在栅格地图上运行，因此 A*算法的节点选择方向为八个方向。当栅格中不存在障碍物时，子节点的搜索方向如图 4-7 所示。

在 A*算法的运行过程中，由于障碍物的分布，不是每个当前父节点都需要搜索周围的八个方向，所以对子节点的选取进行优化。若子节点 4 和子节点 8 为障碍物，则子节点最好的选择方向、启发函数最小值的方向为子节点 2、6，不需要考虑子节点 1、7 或者子节点 3、5；同理，当子节点 2、6 为障碍物时，只需考虑子节点 4、8；若障碍物不存在于父节点上、下、左、右四个方向，则当前节点的搜索依然考虑周围的八个方向。根据障碍物和方向的特殊性，可以在节点的选择中排除一些无用节点，在全局路径规划中，减少搜索路径的节点数。

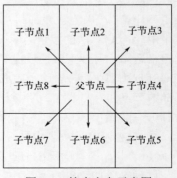

图 4-7　搜索方向示意图

（1）启发函数优化

标准 A*算法的启发函数值为起始节点到当前节点的距离加上当前节点到目标节点的估计距离，这种直接相加没有考虑到 A*算法实际应用中节点间的相互影响。在 A*算法的实际应用中，实际距离和估计距离对于启发函数估计值的影响是不同的，所以需要根据节点的不同位置对启发函数进行优化，这样不仅可以提高 A*算法路径规划的效率，还可以接近实际应用中的路径规划结果。

在特殊情况下，当 $h(n)$ 为 0 时，没有了启发信息，A*算法实际上就变为了 Dijkstra 算法，虽然依旧能够完成起始节点到目标节点的路径搜索，但是这种情况就失去了启发式搜索的意义；当 $h(n)$ 小于从节点 n 到目标节点的实际距离时，$h(n)$ 越小，A*算法所需要搜索的节点就越多；当 $h(n)$ 等于从节点 n 到目标节点的距离时，A*算法能够搜索到最优路径，不会搜索到其他无用节点，A*算法的路径规划效率最高，但这种情况没有办法实现，人为的经验不可能精准估计当前节点到目标节点的信息；当 $h(n)$ 大于从节点 n 到目标节点的距离时，搜索到的路径不会是两个节点间的最短路径，但是可以缩短 A*算法的运行时间；当 $h(n)$ 远远大于 $g(n)$ 时，启发函数中只有 $h(n)$ 在发挥作用，A*算法就成为了广度优先搜索算法。

针对以上对于启发函数的分析，对启发函数中的 $h(n)$ 和 $g(n)$ 引入权重。在实际的节点的运动和选择中，当前节点到目标节点的估计距离对实际距离的影响与节点的位置有关。当前节点离目标节点较远时，距离的估计值远小于实际值，此时 $h(n)$ 的权重应大；反之，$h(n)$ 的权重应减小。利用指数衰减的方式对启发函数进行改进，参考标准 A*算法的启发函数，将启发函数在标准 A*算法的基础上改为：$f(n)=g(n)+\exp[h(n)]\times[h(n)+h(p)]$，其中节点 p 为节点 n 的父节点。当 $h(n)$ 远小于实际值 $g(n)$ 时，权重变大，当 $h(n)$ 远大于实际值 $g(n)$ 时，权重变小。

（2）双向 A*算法

随着 GIS 的发展，地理空间数据量呈爆发式增长，数据的覆盖范围越来越广，数据的精确度也在大幅度提升，这对数据的存储和计算提出了更高的要求。电子地图数据量的增加，给路径规划算法的处理速度带来了挑战。标准 A*算法在电子地图上的运行效率不能满足实际运用的要求，为了提高基于电子地图的路径规划效率，在标准 A*算法的基础上进行改进，提出了双向 A*算法的思想。标准 A*算法为单向 A*算法，据研究人员统计，单向 A*算法的搜索速度约为 Dijkstra 算法的 1.5 倍，在极端情况下，单向 A*算法的搜索速度等于 Dijkstra 算法的搜索速度，这样的搜索速度不能满足在电子地图上进行路径规划的要求。

针对标准 A*算法搜索速度的不足，提出了双向 A*算法的搜索思想，从起始节点到目标节点开始搜索路径时，也开始从目标节点到起始节点的路径搜索，可以根据中间节点灵活改变搜索方向，提高搜索路径的速度，符合实际环境中的路径规划。在最极端的情况下，双向 A*算法的搜索速度会约等于标准 A*算法，不会低于标准 A*算法的搜索速度。平均情况下，双向 A*算法的搜索效率高于标准 A*算法的搜索效率。

双向 A*算法的关键点在于，不仅可以灵活改变搜索方向，还可以利用中间节点的位置方向。根据双向 A*算法的思想，分别需要两对 OPEN 列表和 CLOSED 列表，在正向搜索的过程中使用 $OPEN_1$ 和 $CLOSED_1$ 列表，在反向搜索的过程中使用 $OPEN_2$ 和 $CLOSED_2$ 列表。双向 A*算法的具体步骤如下：

① 分别初始化两对 OPEN 列表和 CLOSED 列表，把起始节点设为当前节点 n_1 加入 $OPEN_1$ 列表，把目标节点设为当前节点 n_2 加入 $OPEN_2$ 列表。

② 搜索节点 n_1 和 n_2 的周围节点 x 和 y，并存放到 $OPEN_1$ 和 $OPEN_2$ 列表中，再将起始节

点和目标节点从 $OPEN_1$ 和 $OPEN_2$ 列表中删除，加入到 $CLOSED_1$ 和 $CLOSED_2$ 列表中。

③ 分别遍历 $OPEN_1$ 列表中的节点，找到 $f_1(x)$ 和 $f_2(y)$ 值最小的节点设为当前节点 n_1 和 n_2，将当前节点的父节点从列表 $OPEN_1$ 和 $OPEN_2$ 中删除，加入 $CLOSED_1$ 和 $CLOSED_2$ 列表中。

④ 检查当前节点 n_1 和 n_2 的周围节点，若周围节点不在 $OPEN_1$ 和 $OPEN_2$ 列表中，则存放到 $OPEN_1$ 和 $OPEN_2$ 列表中，之后循环步骤③，更新 $OPEN_1$ 和 $OPEN_2$ 列表中的节点。

⑤ 当 $OPEN_1$ 列表与 $CLOSED_2$ 列表有交集或者 $OPEN_2$ 列表与 $CLOSED_1$ 列表有交集时，则表示算法已经成功搜索路径；当 $OPEN_1$ 列表或者 $OPEN_2$ 列表为空时，则表示算法运行失败。

本算法在标准 A*算法的基础上以双向 A*搜索为主，搜索时改进子节点的选择方向，应用优化的启发函数，减少算法运行过程中搜索的节点数量，提高搜索路径的效率。双向 A*算法的具体流程图如图 4-8 所示。

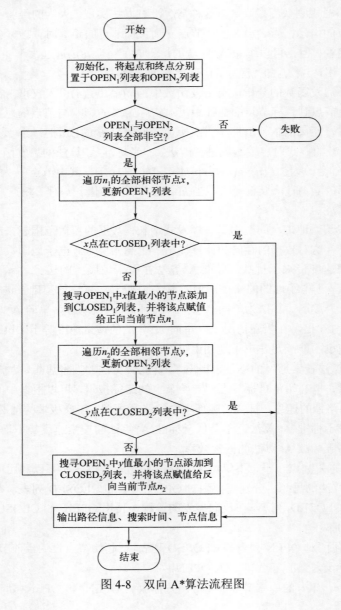

图 4-8　双向 A*算法流程图

4.3　gmapping 算法

4.3.1　gmapping 简介

gmapping 是一个基于 2D 激光雷达使用 RBPF（rao-blackwellized particle filters）算法完成二维栅格地图构建的 SLAM 算法。slam_gmapping 框架图如图 4-9 所示。gmapping 能够动态实时地构建地图，适用于小场景，构建出的地图精度较高，由于在大场景下产生的计算量大幅增长，因此，gmapping 算法不适用于在大场景构建地图。

优点：gmapping 可以实时构建室内环境地图，在小场景中计算量少，且地图精度较高，对激光雷达扫描频率要求较低。

缺点：随着场景的增大，构建地图所需的内存和计算量就会变得巨大，所以 gmapping 不适合大场景构图。

gmapping 功能包提供基于激光的 SLAM（同时定位与建图），作为称为 slam_gmapping 的 ROS 节点。使用 slam_gmapping 可以根据移动机器人收集的激光和姿态数据创建二维占用网格图（如建筑物平面图）。slam-gmapping 节点接收传感器/激光扫描信息并构建地图。可以通过 ROS 话题或服务检索地图。

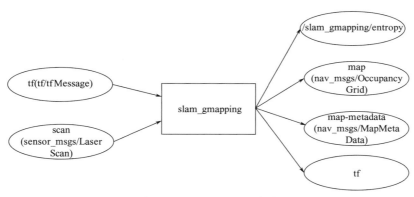

图 4-9　slam_gmapping 框架

4.3.2　gmapping 面向用户开放的接口

gmapping 功能包中发布/订阅的话题和提供的服务见表 4-7。

表 4-7　**gmapping** 功能包发布/订阅的话题和提供的服务

话题订阅	tf	tf/tfMessage	用于坐标系、基准和测距相关的框架转换
	scan	sensor_msgs/LaserScan	激光雷达扫描数据
话题发布	map_metadata	nav_msgs/MapMetaData	发布地图 Meta 数据
	map	nav_msgs/OccupancyGrid	发布地图栅格数据
	entropy	std_msgs/GridCells	发布机器人姿态分布熵的估计
服务	dynamic_map	nav_msgs/GetMap	调用此服务以获取地图数据

TF 坐标变换：在一个机器人系统中，需要用 TF 将各种数据串联起来，变成一个树形结构（每个节点只能有一个父节点，可以有多个子节点），以便后面通信和显示。用户在任何时间点都可以任意转换两个坐标系之间的点和向量。gmapping 功能包提供的坐标变换见表 4-8。

表 4-8　gmapping 功能包提供的坐标变换

必需的 TF 坐标变换	<scan frame> ->base_link	激光雷达坐标系与基坐标系之间变换，一般由 start_transform_publisher 发布
发布的 TF 坐标变换	base_link->odom	基坐标系与里程计坐标系之间的变换，一般由里程计坐标系发布
	map->odom	地图坐标系与机器人里程计坐标系之间的变换，估计机器人在地图中的位姿

对于 gmapping 而言，一般的坐标系构成为 map、odom、base_link、base_laser 等坐标系。

● map：地图坐标系，顾名思义，一般设该坐标系为固定坐标系（fixed frame），与机器人所在的世界坐标系一致。

● odom：里程计坐标系。

● base_footprint：坐标系原点 base_link 在 2D 平面（一般为地面）的投影。

● base_link：一般位于 TF 树的最根部，物理语义原点，表示机器人中心，为相对机器人本体的坐标系。

● base_laser：激光雷达的坐标系，与激光雷达的安装点有关，其与 base_link 的 TF 为固定的。

目前各国研究者提出了多种地图表示法，大致可分为三类，分别为栅格地图表示、几何信息表示和拓扑图表示，每种表示法都有各自的优缺点。在此重点介绍栅格地图表示法。

栅格地图表示法，即将整个环境分为若干相同大小的栅格，对于每个栅格指出其中是否存在障碍物。它的优点在于创建和维护容易，尽量地保留了整个环境的各种信息，同时借助该地图，可以方便地进行自定位和路径规划。其缺点在于当栅格数量增大时(在大规模环境或对环境划分比较详细时)，对地图的维护行为将变得困难，同时定位过程中搜索空间很大，如果没有较好的简化算法，实现实时应用比较困难。栅格地图取值原理如图 4-10 所示。其中不同取值范围对应的障碍区域定义如下：

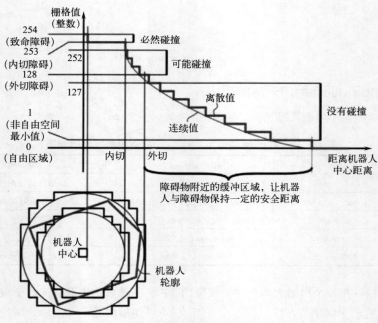

图 4-10　栅格地图取值原理

① 致命障碍：栅格值为 254，障碍物与机器人中心重合，此时机器人必然与障碍物发生碰撞。

② 内切障碍：栅格值为 253，障碍物处于机器人轮廓的内切圆内，此时机器人也必然与障碍物发生碰撞。

③ 外切障碍：栅格值为 128～252，障碍物处于机器人轮廓的外切圆内，此时机器人与障碍物临界接触，不一定发生碰撞。

④ 非自由空间：栅格值为 1～127，是障碍物附近区域，一旦机器人进入该区域，将大概率会发生碰撞，属于危险警戒区，机器人应该尽量避免进入。

⑤ 自由区域：栅格值为 0，此处没有障碍物，机器人可以自由通过。

⑥ 未知区域：栅格为 255，此处还没有探知是否有障碍物，机器人可以继续前进建图。

4.3.3　gmapping节点的配置与运行

本节介绍使用 ROS 的 gmapping 功能包实现机器人的 SLAM 功能。SLAM 算法已经在 gmapping 功能包中实现，一般不用深入理解算法的实现原理，只需关注如何借助其提供的接口实现相应的功能。

首先从网上下载 slam_gmapping 开源软件，下载的开源压缩软件包名是：slam_gmapping-melodic-devel.zip。

虽然开源软件包的适用版本是 ROS melodic 版本，但是也兼容 ROS noetic 版本，在 ROS noetic 环境下也可成功编译运行。

该软件包建议存放到本章"4.5　little_car 综合软件包"的 ROS 工作空间环境下解压并编译。

将下载的软件包 slam_gmapping-melodic-devel.zip 传送到./little_car_ws/src 目录下，解压：

```
$ unzip slam_gmapping-melodic-devel.zip
```

生成的目录名太长，建议缩短：

```
$ mv slam_gmapping-melodic-devel slam_gmapping
```

然后返回工作空间目录，编译：

```
$ cd ~/little_car_ws
$ catkin_make –pkg slam_gmapping
```

下载 gmapping 软件包，解压目录 slam_gmapping 的子目录 gmapping 的子目录中有 launch 子目录，内有 slam_gmapping_pr2.launch 脚本文件。也可以编写自己的脚本文件 gmapping.launch 进行节点参数的配置。将 gmapping.launch 文件放在 launch 目录下即可。gmapping.launch 文件内容如下：

```
<launch>
    <arg name="scan_topic" default="scan" />

    <node pkg="gmapping" type="slam_gmapping" name="slam_gmapping" output="screen"
clear_params="true">
    <param name="output_frame" value="odom"/>
    <param name="base_footprint_frame" value="base_link"/>
    <remap from="imu_data" to="imu" />
    <param name="base_link_to_imu" value="tf"/>
    <param name="map_update_interval" value="5.0"/>
    <!--Set maxUrange < actual maximum range of the Laser -->
    <param name="maxRange" value="5.0"/>
```

```
        <param name="maxUrange" value="4.5"/>
        <param name="sigma" value="0.05"/>
        <param name="kernelSize" value="1"/>
        <param name="lstep" value="0.05"/>
        <param name="astep" value="0.05"/>
        <param name="iterations" value="5"/>
        <param name="lsigma" value="0.075"/>
        <param name="ogain" value="3.0"/>
        <param name="lskip" value="0"/>
        <param name="srr" value="0.01"/>
        <param name="srt" value="0.02"/>
        <param name="str" value="0.01"/>
        <param name="stt" value="0.02"/>
        <param name="linearUpdate" value="0.5"/>
        <param name="angularUpdate" value="0.436"/>
        <param name="temporalUpdate" value="-1.0"/>
        <param name="resampleThreshold" value="0.5"/>
        <param name="particles" value="80"/>
        <param name="xmin" value="-1.0"/>
        <param name="ymin" value="-1.0"/>
        <param name="xmax" value="1.0"/>
        <param name="ymax" value="1.0"/>
        <param name="delta" value="0.05"/>
        <param name="llsamplerange" value="0.01"/>
        <param name="llsamplestep" value="0.01"/>
        <param name="lasamplerange" value="0.005"/>
        <param name="lasamplestep" value="0.005"/>
        <remap from="scan" to="$(arg scan_topic)"/>
    </node></launch>
```

gmapping 算法需要更改的主要参数有 odom（里程计坐标系，必须）、scan（激光雷达话题，必须）、base_footprint_frame（机器人基坐标系，必须）、imu_data（IMU 话题，可选），这些参数的名字与值需要跟机器人底盘驱动 limo_start 中发布的话题名和值相对应，不然 gmapping 接收不到这些参数，就无法进行 SALM。如果熟悉 SLAM 算法，对这些参数可能并不陌生，但是若不了解 SLAM 算法，也不用担心，这些参数都有默认值，大部分时候使用默认值或使用 ROS 中相似机器人的配置即可。

4.4 cartographer 算法

4.4.1 cartographer简介

cartographer 是一种基于图优化方法的 SLAM 方案，其基本思想是通过闭环检测消除 SLAM 过程中产生的累次误差从而提高定位和构建地图的效果。cartographer 分为 Local SLAM（前端）和 Glabal SLAM（后端），前端的工作是建立 submap，后端则是将前端中生成的多个 submap 进行重新排列，使得生成的全局地图能够正确地形成闭环。其整体框架如图 4-11 所示。

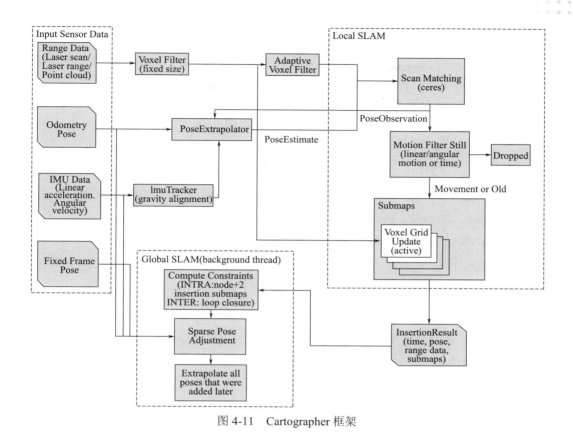

图 4-11　Cartographer 框架

Input Sensor Data 是所有传感器数据的输入口，可以获取到激光雷达数据和 IMU 数据以及里程计数据，其中 IMU 数据和里程计数据不是必需的。一般来说，多种传感器数据的融合有利于提高定位与建图的效果。如果需要输入 IMU 或者里程计的数据则在 PoseExtrapolator 中对这些数据进行处理。

4.4.2　cartographer面向用户开放的接口

cartographer 功能包中发布/订阅的话题和提供的服务见表 4-9。

表 4-9　**cartographer** 功能包发布/订阅的话题和提供的服务

话题订阅	tf	tf/tfMessage	用于坐标系、基准和测距相关的框架转换
	scan	sensor_msgs/LaserScan	激光雷达扫描数据
	points2	sensor_msgs/PointCloud2	2D 点云数据
	imu	sensor_msgs/Imu	IMU 的数据
	odom	nav_msgs/Odometry	里程计数据
话题发布	scan_matched_points2	sensor_msgs/PointCloud2	匹配好的 2D 点云数据，用于 scan_to_submap matching
	map	nav_msgs/OccupancyGrid	发布地图栅格数据
	submap_list	cartographer_ros_msgs/SubmapList	发布构建好的 submap
服务	submap_query	cartographer_ros_msgs/SubmapQuery	提供查询 submap 的服务，获取 request 的 submap

4.4.3　cartographer节点的配置与运行

首先下载 cartographer 开源软件包，下载的 cartographer 主程序开源压缩软件包名是：cartographer-master.zip。

下载 cartographer ROS 接口开源软件包，下载的 cartographer ROS 接口开源软件包名是：cartographer_ros-master.zip。

创建编译 cartographer 软件包的 ROS 工作区：

```
$ mkdir -p cartographer_ws/src
```

将 cartographer-master.zip 传送到./cartographer_ws/src 目录下，解压：

```
$ cd ~/cartographer_ws/src
$ unzip cartographer-master.zip
```

将 cartographer_ros-master.zip 传送到./cartographer_ws/src 目录下，解压：

```
$ unzip cartographer_ros-master.zip
```

返回 cartographer 软件包的 ROS 工作区：

```
$ cd ~/cartographer_ws
```

编译：

```
$ catkin_make_isolated
```

编译 cartographer_master 软件包会碰到一系列 BUG，主要是依赖项问题，初学者可根据编译 BUG 信息，补充安装缺失的依赖项至编译成功。

cartographer 的核心节点为 cartographer_node 和 cartographer_occupancy_grid_node。其中 cartographer_node 订阅传感器数据生成 submap_list，而 cartographer_occupancy_grid_node 则订阅了 submap_list 发布的栅格地图。启动 cartographer 的文件为 demo_revo_lds.launch。使用如下命令启动：

```
roslaunch cartographer_ros demo_revo_lds.launch
```

demo_revo_lds.launch 文件内容如下：

```
<launch>
  <param name="/use_sim_time" value="false" />

  <node name="cartographer_node" pkg="cartographer_ros"
      type="cartographer_node" args="
          -configuration_directory $(find cartographer_ros)/configuration_files
          -configuration_basename revo_lds.lua"
      output="screen">
    <remap from="imu" to="/imu_data" />
    <remap from="scan" to="scan" />
  </node>

  <node name="cartographer_occupancy_grid_node" pkg="cartographer_ros"
      type="cartographer_occupancy_grid_node" args="-resolution 0.05" />

</launch>
```

上述 launch 文件主要包含两部分功能：启动 cartographer_node 节点和启动 cartographer_ occupancy_grid_node 节点。而 cartographer_node 节点的启动需要读取 revo_lds.lua 配置文件：

```
include "map_builder.lua"
include "trajectory_builder.lua"

options = {
    map_builder = MAP_BUILDER,
    trajectory_builder = TRAJECTORY_BUILDER,
    map_frame = "map",
    tracking_frame = "base_laser",
    published_frame = "base_laser",
    odom_frame = "odom",
    provide_odom_frame = true,
    publish_frame_projected_to_2d = false,
    use_pose_extrapolator = true,
    use_odometry = false,
    use_nav_sat = false,
    use_landmarks = false,
    num_laser_scans = 1,
    num_multi_echo_laser_scans = 0,
    num_subdivisions_per_laser_scan = 1,
    num_point_clouds = 0,
    lookup_transform_timeout_sec = 0.2,
    submap_publish_period_sec = 0.3,
    pose_publish_period_sec = 5e-3,
    trajectory_publish_period_sec = 30e-3,
    rangefinder_sampling_ratio = 1.,
    odometry_sampling_ratio = 1.,
    fixed_frame_pose_sampling_ratio = 1.,
    imu_sampling_ratio = 1.,
    landmarks_sampling_ratio = 1.,
}

MAP_BUILDER.use_trajectory_builder_2d = true

TRAJECTORY_BUILDER_2D.submaps.num_range_data = 35
TRAJECTORY_BUILDER_2D.min_range = 0.3
TRAJECTORY_BUILDER_2D.max_range = 8.
TRAJECTORY_BUILDER_2D.missing_data_ray_length = 1.
TRAJECTORY_BUILDER_2D.use_imu_data = false
TRAJECTORY_BUILDER_2D.use_online_correlative_scan_matching = true
TRAJECTORY_BUILDER_2D.real_time_correlative_scan_matcher.linear_search_window = 0.1
TRAJECTORY_BUILDER_2D.real_time_correlative_scan_matcher.translation_delta_cost_weight = 10.
```

```
TRAJECTORY_BUILDER_2D.real_time_correlative_scan_matcher.rotation_delta_cost_weight = 1e-1

POSE_GRAPH.optimization_problem.huber_scale = 1e2
POSE_GRAPH.optimize_every_n_nodes = 35
POSE_GRAPH.constraint_builder.min_score = 0.65
return options
```

根据实际情况对该配置文件进行修改，尤其是 map_frame、tracking_frame、published_frame、odom_frame 等坐标系的配置要与实际情况匹配。

4.4.4 gmapping与cartographer

gmapping 和 cartographer 都是用于构建二维地图的开源 SLAM（同时定位与地图构建）算法，但它们在实现和精度上有一些区别。以下是对 gmapping 和 cartographer 进行比较的几个关键点。

（1）原理

● gmapping：基于 Extended Kalman Filter（EKF）的激光 SLAM 算法。它使用激光雷达数据和里程计数据，通过对粒子进行加权来估计机器人在环境中的位姿和地图。

● cartographer：使用 posterior-sampling-based 最优滤波器算法。它结合了激光雷达数据、里程计数据和 IMU 数据，通过生成位姿和地图的分布来实现定位和地图构建。

（2）适用性

● gmapping：适用于低功耗、计算资源有限的机器人平台，也适用于小型办公环境和室内场景。

● cartographer：适用于高性能、计算资源丰富的机器人平台，特别适用于大型室内、室外环境和复杂地形。

（3）算法解决的问题

● gmapping：主要用于机器人的自主定位和地图构建。它侧重于建立栅格地图，对环境进行建模，并进行机器人定位。

● cartographer：不仅包括自主定位和地图构建，还能提供高质量的回环检测（loop closure）和轨迹优化。它提供更准确的位姿估计和更精细的地图构建。

（4）ROS 支持

● gmapping：非常流行的 ROS 软件包，广泛用于 ROS 支持的机器人平台。在 ROS 中可以轻松使用 gmapping 进行地图构建和定位。

● cartographer：也提供一个 ROS 接口软件包，该接口模块提供了基于 ROS 的接口和插件，很方便在 ROS 中集成和使用。

开发者需要根据具体的场景和需求来选择适当的算法。如果拥有的机器人（无人车）是低功耗或计算资源有限的平台，而且在小型室内环境下工作，gmapping 可能是一个不错的选择。如果机器人（无人车）需要更高的精度和性能，并且在大型室内环境或室外环境下工作，cartographer 更适合。

4.5 little_car 综合软件包

本节介绍如何搭建无人车模块应用系统，该系统主要由无人车底盘（chassis）、激光雷达、

IMU、相机、组合导航、navigation、cartographer 等功能包构成。除 cartographer 外，其他功能包全部在 little_car 工作空间下。通过本节内容实践，最终通过启动 car_carto.launch 脚本，实现测试无人车以导航为中心的综合功能。

4.5.1　little_car软件包通用操作

在 little_car 各项软件包的开发测试中，有一些共性操作。本书"2.2　ROS 文件系统"有详细介绍。本处再结合 little_car 软件项目做简单复习。

（1）创建 little_car 软件项目的工作空间

在 Ubuntu 20.04 系统下的用户目录（home 目录，例如：/home/lxq）下，创建 little_car_ws 工作空间目录：

```
$ mkdir -p ~/little_car_ws/src
$ cd   ~/clittle_carn_ws
```

然后使用如下命令进行编译：

```
$ catkin_make
```

或

```
$ catkin_make_isolated
```

● catkin_make 编译指令成功后在 little_car_ws 工作空间目录下创建 build 与 devel 子目录，存放编译生成的过程文件与目标文件。

● catkin_make_isolated 编译指令用于解决不同软件包之间可能由于文件同名等造成的编译干扰，使每个编译软件包独立，编译成功后在 little_car_ws 工作空间目录下创建 build_isolated 与 devel_isolated 子目录，编译生成的过程文件和目标文件存放方式与 catkin_make 编译的存放方式略有不同。

（2）创建软件包

所有的软件包，均存放在工作空间 little_car_ws/src 目录下。创建软件包指令如下：

```
$ cd src      //进入到/little_car_ws/src 目录下
$ catkin_create_pkg [软件包名] [依赖库 ……]
```

例如：catkin_create_pkg my_package rospy roscpp

注：rospy 为 ROS python 库；roscpp 为 ROS C++通用库。

在 my_package 子目录下，按照 ROS 文件系统架构约定，一般包含如下子目录：

● src: C 或 C++源程序存放目录。

● include: C 或 C++头文件存放目录。

● scripts: python 文件存放目录。

● launch: launch 脚本文件存放目录。

……

如果缺乏相关目录，则用 mkdir 指令在 src 目录下创建。

（3）编写程序文件

如果编写 C 或 C++文件，则头文件保存在 include 目录下，.cpp 源代码文件保存在 src 目录下。

如果编写 python 文件，则文件保存在 scripts 目录下。

如果编写脚本文件，则文件保存在 launch 目录下。

（4）修改编译配置文件 CMakelist.txt

在 CMakelist.txt 文件中，至少要增加编译配置选项与链接配置选项，以保证能够正确编译链接软件包 C 或 C++程序。

① 增加编译配置选项：

add_executable([可执行代码文件名] [src/源代码文件名……])

例如：

add_executable(webcam_pub_cpp src/webcam_pub_cpp.cpp)

② 增加链接配置选项：

target_link_libraries([可执行代码文件名] ${catkin_LIBRARIES})

例如：

target_link_libraries(webcam_sub_cpp ${catkin_LIBRARIES})

（5）编译

执行 catkin_make 或 catkin_make_isolated 编译指令。如果在 src 目录下有多个软件包，编译时想针对特定的软件包进行专项编译，则采用--pkg 选项方式，例如：

$ catkin_make_isolated --pkg my_package

编译成功，则可进行运行测试。

（6）修改用户 home 目录下的 bashrc 文件，建立软件包运行测试环境

在运行测试前，要建立运行测试程序的环境，使 rosrun 或 roslaunch 指令能够通过软件包选项，直接访问到可执行程序或脚本。

返回到 home 目录下：

$ cd ~

打开 basrhc 文件：

$ gedit .bashrc

在文件的末尾，增加如下指令：

......

source [/home 目录名/ROS 工作空间目录名/devel/软件包目录名]/setup.bash

例如：source /home/lxq/little_car_ws/devel/setup.bash
修改完毕后存盘。

以下为一个.bashrc 文件中涉及 ROS 的环境变量配置部分内容案例。

......
################ Added by Lixiaoqun ##################
设置 ros-noetic 的脚本配置
source /opt/ros/noetic/setup.bash
source /home/lxq/test_ws/devel_isolated/rtk_gps/setup.bash
source /home/lxq/test_ws/devel_isolated/cv_basics2/setup.bash
设置 Qt5.12.8 QtCreator 路径
export PATH=$PATH:/home/lxq/Qt5.12.8/Tools/QtCreator/bin
export QT5_PATH=/home/lxq/Qt5.12.8/5.12.8/gcc_64
设置 Qt5.12.8 lib 路径
export LD_LIBRARY_PATH=$LD_LIBRARY_PATH:/home/lxq/Qt5.12.8/5.12.8/gcc_64/lib
设置系统 x86 lib 路径
export LD_LIBRARY_PATH=$LD_LIBRARY_PATH:/usr/lib/x86_64-linux-gnu
设置 qwt-6.1.4 lib 路径

```
export LD_LIBRARY_PATH=$LD_LIBRARY_PATH:/usr/local/qwt-6.1.4/lib
# 将主机名赋值给 ROS 主机名变量
export ROS_HOSTNAME=vTiger
# 将虚拟机的 IP 地址赋值给 ROS_IP 地址变量。虚拟机 vTiger IP 在/etc/hosts 文件中定义
export ROS_IP=vTiger
# 赋值 ROS_MASTER_URL 地址
export ROS_MASTER_URI=http://$ROS_IP:11311
# ################ End of Added by Lixiaoqun ############
```

重新刷新环境：

```
$ source ~/.bashrc
```

（7）运行测试

① 运行可执行代码，打开两个终端：

终端 1：执行 roscore，启动 ROS Master。

```
$ roscore
```

终端 2：执行软件可执行文件。

```
$ rosrun [软件包名] 可执行代码文件名
```

例如：rosrun move_base move_base

② 运行脚本：

```
$ roslaunch [软件包名] 脚本文件名
```

例如：roslaunch move_base car_carto.launch

（8）开源包

本书提供 little_car 软件的开源包，读者可直接下载 little_car 开源包，将开源包包含的专项软件包下载解压到/little_car_ws/src 目录下，省略本过程（2）、过程（3），然后编译下载解压的软件包即可。

4.5.2　底盘

无人车的行驶运动离不开底盘，脱离底盘无人车控制便无从谈起。因此在 little_car_ws/src 目录下新建 chassis_node 软件包用于底盘控制。

chassis_node 软件包有三个程序文件（base_serial.h、base_serial.cpp、chassis_node.cpp），以及一个脚本文件（chassis_launch.launch）。

在 chassis_node/src 路径下创建 base_serial.cpp 及 chassis_node.cpp 两个 cpp 文件。

（1）base_serial.cpp 文件

base_serial.cpp 主要用于实现与底盘电机的串口通信。base_serial.cpp 文件的内容如下：

```
#include <iostream>
#include <arpa/inet.h>
#include <pthread.h>
#include <string.h>
#include "../include/base_serial.h"
pthread_mutex_t waitMute=PTHREAD_MUTEX_INITIALIZER;
pthread_cond_t cond=PTHREAD_COND_INITIALIZER;


BaseSerial::BaseSerial() {
```

```
        serialKey = ftok(".",6);
        if(serialKey >= 0)          {
            serialMsgid = msgget(serialKey,IPC_CREAT | 0x0666);
        }
        pthread_rwlockattr_t attr;
        pthread_rwlockattr_init(&attr);
        pthread_rwlockattr_setkind_np(&attr,PTHREAD_RWLOCK_PREFER_WRITER_NP); //WRITE
FIRST
        pthread_rwlockattr_setpshared(&attr,PTHREAD_PROCESS_SHARED);
        pthread_rwlock_init(&rwMute,&attr);
        pthread_rwlockattr_destroy(&attr);
        fd = open_port(fd,"/dev/chassis_port");/*串口号/dev/ttySn,USB 口号/dev/ttyUSBn*/
        if(fd == -1)          {
            fprintf(stderr,"uart_open error\n");
            exit(EXIT_FAILURE);
        }
        if(set_port(fd,115200,0,8,'N',1) == -1)          {
            fprintf(stderr,"uart set failed!\n");
            exit(EXIT_FAILURE);
        }
        pthread_create(&threadSerial,NULL,recv_port,(void*)this);
        //pthread_create(&threadSend,NULL,InputMotSpeed,(void*)this);
    }

    BaseSerial::~BaseSerial() {
        pthread_rwlock_destroy(&rwMute);
        msgctl(serialMsgid,IPC_RMID,NULL);
        close_port(fd);
    }

    int BaseSerial::open_port(int fd,const char *pathname) {
        fd = open(pathname,O_RDWR|O_NOCTTY| O_NONBLOCK); //NO DELAY
//      fd = open(pathname,O_RDWR|O_NOCTTY); // DELAY
        if(fd == -1)          {
            perror("Open UART failed!");
            return -1;
        }
        return fd;
    }

    int BaseSerial::set_port(int fd,int baude,int c_flow,int bits,char parity,int stop) {
        struct termios options;
```

```c
switch(baude)        {
    case 4800:
        cfsetispeed(&options,B4800);
        cfsetospeed(&options,B4800);
        break;
    case 9600:
        cfsetispeed(&options,B9600);
        cfsetospeed(&options,B9600);
        break;
    case 19200:
        cfsetispeed(&options,B19200);
        cfsetospeed(&options,B19200);
        break;
    case 38400:
        cfsetispeed(&options,B38400);
        cfsetospeed(&options,B38400);
        break;
    case 115200:
        cfsetispeed(&options,B115200);
        cfsetospeed(&options,B115200);
        break;
    default:
        fprintf(stderr,"Unkown baude!\n");
        return -1;
}
/*设置控制模式*/
options.c_cflag |= CLOCAL;//保证程序不占用串口
options.c_cflag |= CREAD;//保证程序可以从串口中读取数据
/*设置数据流控制*/
switch(c_flow)        {
    case 0://不进行流控制
        options.c_cflag &= ~CRTSCTS;
        break;
    case 1://进行硬件流控制
        options.c_cflag |= CRTSCTS;
        break;
    case 2://进行软件流控制
        options.c_cflag |= IXON|IXOFF|IXANY;
        break;
    default:
        fprintf(stderr,"Unkown c_flow!\n");
        return -1;
```

```
    }
    /*设置数据位*/
    switch(bits)        {
        case 5:
            options.c_cflag &= ~CSIZE;//屏蔽其他标志位
            options.c_cflag |= CS5;
            break;
        case 6:
            options.c_cflag &= ~CSIZE;//屏蔽其他标志位
            options.c_cflag |= CS6;
            break;
        case 7:
            options.c_cflag &= ~CSIZE;//屏蔽其他标志位
            options.c_cflag |= CS7;
            break;
        case 8:
            options.c_cflag &= ~CSIZE;//屏蔽其他标志位
            options.c_cflag |= CS8;
            break;
        default:
            fprintf(stderr,"Unkown bits!\n");
            return -1;
    }
    /*设置校验位*/
    switch(parity)        {
        /*无奇偶校验位*/
        case 'n':
        case 'N':
            options.c_cflag &= ~PARENB;//PARENB: 产生奇偶位, 执行奇偶校验
            options.c_iflag &= ~INPCK;//INPCK: 使奇偶校验起作用
            break;
        /*设为空格,即停止位为 2 位*/
        case 's':
        case 'S':
            options.c_cflag &= ~PARENB;//PARENB: 产生奇偶位, 执行奇偶校验
            options.c_cflag &= ~CSTOPB;//CSTOPB: 使用 2 位停止位
            break;
        /*设置奇校验*/
        case 'o':
        case 'O':
            options.c_cflag |= PARENB;//PARENB: 产生奇偶位, 执行奇偶校验
            options.c_cflag |= PARODD;//PARODD: 若设置, 则为奇校验,否则为偶校验
```

```
                options.c_cflag |= INPCK;//INPCK: 使奇偶校验起作用
                options.c_cflag |= ISTRIP;//ISTRIP: 若设置，则有效输入数字被剥离 7 个字节，否则保
留全部 8 位
                break;
            /*设置偶校验*/
        case 'e':
        case 'E':
                options.c_cflag |= PARENB;//PARENB: 产生奇偶位，执行奇偶校验
                options.c_cflag &= ~PARODD;//PARODD: 若设置，则为奇校验,否则为偶校验
                options.c_cflag |= INPCK;//INPCK: 使奇偶校验起作用
                options.c_cflag |= ISTRIP;//ISTRIP: 若设置，则有效输入数字被剥离 7 个字节，否则保
留全部 8 位
                break;
        default:
                fprintf(stderr,"Unkown parity!\n");
                return -1;
        }
        /*设置停止位*/
        switch(stop)        {
            case 1:
                options.c_cflag &= ~CSTOPB;//CSTOPB: 使用 2 位停止位
                break;
            case 2:
                options.c_cflag |= CSTOPB;//CSTOPB: 使用 2 位停止位
                break;
            default:
                fprintf(stderr,"Unkown stop!\n");
                return -1;
        }
        options.c_iflag &=~(INLCR | ICRNL);
        options.c_iflag &=~(IXON | IXOFF | IXANY);
        /*设置输出模式为原始输出*/
        options.c_oflag &= ~OPOST;//OPOST: 若设置，则按定义的输出处理，否则所有 c_oflag 失效
        options.c_oflag &= ~(ONLCR | OCRNL);

        /*设置本地模式为原始模式*/
        options.c_lflag &= ~(ICANON | ECHO | ECHOE | ISIG);
        options.c_cc[VTIME] = 1;//可以在 select 中设置 （单位为 100ms）
        options.c_cc[VMIN] = 23;//最少读取一个字符
        /*如果发生数据溢出，只接收数据，但是不进行读操作*/
        tcflush(fd,TCIFLUSH);
        /*激活配置*/
```

```cpp
        if(tcsetattr(fd,TCSANOW,&options) < 0)        {
            perror("tcsetattr failed");
            return -1;
        }
        return 0;
}


int BaseSerial::close_port(int fd) {
    close(fd);
    return 0;
}

// 写串口
int BaseSerial::write_port(int fd,const char *w_buf,size_t len) {
    int cnt = 0;
    pthread_rwlock_wrlock(&rwMute);
    pthread_mutex_lock(&waitMute);
    cnt = write(fd,w_buf,len);
    tcflush(fd,TCOFLUSH);
    if(cnt == -1)        {
        fprintf(stderr,"write error!\n");
        return -1;
    }
    pthread_cond_wait(&cond,&waitMute);
    pthread_mutex_unlock(&waitMute);
    pthread_rwlock_unlock(&rwMute);
    return cnt;
}

//接收串口
void* BaseSerial::recv_port(void* args) {
    BaseSerial *pCser = (BaseSerial*)args;
    char buff[30];
    fd_set rfds;
    int nread = 0;
    struct timeval tv;
    tv.tv_sec=0;
    tv.tv_usec=1000;
    while (1)        {
        FD_ZERO(&rfds);
        FD_SET(pCser->fd, &rfds);
        if (select(1+pCser->fd, &rfds, NULL, NULL, &tv)>0)            {
```

```
                if (FD_ISSET(pCser->fd, &rfds))                    {
                    usleep(10000);
                    pthread_mutex_lock(&waitMute);
                    nread=read(pCser->fd, buff, sizeof(buff));
                    pthread_cond_signal(&cond);
                    pthread_mutex_unlock(&waitMute);
               printf("readLen = %d\n",nread);

                    pCser->DisposeData(buff,nread);
                }
            }
        }
    }

//处理接收的数据
void BaseSerial::DisposeData(char *unpData,int dataLen) {
    char checkSum=0x00;
    for(int i=0;i<dataLen-1;i++){
        checkSum+=unpData[i];
    }
    //检查校验位
    if(checkSum!=unpData[dataLen-1]){
        printf("buffer check failed\n");
        return;
    }
else{
        //根据协议数据处理
        MotoRev motoRev;
        int tmp1=0;
        memcpy(&tmp1,unpData+3,4);
        tmp1 = BigLittleSwpa32(tmp1);
        motoRev.leftFrontMoto=tmp1; // 左前电机编码器计数值
        int tmp2=0;
        memcpy(&tmp2,unpData+7,4);
        tmp2 = BigLittleSwpa32(tmp2);
        motoRev.rightFrontMoto=tmp2; // 右前电机编码器计数值
        int tmp3=0;
        memcpy(&tmp3,unpData+11,4);
        tmp3 = BigLittleSwpa32(tmp3);
        motoRev.leftBehindMoto=tmp3; // 左后电机编码器计数值
        int tmp4=0;
        memcpy(&tmp4,unpData+15,4);
        tmp4 = BigLittleSwpa32(tmp4);
```

```
            motoRev.rightBehindMoto=tmp4; //  右后电机编码器计数值
            motoRev.batteryLevel=((unsigned int)unpData[19]); //  电池电量(%)
            int tmp5=0;
            memcpy(&tmp5,unpData+20,2);
            tmp5 = BigLittleSwap16(tmp5);
            motoRev.batteryVoltage=tmp5*100; //  电池电压(mV)
            // printf("左前%d\t",motoRev.leftFrontMoto);
            // printf("右前%d\t",motoRev.rightFrontMoto);
            // printf("左后%d\t",motoRev.leftBehindMoto);
            // printf("右后%d\t",motoRev.rightBehindMoto);
            // printf("电量%d\t",motoRev.batteryLevel);
            // printf("电压%d\n",motoRev.batteryVoltage);
            //存入容器
            buffer_rev.push_back(motoRev);
        }
}


//设置电机速度
void BaseSerial::InputMotSpeed(short speedLeft,short speedRight) {
        //根据协议将左右轮速度转换为指令
        //不能超过最大速度
        if(speedLeft>100){
                speedLeft=100;
        }
        if(speedLeft<-100){
                speedLeft=-100;
        }
        if(speedRight>100){
                speedRight=100;
        }
        if(speedRight<-100){
                speedRight=-100;
        }
        //存放 buffer 的数组
        unsigned char sendMotoBuf[12]={};
        sendMotoBuf[0]=0xfe;
        sendMotoBuf[1]=0xef;
        sendMotoBuf[2]=0x08;
        sendMotoBuf[3]=(char)(speedLeft>>8);
        sendMotoBuf[4]=(char)speedLeft;
        sendMotoBuf[5]=(char)(speedRight>>8);
        sendMotoBuf[6]=(char)speedRight;
        sendMotoBuf[7]=(char)(speedLeft>>8);
```

```
        sendMotoBuf[8]=(char)speedLeft;
        sendMotoBuf[9]=(char)(speedRight>>8);
        sendMotoBuf[10]=(char)speedRight;
        sendMotoBuf[11]=0x00;
        for(int i=0;i<sizeof(sendMotoBuf)-1;i++){
            sendMotoBuf[11]+=sendMotoBuf[i];
        }
        write_port(fd,(char*)sendMotoBuf,sizeof(sendMotoBuf));
}
```

（2）chassis_node.cpp 文件

chassis_node.cpp 用于构建底盘的 ROS 节点，发布无人车状态信息、odom 话题消息、广播维护里程计 TF 坐标、订阅速度指令等。chassis_node.cpp 文件的内容如下：

```
#include <sstream>
#include <vector>
#include <ctime>
#include <tf/transform_broadcaster.h>
#include <pthread.h>
#include <mutex>
#include <unistd.h>
#include <thread>
#include "../include/base_serial.h"
#include "std_msgs/String.h"
#include "geometry_msgs/Twist.h"
#include "nav_msgs/Odometry.h"
#include "ros/ros.h"

using namespace std;

//使用 robot_pose_ekf 所需的 odom 协方差
// 姿势协方差
boost::array<double, 36> odom_pose_covariance = {
    {1e-3, 0, 0, 0, 0, 0,
     0, 1e-3, 0, 0, 0, 0,
     0, 0, 1e6, 0, 0, 0,
     0, 0, 0, 1e6, 0, 0,
     0, 0, 0, 0, 1e6, 0,
     0, 0, 0, 0, 0, 1e-3}};

// 转动协方差
boost::array<double, 36> odom_twist_covariance = {
    {1e-3, 0, 0, 0, 0, 0,
     0, 1e-3, 0, 0, 0, 0,
     0, 0, 1e6, 0, 0, 0,
```

```
        0, 0, 0, 1e6, 0, 0,
        0, 0, 0, 0, 1e6, 0,
        0, 0, 0, 0, 0, 1e-3}};

    BaseSerial* BSerial;
    //无人车车轮距,单位: m
    double RACEBOT_WIDTH=0.29;
    //无人车车轮半径,单位: m
    double RACEBOT_WHEEL_R=0.0775;

    void twistCallback(const geometry_msgs::Twist::ConstPtr& msg) {
        //ROS_INFO("received: linear: x=[%f] y=[%f] z=[%f];angular: x=[%f] y=[%f] z=[%f]",
msg->linear.x, msg->linear.y, msg->linear.z, msg->angular.x, msg->angular.y, msg->angular.z);
        //无人车中心前进速度, 单位: m/s
        double vel_cent=msg->linear.x*5.5;
        //无人车 z 轴上的角速度, 单位: rad/s
        double vel_th=-msg->angular.z*3.0;
        //左右轮速度
        double vel_l=vel_cent-vel_th*RACEBOT_WIDTH/2.0;
        double vel_r=vel_cent+vel_th*RACEBOT_WIDTH/2.0;
        //左右轮转速//无人车中心前进速度, 单位: m/s
        short n_left=(short)(60.0*vel_l/(2.0*3.1415926*0.0775));
        short n_right=(short)(60.0*vel_r/(2.0*3.1415926*0.0775));
        ROS_INFO("----------------left n : %d",n_left);
        ROS_INFO("----------------left n : %d",n_right);

        // ROS_INFO("----------------------------------");
        // ROS_INFO("vel_cent: %f\t vel_th: %f\t", vel_cent, vel_th);
        // ROS_INFO("vel_l: %f\t vel_r: %f\t", vel_l, vel_r);
        // ROS_INFO("n_l: %d\t n_r: %d\t", n_left, n_right);

        BSerial->InputMotSpeed(n_left,n_right);
    }

    int main(int argc, char **argv) {
        ros::init(argc, argv, "chassis_node");
        ros::NodeHandle nh;
        //发布无人车状态信息
        ros::Publisher   pub = nh.advertise<std_msgs::String>("comstatus", 20);
        //发布 odom 话题消息
        ros::Publisher odom_pub = nh.advertise<nav_msgs::Odometry>("odom", 50);
        //广播维护里程计 TF 坐标
        tf::TransformBroadcaster odom_broadcaster;
```

```
//订阅速度指令
ros::Subscriber sub_twist = nh.subscribe("/cmd_vel", 20, twistCallback);
//创建时间戳变量
ros::Time current_time, last_time;
current_time = ros::Time::now();
last_time = ros::Time::now();
//里程变量
//x 中心位移,绕 z 轴角度值
double x=0.0;
double y=0.0;
double th=0.0;
//左右轮编码器数
int enc_leftWheel=0;
int enc_rightWheel=0;
//初始化接收串口数据结构体
MotoRev motoRevData;
motoRevData.leftFrontMoto=0;
motoRevData.rightFrontMoto=0;
motoRevData.leftBehindMoto=0;
motoRevData.rightBehindMoto=0;
motoRevData.batteryLevel=0;
motoRevData.batteryVoltage=0;

//创建串口对象
BaseSerial *cs = new BaseSerial();
BSerial = cs;

ros::Rate loop_rate(50);
while (ros::ok()) {
    pthread_mutex_lock(&cs->msgMute);
    //获取底盘数据
    if(!cs->buffer_rev.empty()) {
        // motoRevData = buf.mtext;
        motoRevData = cs->buffer_rev[0];
}
        //发布无人车状态消息字符串
        string info("");
        std_msgs::String msg;
        string str_encLF=to_string(motoRevData.leftFrontMoto);
        string str_encRF=to_string(motoRevData.rightFrontMoto);
        string str_encLB=to_string(motoRevData.leftBehindMoto);
        string str_encRB=to_string(motoRevData.rightBehindMoto);
        string str_batteryLevel=to_string(motoRevData.batteryLevel);
```

```
string str_batteryVoltage=to_string(motoRevData.batteryVoltage);
info="leftF=";
info.append(str_encLF);
info.append(";");
info.append("rightF=");
info.append(str_encRF);
info.append(";");
info.append("leftB=");
info.append(str_encLB);
info.append(";");
info.append("rightB=");
info.append(str_encRB);
info.append("batteryLevel=");
info.append(str_batteryLevel);
info.append("batteryVoltage=");
info.append(str_batteryVoltage);
msg.data = info;
pub.publish(msg);
//计算和发布 odom
//接收编码器数值(取前后轮平均值)
int now_enc_leftWheel=(motoRevData.leftFrontMoto+motoRevData.leftBehindMoto)/2;
int now_enc_rightWheel=(motoRevData.rightFrontMoto+motoRevData.
rightBehindMoto)/2;
//ROS_INFO("enc_leftWheel: %d\t enc_leftWheel: %d\t", now_enc_leftWheel,
now_enc_rightWheel);
//ROS_INFO("now_enc_leftWheel: %d\t now_enc_rightWheel: %d\t", enc_leftWheel,
enc_rightWheel);
//得到左右轮的位移
double
s_L=(now_enc_leftWheel-enc_leftWheel)*3.1415926*RACEBOT_WHEEL_R*2.0/11.0/90.0; // 电机减速比
90:1,电机一圈 11 个脉冲
double
s_R=(now_enc_rightWheel-enc_rightWheel)*3.1415926*RACEBOT_WHEEL_R*2.0/11.0/90.0; // 电机减速
比 90:1,电机一圈 11 个脉冲
//计算时间
//记录目前时间
current_time = ros::Time::now();
double dt = (current_time -last_time).toSec();
double x_cent = (s_L+s_R)/2.0/200; // 中心位移
double th_z = -(s_R-s_L)/RACEBOT_WIDTH*10.0; // 旋转角
double vx_cent = x_cent*dt; // 中心速度
double vth_z = th_z*dt; // 旋转角速度
//ROS_INFO("x_cent: %f\t th_z: %f\t dt:%f\t", x_cent, th_z, dt);
```

```
//ROS_INFO("vx_cent: %f\t vth_z: %f\t", vx_cent, vth_z);

if(vx_cent!=0){
    //计算 x、y 坐标
    double dx = vx_cent*cos(th_z);
    double dy = -vx_cent*sin(th_z);
    //累加 x、y 位移
    x += (cos(th)*dx-sin(th)*dy);
    y += (sin(th)*dx+cos(th)*dy);
    ROS_INFO("x: %f\t y: %f\t th: %f\t", x, y, th);
}

if(vth_z!=0){
    //累加角度
    th += th_z;
}
//创建 TF 消息
geometry_msgs::Quaternion odom_quat = tf::createQuaternionMsgFromYaw(th);
geometry_msgs::TransformStamped odom_trans;
odom_trans.header.stamp = current_time;
odom_trans.header.frame_id = "odom";
odom_trans.child_frame_id = "base_footprint";


odom_trans.transform.translation.x = x;
odom_trans.transform.translation.y = y;
odom_trans.transform.translation.z = 0.0;
odom_trans.transform.rotation = odom_quat;

//广播 TF 变换维护坐标
//odom_broadcaster.sendTransform(odom_trans);
nav_msgs::Odometry odom;
odom.header.stamp = current_time;
odom.header.frame_id = "odom";
odom.pose.pose.position.x = x;
odom.pose.pose.position.y = y;
odom.pose.pose.position.z = 0.0;
odom.pose.pose.orientation = odom_quat;
odom.pose.covariance = odom_pose_covariance;

//速度信息
odom.child_frame_id = "base_footprint";
odom.twist.twist.linear.x = vx_cent;
odom.twist.twist.linear.y = 0;
```

```
            odom.twist.twist.angular.z = vth_z;
            odom.twist.covariance = odom_twist_covariance;
            //发布 odom 话题
            odom_pub.publish(odom);
            //刷新时间戳
            last_time = current_time;
            //刷新编码器计数
            enc_leftWheel=now_enc_leftWheel;
            enc_rightWheel=now_enc_rightWheel;
            //删除已经处理的数据
            if(!cs->buffer_rev.empty()) {
                cs->buffer_rev.pop_front();
            }
        pthread_mutex_unlock(&cs->msgMute);
        ros::spinOnce();
        loop_rate.sleep();
    }
    return 0;
}
```

（3）chassis_node.launch 文件

在 chassis_node 路径下创建 launch 文件夹，并添加 chassis_launch.launch 文件，用于底盘节点的启动，内容如下：

```
<launch>
    <!--启动 chassis_node -->
    <node pkg="chassis_node" type="chassis_node" name="chassis_node" output="screen"
respawn="false"/>

    <!--静态 TF -->
    <node pkg="tf" type="static_transform_publisher" name="base_footprint_to_base_link" args="0 0
0.05 0 0 0   /base_footprint /base_link 100">
        <param name="tf_prefix" value="ares1"/>
    </node>
    <node pkg="tf" type="static_transform_publisher" name="base_link_to_base_laser" args="0 0 0.3
3.14159265 0 0   /base_link /base_laser 100">
        <param name="tf_prefix" value="ares1"/>
        </node>
    <node pkg="tf" type="static_transform_publisher" name="base_link_to_imu" args="0 -0.05 0.05 0 0 0
/base_link /imu 100">
        <param name="tf_prefix" value="ares1"/>
        </node>
    <!--node pkg="tf" type="static_transform_publisher" name="base_link_to_gps" args="0 -0.2 0.2
1.5707963 0 1.5707963   /base_link /gps 100"/ -->
```

```
</launch>
```

该 launch 文件用于启动 chassis_node 节点，并构建静态 TF，以语句<node pkg="tf" type="static_transform_publisher" name="base_footprint_to_base_link" args="0 0 0.05 0 0 0/base_footprint /base_link 100"> 为 例 进 行 说 明 。 type="static_transform_publisher" 表 示 该 节 点 类 型 为 static_transform_publisher 静态转换发布。name="base_footprint_to_base_link"表示该节点名称为 base_footprint_to_base_link。0 0 0.05 0 0 0 前边 3 个数分别代表着相应 x，y，z 轴的平移量，单位是米（m）；后面 3 个数分别代表绕 z，y，x 轴的旋转量，单位是弧度（rad）。/base_footprint 为坐标系变换中的父坐标系。/base_link 为坐标系变换中的子坐标系。最后一个参数为发布频率，单位为毫秒（ms），通常取 100，也就是 10Hz。

编写完毕上述程序文件之后，还需要按照 4.5.1 节的操作步骤要求，修改本软件包的 CMakelist.txt 文件，修改 bashrc 文件，然后编译。编译成功后运行脚本测试底盘软件包：

```
$ roslaunch chassis_node chassis_node.launch
```

4.5.3　思岚激光雷达

在思岚官网下载雷达的 SDK 及 ROS 功能包。将 ROS 功能包放到工作空间的 src 目录下。在 ROS 下思岚雷达的启动文件为 rpladir.launch，内容如下：

```
<launch>
  <node name="rplidarNode" pkg="rplidar_ros"   type="rplidarNode" output="screen">
  <param name="serial_port" type="string" value="/dev/ttyUSB0"/>
  <param name="serial_baudrate" type="int" value="115200"/>    <!--A1/A2 -->
  <!--<param name="serial_baudrate" type="int" value="256000"/> A3 -->
  <param name="frame_id" type="string" value="base_laser"/>
  <param name="inverted" type="bool" value="false"/>
  <param name="angle_compensate" type="bool" value="true"/>
  <param name="cut_angle" type="bool" value="false"/>
  <param name="first_point_degree" type="int" value="45"/>
  <param name="second_point_degree" type="int" value="315"/>
  </node>
</launch>
```

编写完毕脚本文件之后，还需要按照 4.5.1 节的操作步骤要求，检查是否需要修改本软件包的 CMakelist.txt 文件，修改.bashrc 文件，然后编译。编译成功后运行脚本测试底盘软件包。

启动 rplidar.launch 脚本：

```
$ roslaunch   rplidar_ros   rplidar.launch
```

如果成功，则可以看到无人车上方的雷达开始旋转运行。

4.5.4　摄像头（相机）

从 Github 上克隆一个第三方包组，使用这个包可以实现 nano 摄像头视频的读取操作。打开终端，使用如下命令完成克隆操作：

```
$ cd ~/little_car_ws/src
```

下载创建 jetson_camera 软件包：

```
$ git clone https://github.com/sfalexrog/jetson_camera.git
```

然后在 catkin_ws 文件夹下直接编译：

```
$ cd ~/little_car_ws
$ catkin_make_isolated --pkg jetson_camera
```

如果编译提示 BUG 信息：

```
Make Error at CMakeLists.txt:19 (find_package):
    Could not find a configuration file for package "OpenCV" that is compatible
    with requested version "3"
```

则修改 jetsong_camera/CMakelist.txt 第 19 行：

```
find_package(OpenCV 3 REQUIRED)
```

改为：

```
find_package(OpenCV 4 REQUIRED)
```

完成后存盘。

完成上述工作之后，还需要按照 4.5.1 节的操作步骤要求修改.bashrc 文件，然后编译。编译成功后运行脚本测试底盘软件包。

启动 jestson_camera 脚本，打开摄像头：

```
$ roslaunch jetson_camera jetson_camera.launch
```

如果成功，再打开一个新终端，启动 rviz：

```
$ rosrun rviz rviz
```

在 rviz 窗口，点击窗口左下角的"Add"按钮，显示图 4-12 所示对话框。在对话框中添加话题，点击"By topic"，选择/image 下的 Image，点击"OK"按钮，即可在 rviz 窗口左下角小窗口显示摄像头视频，如图 4-13 所示。

图 4-12　image 话题选择窗口

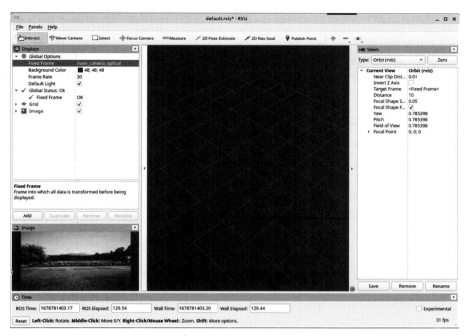

图 4-13　rviz 窗口显示摄像头视频

4.5.5　组合导航模块

在 ROS 工作空间的 src 文件夹下创建 read_imu 功能包并添加依赖，使用如下命令：

```
$ catkin_creat_pkg robot_imu roscpp rospy serial std_msgs sensor_msgs
```

在 read_imu 功能包内创建 include、launch、src 三个目录。在 include 目录中创建 JY901.h 文件，在 src 目录中创建 jy901.cpp 与 imu_com.cpp 文件，在 launch 目录中创建脚本文件。

（1）JY901.h 文件

本文件是一个用于与 JY901 惯性测量单元（IMU）模块进行通信的头文件。JY901 是一款常见的惯性测量单元，用于测量和获取物体的加速度、角速度和姿态等信息。文件内容如下：

```
#ifndef JY901_h
#define JY901_h


#define SAVE            0x00
#define CALSW           0x01
#define RSW             0x02
#define RRATE           0x03
#define BAUD            0x04
#define AXOFFSET        0x05
#define AYOFFSET        0x06
#define AZOFFSET        0x07
#define GXOFFSET        0x08
#define GYOFFSET        0x09
#define GZOFFSET        0x0a
#define HXOFFSET        0x0b
```

```
#define HYOFFSET        0x0c
#define HZOFFSET        0x0d
#define D0MODE          0x0e
#define D1MODE          0x0f
#define D2MODE          0x10
#define D3MODE          0x11
#define D0PWMH          0x12
#define D1PWMH          0x13
#define D2PWMH          0x14
#define D3PWMH          0x15
#define D0PWMT          0x16
#define D1PWMT          0x17
#define D2PWMT          0x18
#define D3PWMT          0x19
#define IICADDR         0x1a
#define LEDOFF          0x1b
#define GPSBAUD         0x1c

#define YYMM            0x30
#define DDHH            0x31
#define MMSS            0x32
#define MS              0x33
#define AX              0x34
#define AY              0x35
#define AZ              0x36
#define GX              0x37
#define GY              0x38
#define GZ              0x39
#define HX              0x3a
#define HY              0x3b
#define HZ              0x3c
#define Roll            0x3d
#define Pitch           0x3e
#define Yaw             0x3f
#define TEMP            0x40
#define D0Status        0x41
#define D1Status        0x42
#define D2Status        0x43
#define D3Status        0x44
#define PressureL       0x45
#define PressureH       0x46
#define HeightL         0x47
```

```
#define HeightH             0x48
#define LonL                0x49
#define LonH                0x4a
#define LatL                0x4b
#define LatH                0x4c
#define GPSHeight           0x4d
#define GPSYAW              0x4e
#define GPSVL               0x4f
#define GPSVH               0x50


#define DIO_MODE_AIN 0
#define DIO_MODE_DIN 1
#define DIO_MODE_DOH 2
#define DIO_MODE_DOL 3
#define DIO_MODE_DOPWM 4
#define DIO_MODE_GPS 5


//#define BigLittleSwap16(A) ((((qint16)(A) & 0xff00) >> 8) | (((qint16)(A) & 0x00ff) << 8))
//#define BigLittleSwap32(A) ((((qint32)(A) & 0xff000000) >> 24) | (((qint32)(A) & 0x00ff0000) >> 8) |
(((qint32)(A) & 0x0000ff00) << 8) | (((qint32)(A) & 0x000000ff) << 24))


struct STime {
    unsigned char ucYear;
    unsigned char ucMonth;
    unsigned char ucDay;
    unsigned char ucHour;
    unsigned char ucMinute;
    unsigned char ucSecond;
    unsigned short usMiliSecond;
};
struct SAcc {
    short a[3];
    short T;
};
struct SGyro {
    short w[3];
    short T;
};
struct SAngle {
    short Angle[3];
    short T;
};
```

```cpp
struct SMag {
    short h[3];
    short T;
};

struct SDStatus {
    short sDStatus[4];
};

struct SPress {
    long lPressure;
    long lAltitude;
};

struct SLonLat {
    long lLon;
    long lLat;
};

struct SGPSV {
    short sGPSHeight;
    short sGPSYaw;
    long lGPSVelocity;
};
class CJY901 {
  public:
    struct STime        stcTime;
    struct SAcc         stcAcc;
    struct SGyro        stcGyro;
    struct SAngle       stcAngle;
    struct SMag         stcMag;
    struct SDStatus     stcDStatus;
    struct SPress       stcPress;
    struct SLonLat      stcLonLat;
    struct SGPSV        stcGPSV;
    long lon = 0;
    long lat = 0;

    CJY901 ();
    void StartIIC();
    void StartIIC(unsigned char ucAddr);
    void CopeSerialData(unsigned char ucData);
```

```
short ReadWord(unsigned char ucAddr);
void WriteWord(unsigned char ucAddr,short sData);
void ReadData(unsigned char ucAddr,unsigned char ucLength,char chrData[]);
void GetTime();
void GetAcc();
void GetGyro();
void GetAngle();
void GetMag();
void GetPress();
void GetDStatus();
void GetLonLat();
void GetGPSV();


private:
unsigned char ucDevAddr;
void readRegisters(unsigned char deviceAddr,unsigned char addressToRead, unsigned char
bytesToRead, char * dest);
void writeRegister(unsigned char deviceAddr,unsigned char addressToWrite,unsigned char
bytesToRead, char *dataToWrite);
};
extern CJY901 JY901;
//#include <Wire.h>
#endif
```

（2）JY901.cpp 文件

本文件是一个用于与 JY901 惯性测量单元（IMU）模块进行通信的源代码文件。文件内容如下：

```
#include "JY901.h"
#include "string.h"

CJY901 ::CJY901 () {
    ucDevAddr =0x50;
}

void CJY901 ::CopeSerialData(unsigned char ucData) {
    static unsigned char ucRxBuffer[250];
    static unsigned char ucRxCnt = 0;

    ucRxBuffer[ucRxCnt++]=ucData;
    if (ucRxBuffer[0]!=0x55) {
        ucRxCnt=0;
        return;
    }
```

```
    if (ucRxCnt<11) {return;} {
    }
    else {
        if (ucRxBuffer[1] == 0x57) {
            lon = (ucRxBuffer[5]<<24)|(ucRxBuffer[4]<<16)|(ucRxBuffer[3]<<8)|ucRxBuffer[2];
            lat = (ucRxBuffer[9]<<24)|(ucRxBuffer[8]<<16)|(ucRxBuffer[7]<<8)|ucRxBuffer[6];
            ucRxCnt=0;
            return;
        }
        else {
            switch(ucRxBuffer[1]) {
                case 0x50:    memcpy(&stcTime,&ucRxBuffer[2],8);break;
                case 0x51:    memcpy(&stcAcc,&ucRxBuffer[2],8);break;
                case 0x52:    memcpy(&stcGyro,&ucRxBuffer[2],8);break;
                case 0x53:    memcpy(&stcAngle,&ucRxBuffer[2],8);break;
                case 0x54:    memcpy(&stcMag,&ucRxBuffer[2],8);break;
                case 0x55:    memcpy(&stcDStatus,&ucRxBuffer[2],8);break;
                case 0x56:    memcpy(&stcPress,&ucRxBuffer[2],8);break;
                case 0x57:    memcpy(&stcLonLat,&ucRxBuffer[2],8);break;
                case 0x58:    memcpy(&stcGPSV,&ucRxBuffer[2],8);break;
            }
        }
        ucRxCnt=0;
    }
}
CJY901 JY901 = CJY901();
```

（3）imu_com.cpp 文件

本文件实现了与惯性测量单元（IMU）模块进行通信的功能。该文件通常需要与 IMU 模块的通信设备的驱动程序一起使用，以确保正常的数据传输和通信。使用该文件，可以轻松地将 IMU 模块集成到应用程序中，并利用其提供的数据进行相应的姿态控制、导航、运动跟踪等。文件内容如下：

```
#include "ros/ros.h"
#include "std_msgs/String.h"
#include <serial/serial.h>
#include "JY901.h"
#include <sensor_msgs/Imu.h>
#include <sensor_msgs/NavSatFix.h>
#include <sstream>
#include <iostream>

serial::Serial ser; //声明串口对象
```

```cpp
int main(int argc, char **argv) {
    //初始化节点
    ros::init(argc, argv, "serial_imu_node");
    //声明节点句柄
    ros::NodeHandle nh;

    //发布主题，消息格式使用 sensor_msgs::Imu 标准格式
    ros::Publisher IMU_read_pub = nh.advertise<sensor_msgs::Imu>("imu/data_raw", 1000);
    //发布主题，消息格式使用 sensor_msgs::NavSatFix 标准格式
    ros::Publisher GPS_read_pub = nh.advertise<sensor_msgs::NavSatFix>("fix", 1000);

    //打开串口
    try    {
        //设置串口属性，并打开串口
        ser.setPort("/dev/ttyUSB0");
        ser.setBaudrate(9600);
        serial::Timeout to = serial::Timeout::simpleTimeout(2000);
        ser.setTimeout(to);
        ser.open();
    }
    catch (serial::IOException& e)    {
        ROS_ERROR_STREAM("Unable to open port ");
        return -1;
    }
    if(ser.isOpen())    {
        ROS_INFO_STREAM("Serial Port initialized");
    }
    else    {
        return -1;
    }
    //消息发布频率
    ros::Rate loop_rate(100);
    while (ros::ok()){
        //处理从串口来的 IMU 数据
        //串口缓存字符数
        unsigned char    data_size;
        if(data_size = ser.available()){
            unsigned char    tmpdata[data_size] ;
            ser.read(tmpdata, data_size);
            ser.flushInput();    // 清除输入缓存区
            for (int i = 0; i< data_size; ++i){
            //printf("%02x",tmpdata[i]);
```

```
                JY901.CopeSerialData(tmpdata[i]);      //JY901 imu 库函数
        }
        //printf("\n");
        //打包 IMU 数据
        sensor_msgs::Imu imu_data;

        imu_data.header.stamp = ros::Time::now();
        imu_data.header.frame_id = "imu";
        imu_data.orientation.x = (float)JY901.stcAngle.Angle[0]/32768*180;
        imu_data.orientation.y = (float)JY901.stcAngle.Angle[1]/32768*180;
        imu_data.orientation.z = (float)JY901.stcAngle.Angle[2]/32768*180;
        //imu_data.orientation_covariance = covariance_or;

        imu_data.angular_velocity.x = (float)JY901.stcGyro.w[0]/32768*2000;
        imu_data.angular_velocity.y = (float)JY901.stcGyro.w[1]/32768*2000;
        imu_data.angular_velocity.z = (float)JY901.stcGyro.w[2]/32768*2000;
        //imu_data.angular_velocity_covariance = covariance_an;

        imu_data.linear_acceleration.x = (float)JY901.stcAcc.a[0]/32768*16;
        imu_data.linear_acceleration.y = (float)JY901.stcAcc.a[1]/32768*16;
        imu_data.linear_acceleration.z = (float)JY901.stcAcc.a[2]/32768*16;
        //发布话题
        IMU_read_pub.publish(imu_data);

        //打包 GPS 数据
        sensor_msgs::NavSatFix gps_data;

        gps_data.header.stamp = ros::Time::now();
        gps_data.header.frame_id = "gps";
        //gps_data.status = 1;
        gps_data.longitude = (float)(JY901.lon/10000000)+(float)(JY901.lon % 10000000)/10000000;
        gps_data.latitude = (float)(JY901.lat/10000000)+(float)(JY901.lat % 10000000)/10000000;
        GPS_read_pub.publish(gps_data);
    }
    ros::spinOnce();
    loop_rate.sleep();
    }
    ser.close();
    return 0;
}
```

（4）imu.launch 文件

在 launch 文件夹中创建 imu.launch 文件，并写入以下内容：

```
<launch>
    <node pkg="robot_imu" type="imu_com" name="serial_imu_node" output="screen" />
</launch>
```

编写完毕上述程序文件之后，还需要按照 4.5.1 节的操作步骤要求，修改本软件包的 CMakelist.txt 文件，修改.bashrc 文件，然后编译。编译成功后运行脚本测试 imu 组合导航模块软件包。

● 终端 1：启动 IMU 脚本文件。

```
$ roslaunch robot_imu imu.launch
```

● 终端 2：使用 rostopic list 查看话题列表信息，如图 4-14 所示。

```
$ rostopic list
```

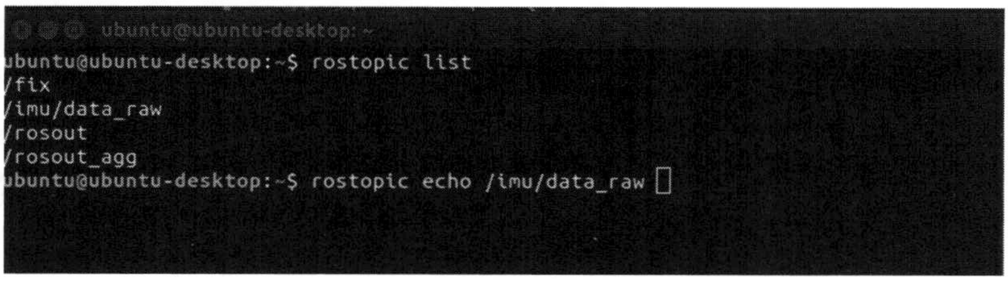

图 4-14　imu 话题列表

继续查看 IMU 话题数据，如图 4-15 所示。

```
$ rostopic echo /imu/data_raw
```

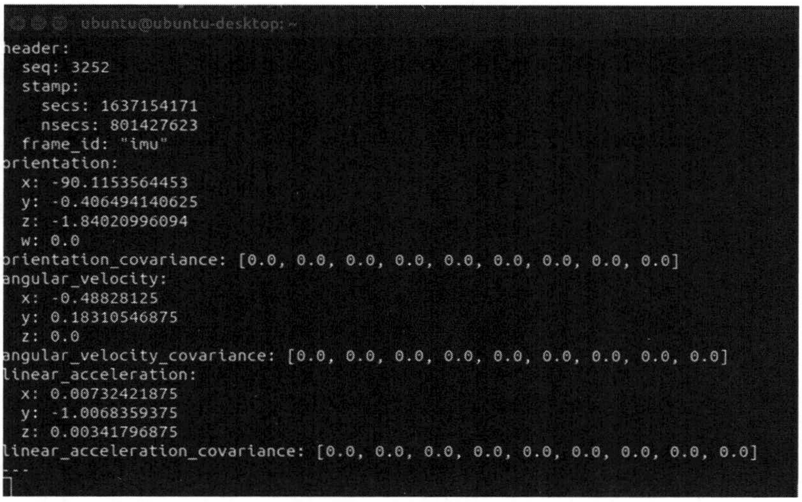

图 4-15　imu 数据

● 终端 3：打开 rviz。

```
$ rosrun rviz rviz
```

启动 rviz，点击"Add"打开添加对话框（图 4-16），添加插件 rviz_imu_plugin，之后添加 topic-imu。

关闭对话框后即可在 rviz 中看到 IMU 图形，如图 4-17 所示。

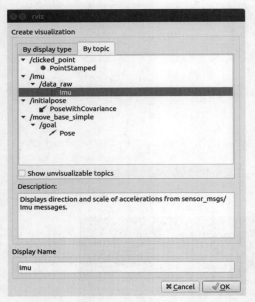

rviz
Create visualization
By display type
By topic
/clicked_point
PointStamped
/imu
/data_raw
Imu
/initialpose
PoseWithCovariance
/move_base_simple
/goal
Pose
Show unvisualizable topics
Description:
Displays direction and scale of accelerations from sensor_msgs/
Imu messages.
Display Name
Imu
Cancel
OK

图 4-16 IMU 话题选择窗口

Measure
2D Pose Estimate
2D Nav Goal
Publish Point

图 4-17 rviz 中的 IMU

将无人车移动到有 GPS 信号的位置，在终端 3 中输入显示 GPS 话题 fix 的指令：

```
$ rostopic echo /fix
```

这样即可在终端显示 GPS 数据，结果如图 4-18 所示。

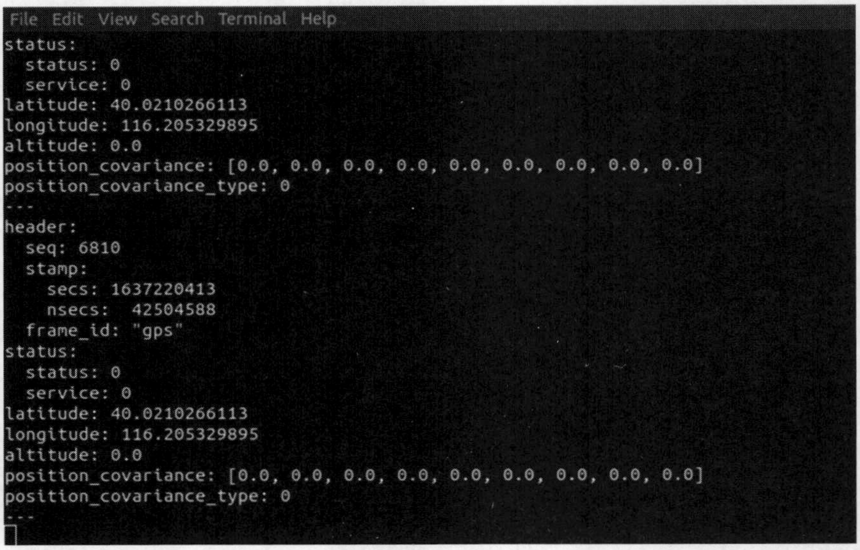

File Edit View Search Terminal Help
status:
status: 0
service: 0
latitude: 40.0210266113
longitude: 116.205329895
altitude: 0.0
position_covariance: [0.0, 0.0, 0.0, 0.0, 0.0, 0.0, 0.0, 0.0, 0.0]
position_covariance_type: 0
---
header:
seq: 6810
stamp:
secs: 1637220413
nsecs: 42504588
frame_id: "gps"
status:
status: 0
service: 0
latitude: 40.0210266113
longitude: 116.205329895
altitude: 0.0
position_covariance: [0.0, 0.0, 0.0, 0.0, 0.0, 0.0, 0.0, 0.0, 0.0]
position_covariance_type: 0

图 4-18 GPS 数据

4.5.6 navigation

little_car 使用 navigation 作为核心的导航部件，并根据无人车的实际应用，对 navigation 进行一些修改，主要更改 move_base 部分。在路径/little_src_ws/src/navigation/move_base/launch 下新建立一个 launch 文件 move_base.launch，用于启动 move_base 节点。move_base.launch 内容

如下：

```
<launch>
    <!--启动 move_base -->
        <node pkg="move_base" type="move_base" respawn="false" name="move_base" output="screen"
clear_params="true">
            <rosparam file="$(find move_base)/param/costmap_common_params.yaml" command="load"
ns="global_costmap" />
            <rosparam file="$(find move_base)/param/costmap_common_params.yaml" command="load"
ns="local_costmap" />
            <rosparam file="$(find move_base)/param/local_costmap_params.yaml" command="load" />
            <rosparam file="$(find move_base)/param/global_costmap_params.yaml" command="load" />
            <rosparam file="$(find move_base)/param/move_base_params.yaml" command="load" />
            <!--rosparam file="$(find move_base)/param/base_global_planner_params.yaml" command="load" / -
->
            <rosparam file="$(find move_base)/param/base_local_planner_params.yaml" command="load" />
        </node>
</launch>
```

另外建立一个 car_carto.launch 文件，内容如下：

```
<launch>
    <include file="$(find chassis_node)/launch/chassis_launch.launch"/>
    <!--启动雷达 -->
    <include file="$(find rplidar_ros)/launch/rpladir_a3.launch"/>
    <!--启动相机 -->
    <include file="$(find jetson_camera)/launch/jetson_camera.launch"/>
    <!--启动组合导航-->
    <!--include file="$(find robot_imu)/launch/ imu.launch "/-->
    <!--启动 move_base -->
    <include file="$(find move_base)/launch/move_base.launch"/>
    <!--启动 cartographer -->
    <include file="$(find cartographer_ros)/launch/demo_revo_lds.launch"/>
```

使用该 launch 文件即可启动 little_car 所需启动的所有功能包。

另外，在使用 navigation 时需要配置很多参数，因此在/little_car_ws/src/navigation/move_base/param/路径下建立 5 个配置文件，对应 move_base.launch 的<rosparam file="$(find move_base)/param/***. yaml" command="load" />部分，其中***表示配置文件名。

五个配置文件内容如下：

① costmap_common_params.yaml：

```
obstacle_range: 1.5
raytrace_range: 2.0
footprint: [[0.28, 0.17], [0.28, -0.17], [-0.08, -0.17], [-0.08, 0.17]]
inflation_radius: 0.45
transform_tolerance: 2.0
map_type: costmap
```

```
observation_sources: scan
scan:
    frame: base_laser
    data_type: LaserScan
    topic: /scan
    marking: true
    clearing: true
```

② local_costmap_params.yaml：

```
local_costmap:
    global_frame: odom
    robot_base_frame: base_footprint
    update_frequency: 2.0 #before 5.0
    publish_frequency: 3.0 #before 2.0
    static_map: false
    rolling_window: true
    width: 1.20
    height: 1.20
    resolution: 0.05 #increase to for higher res 0.025
    transform_tolerance: 5.0
    cost_scaling_factor: 5
    inflation_radius: 0.4
```

③ global_costmap_params.yaml：

```
global_costmap:
    global_frame: map
    robot_base_frame: base_footprint
    update_frequency: 2.0 #before: 5.0
    publish_frequency: 2.0 #before 0.5
    #static_map: true
    static_map: false
    rolling_window: true
    width: 10.00
    height: 10.00
    transform_tolerance: 1.0
    cost_scaling_factor: 10.0
    inflation_radius: 0.48
    resolution: 0.05
```

④ base_local_planner_params.yaml：

```
DWAPlannerROS:
    max_vel_trans: 1.00
    min_vel_trans: 0.01
    max_vel_x: 1.00
    min_vel_x: -1.0
```

```
max_vel_y: 0.0
min_vel_y: 0.0
max_vel_theta: 2.50
min_vel_theta: -2.50
acc_lim_x: 2.00
acc_lim_y: 0.0
acc_lim_theta: 5
acc_lim_trans: 1.25
prune_plan: true
xy_goal_tolerance: 0.25
yaw_goal_tolerance: 0.2
trans_stopped_vel: 0.1
theta_stopped_vel: 0.1
sim_time: 3.0
sim_granularity: 0.1
angular_sim_granularity: 0.1
path_distance_bias: 34.0
goal_distance_bias: 24.0
occdist_scale: 0.5
twirling_scale: 0.0
stop_time_buffer: 0.7
oscillation_reset_dist: 0.05
oscillation_reset_angle: 0.2
forward_point_distance: 0.4
scaling_speed: 0.25
max_scaling_factor: 0.2
vx_samples: 20
vy_samples: 0
vth_samples: 40
use_dwa: true
restore_defaults: false
move_base_params.yaml:
base_global_planner: global_planner/GlobalPlanner
base_local_planner: dwa_local_planner/DWAPlannerROS

shutdown_costmaps: false

controller_frequency: 5.0
#before 5.0
controller_patience: 3.0

planner_frequency: 1.0
```

```
########1.0
planner_patience: 2.0

oscillation_timeout: 10.0
oscillation_distance: 0.3

conservative_reset_dist:   3      ###########0.2
###3 #distance from an obstacle at which it will unstuck itself

cost_factor: 1.0
neutral_cost: 55
lethal_cost: 253
```

⑤ move_base_params.yaml：

```
base_global_planner: global_planner/GlobalPlanner
base_local_planner: dwa_local_planner/DWAPlannerROS

shutdown_costmaps: false

controller_frequency: 5.0
#before 5.0
controller_patience: 3.0

planner_frequency: 1.0
########1.0
planner_patience: 2.0

oscillation_timeout: 10.0
oscillation_distance: 0.3

conservative_reset_dist:   3      ###########0.2
###3 #distance from an obstacle at which it will unstuck itself

cost_factor: 1.0
neutral_cost: 55
lethal_cost: 253
```

编写完毕上述程序文件之后，还需要按照 4.5.1 节的操作步骤要求，检查 move_base 软件包的 CMakelist.txt 文件，修改.bashrc 文件，然后编译。编译成功后，再完成 cartographer 建图，即可运行脚本测试 move_base 导航软件包。

4.5.7　cartographer建图

cartographer 的启动脚本文件为 demo_revo_lds.launch，位于~/cartographer_ws/src/ cartographer_ros/cartographer_ros/launch/路径下。其内容如下：

```
<!--
Copyright 2016 The Cartographer Authors

Licensed under the Apache License, Version 2.0 (the "License");
you may not use this file except in compliance with the License.
You may obtain a copy of the License at

    http://www.apache.org/licenses/LICENSE-2.0

Unless required by applicable law or agreed to in writing, software
distributed under the License is distributed on an "AS IS" BASIS,
WITHOUT WARRANTIES OR CONDITIONS OF ANY KIND, either express or implied.
See the License for the specific language governing permissions and
limitations under the License.
-->

<launch>
  <param name="/use_sim_time" value="false" />

  <node name="cartographer_node" pkg="cartographer_ros"
      type="cartographer_node" args="
          -configuration_directory $(find cartographer_ros)/configuration_files
          -configuration_basename revo_lds.lua"
      output="screen">
  </node>

  <node name="cartographer_occupancy_grid_node" pkg="cartographer_ros"
      type="cartographer_occupancy_grid_node" args="-resolution 0.05" />
</launch>
```

更改~/cartographer_ws/src/cartographer_ros/cartographer_ros/configuration_files 目录下的 revo_lds.lua 文件为如下内容：

```
include "map_builder.lua"
include "trajectory_builder.lua"

options = {
  map_builder = MAP_BUILDER,
  trajectory_builder = TRAJECTORY_BUILDER,
  map_frame = "map",
  tracking_frame = "base_link",
  published_frame = "base_footprint",
  odom_frame = "odom",
  provide_odom_frame =false,
```

```
        publish_frame_projected_to_2d = true,
        use_pose_extrapolator = true,
        use_odometry = true,
        use_nav_sat = false,
        use_landmarks = false,
        num_laser_scans = 1,
        num_multi_echo_laser_scans = 0,
        num_subdivisions_per_laser_scan = 1,
        num_point_clouds = 0,
        lookup_transform_timeout_sec = 0.2,
        submap_publish_period_sec = 0.3,
        pose_publish_period_sec = 5e-3,
        trajectory_publish_period_sec = 30e-3,
        rangefinder_sampling_ratio = 1.,
        odometry_sampling_ratio = 1.,
        fixed_frame_pose_sampling_ratio = 1.,
        imu_sampling_ratio = 1.,
        landmarks_sampling_ratio = 1.,
}

MAP_BUILDER.use_trajectory_builder_2d = true

TRAJECTORY_BUILDER_2D.submaps.num_range_data = 35
TRAJECTORY_BUILDER_2D.min_range = 0.3
TRAJECTORY_BUILDER_2D.max_range = 8.
TRAJECTORY_BUILDER_2D.missing_data_ray_length = 1.
TRAJECTORY_BUILDER_2D.use_imu_data = false
TRAJECTORY_BUILDER_2D.use_online_correlative_scan_matching = true
TRAJECTORY_BUILDER_2D.real_time_correlative_scan_matcher.linear_search_window = 0.1
TRAJECTORY_BUILDER_2D.real_time_correlative_scan_matcher.translation_delta_cost_weight = 10.
TRAJECTORY_BUILDER_2D.real_time_correlative_scan_matcher.rotation_delta_cost_weight = 1e-1

POSE_GRAPH.optimization_problem.huber_scale = 1e2
POSE_GRAPH.optimize_every_n_nodes = 35
POSE_GRAPH.constraint_builder.min_score = 0.65

return options
```

至此，little_car 的配置基本完成，在终端 1 输入：

```
$ roslaunch move_base car_carto.launch
```

启动 car_carto.launch 脚本即可启动 little_car 整个系统，实现建图、导航、路径规划、摄像头视频读取等综合功能。

4.6　其他开源完整的车辆模型

Husky 是一款优秀的中型室外无人车移动平台，配备 4 个独立轮胎，使用差速转向，内置 5V/12V/24V 三种供电电源，具备集成不同传感器及执行器的选项，用户可按需选择或者进行定制开发。

TurtleBot 是一个开源的无人车硬件平台和移动基站，可基于 ROS 框架进行开发。TurtleBot 可以处理视觉及雷达信息，实现定位、通信和移动等功能。它可以自主地移动到指定地点，同时自动避开障碍。

Kobuki 是一款来自韩国的无人车底盘，一个低成本的移动研究基站，旨在对最先进的机器人进行教育和研究。考虑到持续运行，Kobuki 为外部计算机以及其他传感器和致动器提供电源。其配备高度精确的里程计，经校准的陀螺仪修正，可实现精确导航。

本章
小结

本章系统地介绍了地面无人系统平台的硬件设备和涉及的相关算法。首先对地面无人系统所需传感器进行了简要说明，对不同型号设备的优缺点进行了阐述。其次介绍了地面无人系统导航的核心 navigation，之后针对 navigation 中用到的算法进行了详细的分析说明，4.3 节和 4.4 节对两种常用的建图方法进行了细致的分析。最后提供了本书作者团队搭建的无人系统平台以及其他开源的车辆模型。

扫码免费获取
本书资源包

第 5 章

机器视觉在地面无人系统中的应用

5.1 OpenCV 和 cv-bridge 简介

OpenCV 是用于机器视觉、图像处理分析的开源函数库，因为完全开源免费，所以广泛应用于科学研究或商业领域，是一个理想的工具库。OpenCV 库使用 C 及 C++语言编写，适用于 Windows、Linux、MacOS 等主流系统，该库包含了横跨工业产品检测、医学图像处理、安防、用户界面、摄像头标定、三维成像、机器视觉等领域的超过 500 个接口函数。同时该库也包含了常用的机器学习算法，以便更好地为计算机视觉服务。

cv_bridge 用于 ROS 图像和 CV 图像的转换。ROS 以自己的 sensor/msgs/Image 消息格式传递图像，但用户希望将图像与 OpenCV 结合使用。在 OpenCV 中，图像以 Mat 矩阵的形式存储，与 ROS 定义的图像消息的格式有一定的区别。CvBridge 是一个 ROS 库，提供了 ROS 和 OpenCV 之间的接口。

5.1.1 OpenCV读取本地图片

创建 ROS 项目演示如何在 ROS 中利用 OpenCV 读取并显示一张本地图片。

首先建立一个工作空间：

```
$ mkdir -p catkin_ws/src
```

进入 catkin_ws/src 目录下：

```
$ cd catkin_ws/src
```

初始化工作空间：

```
$ catkin_init_workspace
```

然后新建一个 ros_opencv 功能包：

```
$ $ catkin_create_pkg ros_opencv sensor_msgs cv_bridge roscpp std_msgs image_transport
```

终端响应：

```
Created file ros_opencv/package.xml
Created file ros_opencv/CMakeLists.txt
Created folder ros_opencv/include/ros_opencv
Created folder ros_opencv/src
Successfully created files in /home/lxq/test_ws/src/ros_opencv. Please adjust the values in package.xml.
```

进入 ros_opencv 目录，创建一个 pic 子目录，将待测试的图片文件，例如 test.jpg 存放到该目录下用于后续的测试。

返回 catkin_ws 目录：

```
$ cd ~/catkin_ws
```

编译 catkn_ws 工作空间：

```
$ catkin_make
```

编译成功后，再返回/catkin_ws/src/ros_opencv/src 目录：

```
$ cd src/ros_opencv/src
```

编辑名称为 ros_opencv.cpp 的程序文件：

```
$ gedit ros_opencv.cpp
```

在编辑 ros_opencv.cpp 程序文件窗口，输入如下内容：

```
#include <ros/ros.h>
#include <image_transport/image_transport.h>
#include <opencv2/highgui/highgui.hpp>
#include <cv_bridge/cv_bridge.h>
#include <stdio.h>


// 主函数
int main(int argc, char** argv) {
    // 初始化 ROS 节点
    ros::init(argc, argv, "image_publisher");
    // 创建 ROS 节点句柄
    ros::NodeHandle nh;
    // 表示读取/home/ubuntu/路径下的 test.jpg 图片文件，实际操作时更换成自己的路径即可
    char file[64] = "/home/lxq/test_ws/src/ros_opencv/pic/test.jpg";
    // 读取图片文件
    cv::Mat image = cv::imread(file, cv::IMREAD_COLOR);
    //用之前声明的节点句柄初始化 it，这里的 it 和 nh 的功能基本一样，可以像之前一样使用 it 来
发布和订阅相关消息
    image_transport::ImageTransport it(nh);
    // 发布话题"camera/image"
    image_transport::Publisher pub = it.advertise("camera/image", 1);
    if(image.empty()) {
        // 判断图片是否成功加载，如果没有成功读取，则打印错误信息
        printf(">> open %s error\n", file);
    }
    else {
        // 将 CV 图片对象转换成 ros 图片消息格式
        sensor_msgs::ImagePtr msg = cv_bridge::CvImage(std_msgs::Header(), "bgr8",
image).toImageMsg();//图片格式转换
        // 设置刷新速率，每秒处理 5 帧
        ros::Rate loop_rate(5);
```

```
        while (nh.ok()) {
            // 发布话题消息
            pub.publish(msg);
            ros::spinOnce();
            loop_rate.sleep();
        }
    }
}
```

完成后存盘。

为了编译 ros_opencv.cpp 文件，需要修改调整 CMakeLists.txt 文件。

打开 CMakelists.txt 文件：

```
$   roscd ros_opencv
$   gedit CMakeLists.txt
```

修改调整 CMakelist.txt 文件关键内容，保证如下选项有效：

● 增加 OpenCV 4.x 版本信息：

```
find_package(OpenCV 4 REQUIRED)
// 头文件
include_directories(include ${catkin_INCLUDE_DIRS})
```

● 加入编译目标程序文件生成可执行文件：

```
add_executable(ros_opencv ./src/ros_opencv.cpp)
```

● 目标编译链接库：

```
target_link_libraries(ros_opencv ${catkin_LIBRARIES})
```

修改完毕后存盘，再返回 catkin_ws 目录，编译软件：

```
$ cd ~/catkin_ws
$ catkin_make
```

编译成功后修改 home 目录下的.bashrc 文件，设置 ros_opencv 环境：

```
$ gedit ~/.bashrc
```

在.bashrc 文件中增加下述指令，然后存盘：

```
……;
source /home/lxq/catkin_ws/devel/ros_opencv/setup.bash
……;
```

注：本指令中的 "/home/lxq" 是作者在 Ubuntu 系统下的 home 目录名，读者要根据自己的 home 目录名正确填入。

更新环境：

```
$ source ~/.bashrc
```

更新环境后，使用如下序列操作启动 ros_opencv 读取图片的节点。

打开一个终端（终端 1），执行：

```
$ roscore
```

再打开一个终端（终端 2），执行：

```
$ rosrun   ros_opencv ros_opencv
```

再打开一个终端（终端 3），使用下述命令查看发布出来的图片话题数据（图 5-1）：

```
$ rostopic echo /camera/image
```

图 5-1　图片话题数据

此外可以用 rivz 来查看图片，使用如下命令打开 rviz：

```
$ rosrun rviz rviz
```

rviz 界面如图 5-2 所示。

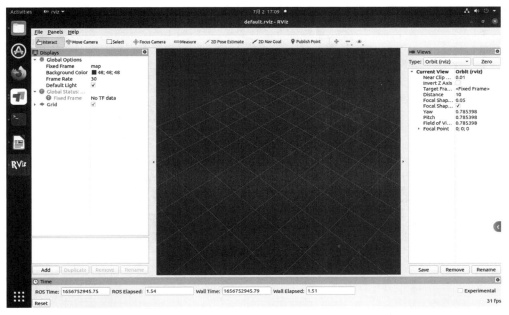

图 5-2　rviz 界面

打开后点击左下方的 "Add"，在弹出的对话框中选 "By topic"，里面有 "Image"，选中后点击 "OK"，如图 5-3 所示。

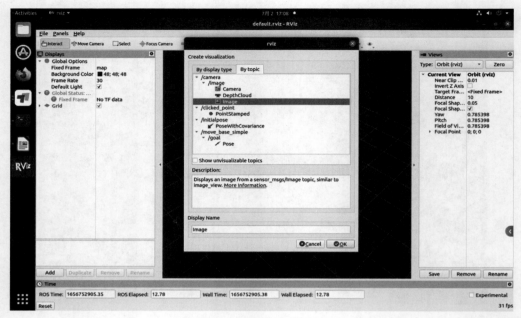

图 5-3　rviz 中选择话题

然后便可以看到图 5-4 所示的画面。

图 5-4　rviz 中显示图片

也可以编写话题订阅 readimg.cpp 程序文件，接收图片并显示出来。

在 ./ros_opencv/src 目录下，编写 readimg.cpp 文件：

```
$ gedit readimg.cpp
```

在编辑 readimg.cpp 界面，输入代码如下：

```cpp
#include <ros/ros.h>
#include <image_transport/image_transport.h>
#include <opencv2/highgui/highgui.hpp>
#include <cv_bridge/cv_bridge.h>

// 回调函数，当接收到图片消息时调用
void imageCallback(const sensor_msgs::ImageConstPtr& msg) {
    // 使用 cv_bridge 将 ROS 图片消息转换为 CV 图片格式显示
    cv::imshow("view", cv_bridge::toCvShare(msg, "bgr8")->image);
    // 等待 30ms
    cv::waitKey(30);
}

// 主函数
int main(int argc, char **argv) {
    // 初始化 ROS 节点
    ros::init(argc, argv, "image_listener");
    // 创建 ROS 句柄
    ros::NodeHandle nh;
    // 创建图片传输对象
    image_transport::ImageTransport it(nh);
    // 创建订阅器，订阅名为 "camera/image" 的图片话题，并指定回调函数
    image_transport::Subscriber sub = it.subscribe("camera/image", 1, imageCallback);
    // 循环等待回调函数执行
    ros::spin();
    return 0;
}
```

为了能够编译 readimg.cpp 文件，还需要在./ros_opencv/目录下的 CMakelist.txt 文件内增加如下指令：

```
add_executable(readimg ./src/readimg.cpp)
target_link_libraries(readimg ${catkin_LIBRARIES})
```

存盘后，再编译 ros_opencv 项目。

编译成功后，打开 3 个终端。

终端 1：

```
$ roscore
```

终端 2：

```
$ rosrun ros_opencv ros_opencv
```

终端 3：

```
$ rosrun ros_opencv readimg
```

终端 3 执行命令后，系统端口图片窗口，显示如图 5-5 所示案例。

图 5-5　节点接收到的图片

5.1.2　OpenCV读取摄像头视频

进入 catkin 工作空间的 src 目录下，创建 cv_basics 功能包：

```
$ cd ~/catkin_ws/src
```

创建 cv_basics 软件项目包：

```
$  catkin_create_pkg cv_basics image_transport cv_bridge sensor_msgs rospy roscpp std_msgs
```

终端响应：

```
Created file cv_basics/package.xml
Created file cv_basics/CMakeLists.txt
Created folder cv_basics/include/cv_basics
Created folder cv_basics/src
Successfully created files in /home/lxq/test_ws/src/cv_basics. Please adjust the values in package.xml
```

在 ROS 中通常可以使用 python 或 C++语言创建图像发布或订阅节点，下面依次介绍两种语言的实现。

（1）使用 python 语言

首先使用 python 创建图像发布节点，进入到 cv_basics，创建并进入 scripts 目录：

```
$ cd ~/catkin_ws/src /cv_basics
$ mkdir scripts
$ cd scripts
```

使用如下命令创建一个视频发布节点文件，命名为 webcam_pub.py：

```
$ gedit webcam_pub.py
```

在编辑 webcam_pub.py 界面下，输入以下内容，然后存盘：

```
#!/usr/bin/env python3
# 导入必要的模块和包
import rospy
from sensor_msgs.msg import Image
from cv_bridge import CvBridge
import cv2


"""
发布视频消息函数
```

```
"""
def publish_message():
    # 创建发布节点,将图像消息发布到名为 video_frames 的话题上
    pub = rospy.Publisher('video_frames', Image, queue_size=10)
    # 初始化 ROS 节点
    rospy.init_node('video_pub_py', anonymous=True)
    # 设置循环的频率为 10Hz
    rate = rospy.Rate(10)
    # 创建 OpenCV 的摄像头对象,摄像头设备编号为 0
    cap = cv2.VideoCapture(0)
    # 创建一个 CvBridge 对象
    br = CvBridge()
    while not rospy.is_shutdown():
        # 从摄像头中读取图像帧
        ret, frame = cap.read()
        if ret == True:
            # 输出调试信息到终端
            rospy.loginfo('publishing video frame')
            # 将 CV 图像转换为 ROS 图像格式,并发布到话题上
            pub.publish(br.cv2_to_imgmsg(frame))
        # 等待一段时间,以保持所需的发布频率
        rate.sleep()


# 检查是否在直接执行当前脚本
if __name__ == '__main__':
    try:
        # 调用发布图像消息的函数
        publish_message()
    except rospy.ROSInterruptException:
        # 如果遇到 ROS 的中断异常,忽略异常继续执行
        Pass
```

再创建一个视频订阅者程序文件,将其命名为 webcam_sub.py。

在编辑 webcam_sub.py 界面下,输入以下内容,然后存盘:

```
#!/usr/bin/env python3
# 导入必要的模块和包
import rospy
from sensor_msgs.msg import Image
from cv_bridge import CvBridge
import cv2


"""
回调函数,用于处理接收到的图像消息
```

```
:param data: 接收到的图像消息
"""
def callback(data):
    # 创建一个 CvBridge 对象
    br = CvBridge()
    # 输出接收到视频帧的日志信息
    rospy.loginfo("receiving video frame")
    # 将 ROS 图像转换为 CV 图像格式
    current_frame = br.imgmsg_to_cv2(data)
    # 在窗口中显示摄像头图像
    cv2.imshow("camera", current_frame)
    # 等待 1ms，以确保图像正常显示
    cv2.waitKey(1)


"""
接收视频消息并进行处理函数
"""
def receive_message():
    # 初始化 ROS 节点
    rospy.init_node('video_sub_py', anonymous=True)
    # 创建订阅器，订阅名为 video_frames 的图像消息，并将其传递给回调函数 callback
    rospy.Subscriber('video_frames', Image, callback)
    # 进入 ROS 主循环，直到节点被关闭
    rospy.spin()
    # 关闭 OpenCV 窗口
    cv2.destroyAllWindows()


# 如果该脚本直接执行，则调用 receive_message 函数进行图像接收和处理
if __name__ == '__main__':
    receive_message()
```

接下来创建一个 launch 文件用于启动发布与订阅视频 python 文件。

在./cv_basics 目录下，创建 launch 子目录：

```
$ mkdir launch
$ cd launch
```

创建编辑 launch 文件：

```
$ gedit cv_basics_py.launch
```

在 cv_basics_py.launch 脚本文件内输入以下内容，然后存盘：

```
<launch>
<node
    pkg="cv_basics"
    type="webcam_pub.py"
    name="webcam_pub"
    output="screen"
```

```
  />
  <node
      pkg="cv_basics"
      type="webcam_sub.py"
      name="webcam_sub"
      output="screen"
  />
</launch>
```

为了保证脚本正常运行，需要建立 cv_basics 项目软件包的运行环境，操作如下：

返回到 catkin_ws 目录下：

```
$ cd ~/catkin_ws
```

编译：

```
$ catkin_make
```

编译成功后修改 home 目录下的 bashrc 文件，设置 cv_basics 环境：

```
$ gedit ~/.bashrc
```

在 bashrc 文件中增加下述指令，然后存盘：

```
......;
source /home/lxq/catkin_ws/devel/cv_basics/setup.bash
......;
```

注：本指令中的 "/home/lxq" 是作者在 Ubuntu 系统下的 home 目录名，读者要根据自己的 home 目录名正确填入。

更新环境：

```
$ source ~/.bashrc
```

在运行脚本前要确保 webcom_pub.py 与 webcom_sub.py 文件的权限具备可执行权限。

使用命令：

```
$   roslaunch cv_basics cv_basics_py.launch
```

运行成功即可打开摄像头视频窗口，如图 5-6 所示。

图 5-6　视频窗口案例

（2）使用 C++ 语言

开发一个视频发布应用程序。首先创建一个 webcam_pub_cpp.cpp 文件：

```
$  cd ~/catkin_ws/cv_basics/src
$  gedit webcam_pub_cpp.cpp
```

在编辑 webcam_pub_cpp.cpp 界面，输入以下内容，然后保存文件：

```cpp
#include <cv_bridge/cv_bridge.h>
#include <image_transport/image_transport.h>
#include <opencv2/highgui/highgui.hpp>
#include <ros/ros.h>
#include <sensor_msgs/image_encodings.h>


// 主函数
int main(int argc, char** argv) {
        printf(">> webcam_pub_cpp.cpp main(%d)\n", __LINE__);
    ros::init(argc, argv, "video_pub_cpp");
        // 创建节点句柄
    ros::NodeHandle nh;
        // 摄像头设备编号，默认为 0
    const int CAMERA_INDEX = 0;
        // 创建 CV 视频功能类静态实例，打开编号为 0 的摄像头
    cv::VideoCapture capture(CAMERA_INDEX);
    if (!capture.isOpened()) {
        // 如果打开摄像头失败，则退出程序
        ROS_ERROR_STREAM("Failed to open camera with index " << CAMERA_INDEX << "!");
        ros::shutdown();
    }
        // 实例化 ROS 类传输图像数据静态类
    image_transport::ImageTransport it(nh);
        // 发布话题为 "camera" 的视频图像
    image_transport::Publisher pub_frame = it.advertise("camera", 1);
        // 声明 cv 的图像帧静态对象实例
    cv::Mat frame;
    sensor_msgs::ImagePtr msg;
        // 定义 ROS 话题消息发布频率
    ros::Rate loop_rate(10);
    while (nh.ok()) {
        // 获取视频帧图像
        capture >> frame;
        if (frame.empty()) {
            // 如果从摄像头读取不到视频帧，则退出循环
            ROS_ERROR_STREAM("Failed to capture image!");
            ros::shutdown();
        }
        // 将视频帧数据转换成 ROS 视频消息
```

```
    msg = cv_bridge::CvImage(std_msgs::Header(), "bgr8", frame).toImageMsg();
    // 发布视频消息
    pub_frame.publish(msg);
    //cv::imshow("camera", image); // 显示 CV 视频图像，测试用，被封闭
    // 显示 CV 视频 1ms
    cv::waitKey(1);
    ros::spinOnce();
    loop_rate.sleep();
  }
  // 关闭摄像头
  capture.release();
}
```

创建视频订阅应用程序，打开一个名为 webcam_sub_cpp.cpp 的视频订阅者程序文件：

```
$ gedit webcam_sub_cpp.cpp
```

输入下面的代码：

```
#include <ros/ros.h>
#include <image_transport/image_transport.h>
#include <opencv2/highgui/highgui.hpp>
#include <cv_bridge/cv_bridge.h>

// 回调函数，msg 视频消息
void imageCallback(const sensor_msgs::ImageConstPtr& msg) {
    printf(">> webcam_sub_cpp.cpp imageCallback(%d)\n", __LINE__);
    // 用于从 ROS 消息转换为 OpenCV 兼容图像的指针
    cv_bridge::CvImagePtr cv_ptr;
    try {
        //
        cv_ptr = cv_bridge::toCvCopy(msg, "bgr8");
        // 转换 ROS 消息为 cv Mat
        cv::Mat current_frame = cv_ptr->image;
        // 显示 CV 视频图像
        cv::imshow("view", current_frame);
        cv::waitKey(30);
    }
    catch (cv_bridge::Exception& e) {
        ROS_ERROR("Could not convert from '%s' to 'bgr8'.", msg->encoding.c_str());
    }
}

// 主函数
int main(int argc, char **argv) {
    printf(">> webcam_sub_cpp.cpp main(%d)\n", __LINE__);
```

```
    ros::init(argc, argv, "frame_listener");
    // 声明 ROS 句柄
    ros::NodeHandle nh;
    // 用于发布和订阅图像
    image_transport::ImageTransport it(nh);
    // 订阅 "camera" 话题, 确保通过调用 imageCallback 函数继续读取新的视频帧
    image_transport::Subscriber sub = it.subscribe("camera", 1, imageCallback);
    ros::spin();
    // 关闭 OpenCV 窗口
    cv::destroyWindow("view");
}
```

文件存盘。

为了编译 webcam_pub_cpp.cpp 与 webcam_sub_cpp.cpp 文件, 还需要修改调整 CMakeLists.txt 文件。

打开 CMakeLists.txt 文件:

```
$   roscd cv_basics
$   gedit CMakeLists.txt
```

修改调整 CMakelist.txt 文件关键内容, 保证如下选项有效:

● 增加 OpenCV 4.x 版本信息:

```
find_package(OpenCV 4 REQUIRED)
// 头文件
include_directories(include ${catkin_INCLUDE_DIRS})
```

● 编译目标程序文件生成可执行文件:

```
add_executable(webcam_pub_cpp src/webcam_pub_cpp.cpp)
add_executable(webcam_sub_cpp src/webcam_sub_cpp.cpp)
```

● 目标编译链接库:

```
target_link_libraries(webcam_pub_cpp ${catkin_LIBRARIES})
target_link_libraries(webcam_sub_cpp ${catkin_LIBRARIES})
```

修改后存盘 CMakelist.txt 文件。

在 catkin_ws 工作空间目录, 编译:

```
$   catkin_make
```

编译成功之后, 再编写一个启动视频发布与订阅的脚本文件。

返回到脚本文件夹:

```
$ roscd cv_basics/launch
```

编写一个新的启动 webcam_pub_cpp 与 webcam_sub_cpp 应用的脚本文件:

```
$ gedit cv_basics_cpp.launch
```

输入以下代码:

```
<launch>
<node
  pkg="cv_basics"
  type="webcam_pub_cpp"
  name="webcam_pub_cpp"
```

```
    output="screen"
/>
<node
    pkg="cv_basics"
    type="webcam_sub_cpp"
    name="webcam_sub_cpp"
    output="screen"
/>
</launch>
```

保存并关闭编辑器。

运行测试脚本：

```
$ roslaunch cv_basics cv_basics_cpp.launch
```

运行成功即可打开视频窗口，如图 5-6 所示。

以上内容介绍了创建一个 cv_basics 软件包项目，采用 python 与 C++两种语言与 OpenCV 函数库混合编程，将 CV 函数获取的视频通过 cv_bridge 接口转换为 ROS 视频话题消息进行发布、订阅与接收展示。

5.2　视觉 SLAM

SLAM（同步定位与建图）是机器人在未知环境下自主作业的核心技术，是机器人自动化领域的研究重点。未知环境下，基于机器人外部传感器获取的环境感知数据，SLAM 为机器人构建周围环境地图，同时提供机器人在环境地图中的位置，并随着机器人的移动而进行环境地图的增量式构建与机器人的连续定位。SLAM 是实现机器人环境感知与自动化作业的基础。SLAM 一般采用距离传感器作为环境感知的数据源测距仪器，视觉传感器具有体积小、功耗低、信息获取丰富等特点，可为各型机器人提供丰富的外部环境纹理信息。由于相机获取的视觉信息容易受到环境干扰，存在较大噪声，视觉 SLAM 处理难度大、复杂度高。当前，随着计算机视觉技术的不断发展，视觉 SLAM 的技术水平也随之提高，并在室内自主导航、VR/AR 等领域得到初步的应用。视觉 SLAM 的框架如图 5-7 所示。

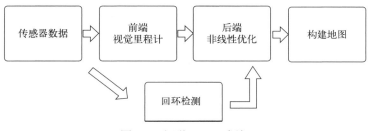

图 5-7　视觉 SLAM 框架

5.2.1　视觉里程计

视觉 SLAM 前端根据输入图像数据，利用相邻图像帧之间的变换关系，实时计算相机的姿态变化，并为后端提供待优化相机姿态变化矩阵参数。视觉里程计主要基于特征点法和直接法进行相机的姿态变化计算。经过特征提取和特征匹配，获得两帧图像匹配点后，考虑到 RGB-D

相机通过硬件可以直接获得像素点对应的三维空间点的深度值，一般使用 3D-3D 的迭代最近点（ICP）算法，进行两帧图像变化关系计算。

5.2.2　非线性优化

为保证视觉 SLAM 系统的相机位姿估计与构图结果准确，同时满足系统实时性要求，视觉 SLAM 系统中通常把前端的视觉里程计不同时刻下计算得到的相机位姿，以及回环检测到的数据，作为输入在 SLAM 后端进行非线性优化，这样视觉 SLAM 系统可以在前端不断地进行相机实时跟踪，而在后端不断地进行优化，得到具有全局一致性的相机运动轨迹和真实描述外部场景的地图。在相机位姿优化时，通常采用捆集调整算法（bundle adjustment，BA）。BA 算法基于非线性优化思想，将相机运动过程中获得的相机位姿变化矩阵和地图点作为初值，对机器人移动位置 x 和地图点 y 同时进行调整，并进行最小二乘求解，不断地寻找 x，求得使目标函数达到最优的参数解，即找到使函数值最小的位姿与地图点。

5.2.3　回环检测

视觉 SLAM 前端计算相机运动轨迹，但误差导致计算结果无法具有全局一致性，因此加入回环检测模块。回环检测模块主要完成判断移动机器人是否在某位置重复经过，进而确定回环。视觉 SLAM 框架中，视觉 SLAM 前端根据连续相邻帧变换估计相机位姿，即在上一时刻计算得到的相机位姿变换基础上计算当前时刻相机位姿变换，上一时刻的相机位姿带有误差，则这种误差也会传递到下一时刻，之前通过计算产生的误差则必然会累计到下一时刻，随着相机姿态变换增多，则位姿结果会越来越差，导致移动机器人位姿随时间漂移，无法保证相机运行轨迹全局一致性。因此，SLAM 系统通常会加入回环检测模块，检测当前图像帧与历史数据之间的相似性，相似性到达一定阈值，即可判断为之前经过这个地方，进而确定回环，完成回环检测，并将回环信息送入后端进行处理，对后端优化的结果添加约束，消除 SLAM 系统中相机位姿和运动轨迹的累积误差。目前视觉 SLAM 中对于判断是否之前经过这个地方，一般采用基于外观方式，即根据两幅图像相似性来判断，当检测到两帧图像相似性达到一定阈值即可判断为相机运动实现回环。

5.2.4　构建地图

SLAM 算法的核心是建图，其中存储了已经采集到的可解释性数据，用于定位、导航、避障、重建、交互。地图的表示形式多种多样，大致分为两个子集：度量地图和拓扑地图。

度量地图可能是机器人技术界中较为常见的一种，它使用坐标空间（2D/3D 地图或者栅格地图）来描述世界。点云是尺度空间中的点集，通常代表从输入传感器派生的障碍物检测实例。点云不仅可以用于机器人领域，还可以用于三维重建、网格生成等。原始点云也可以用于机器人导航。一种非常常见的设置是将传感器数据输入到栅格地图中，栅格地图是表示空间中离散区域单元格的概率网格，旨在回答"网格中的这个单元是否被占用或可供导航？"，网格由代表物理区域的单元组成，每个单元都负责基于来自传感器的输入观察，跟踪单元被占用或空闲的概率。目前已经发现网格在路径规划中非常有用，能够用于了解可以探索或无法探索的区域。度量地图通常无法在室外环境中很好地扩展，因为人们可能会在网格分辨率和计算复杂性之间进行权衡，分辨率越低虽然意味着越好的路径规划信息，但是也会大大增加路径规划空间开销。促进栅格地图的代表性工作是对四叉树和八叉树进行改编，减少在恒定网格分辨率下出现的一些尺寸问题。度量地图的一个关键潜在缺陷是对精确姿态数据和传感器数据的假设，这两个值往往是不确定的大问题，尤其是在视觉 SLAM 中。

拓扑地图有助于理解一个区域的连通性和关系，通常以连通性图的形式出现。连通性图包含表示连接及其各自大小的边。拓扑地图比度量地图更轻量级，它存储的数据集要小得多，这对于与地图的高效交互非常有利，一些关键功能（比如路径规划和闭环检测）可以非常快速，因为搜索复杂性降低到简单的图形遍历。然而，由于拓扑地图不具备精确的位置和方向信息，它可能在机器人需要准确导航到邻近区域或处理障碍物时缺乏足够的细节。因为拓扑地图无法提供具体的坐标和距离信息，机器人可能面临更大的困难，无法准确处理空间位置和障碍物的细微变化。

因此，在某些情况下，机器人可能需要更精确的度量地图来支持导航和避障等任务。度量地图可以提供更准确的位置、形状和尺度信息，但相应地，它可能需要更大的存储和计算资源，并可能存在姿态和传感器数据不确定性的挑战。

5.3　障碍物预测

5.3.1　数学模型

移动机器人在移动的过程中，需要摄像头等传感器获取精准的环境信息，并以此为依据判断当前环境中是否存在动态障碍物。该移动机器人对环境障碍物进行预测的方式是线性预测模型，通过建立模型对当前环境中动态障碍物的移动方向以及移动位置进行精准预测。设移动机器人在线性预测模型中准确检测出了动态障碍物移动方向以及移动位置，并且以此为基础预测其运动轨迹。定义 (x, y) 为时间 t 的线性函数，用下式表示。

$$\begin{cases} x = at + b \\ y = ct + d \end{cases} \tag{5-1}$$

式中，a、b、c、d 为参数，需要根据 n 个不同时刻的预测数据 x_l 估计得出，$l=1,2,\cdots,n$。根据 n 个预测数据可列出 n 个线性方程，用矩阵形式表示，如式（5-2）所示。

$$\begin{cases} \boldsymbol{X}_n = \boldsymbol{T}_n \cdot \boldsymbol{A}_n \\ \boldsymbol{Y}_n = \boldsymbol{T}_n \cdot \boldsymbol{B}_n \end{cases} \tag{5-2}$$

式中

$$\boldsymbol{X}_n = [x_1, x_2, \cdots, x_n]^{\mathrm{T}}, \quad \boldsymbol{Y}_n = [y_1, y_2, \cdots, y_n]^{\mathrm{T}}, \quad \boldsymbol{T}_n = \begin{bmatrix} t_1 & t_2 & \cdots & t_n \\ 1 & 1 & \cdots & 1 \end{bmatrix}^{\mathrm{T}}$$

$$\boldsymbol{A}_n = \begin{bmatrix} a, b \end{bmatrix}^{\mathrm{T}}, \quad \boldsymbol{B}_n = \begin{bmatrix} c, d \end{bmatrix}^{\mathrm{T}}$$

定义误差向量如下所示：

$$\boldsymbol{E}_n = \begin{bmatrix} e_1, e_2, \cdots, e_n \end{bmatrix}^{\mathrm{T}} \tag{5-3}$$

对于任意一个待估计的矩阵，有公式如下所示：

$$\boldsymbol{E}_n = \boldsymbol{X}_n - \boldsymbol{T}_n \cdot \boldsymbol{A}_n \tag{5-4}$$

对应的误差解析式如下所示：

$$J_n = \sum_{l=1}^{n} \lambda^{n-l} e^{l^2} \tag{5-5}$$

上式中，$0<\lambda<1$。在使用最小二乘法对其进行估计时，若要使上面方程的误差最小，可使用最优估计矩阵 $\hat{A}_n$。在规律的时间变化下，误差平方差以指数形式呈现出规律变化：越靠近当前时刻，最优估计误差影响值越大；越远离当前时刻，最优估计误差影响值越小。所以，在局部避障模型中选用该误差值是最为合适的。

定义 P_{n-1} 如下所示：

$$P_{n-1} = \left(T_{n-1}^{\mathrm{T}} T_{n-1}\right)^{-1} / \lambda \tag{5-6}$$

根据以上定义可得

$$\hat{A}_n = \hat{A}_{n-1} + \gamma_n P_{n-1} \bar{t}_n \left(x_n - \bar{t}_n^{\mathrm{T}} \cdot \hat{A}_{n-1}\right) \tag{5-7}$$

$$P_n = \left(P_{n-1} - \gamma \cdot P_{n-1} \cdot \bar{t}_n \cdot \bar{t}_n^{\mathrm{T}} \cdot P_{n-1}\right) / \lambda \tag{5-8}$$

式中

$$\bar{t}_n = [t_n, 1]^{\mathrm{T}}, \quad \gamma_n = 1 / \left(1 + \bar{t}_n^{\mathrm{T}} \cdot P_{n-1} \cdot \bar{t}_n\right) \tag{5-9}$$

综合计算式（5-7）以及式（5-8）可得递推公式，由递推公式可得估计值，从而避免了使用观测值计算。采用相同的估计方法，可以计算出 c、d 的最优估计值，即矩阵 B_n。综合并应用上述最小方差预测方法，可以得出估计局部障碍物的运动轨迹。

设动态障碍物在 n 个不同时刻已给出 n 个观测数据，由观测数据可得方程组如下所示：

$$\begin{cases} x_l = at_l + b \\ y_l = ct_l + d \end{cases} \tag{5-10}$$

式中，$l=1,2,\cdots,n$。通过式(5-10)可计算得出参数 a、b、c、d。利用机器人以周期方式每移动一步所探测得到的障碍物信息，并且更新预测估计参数，预测得到障碍物在下一时刻所在的位置。

5.3.2 碰撞预测及策略

移动机器人所处的环境中既有静态障碍物，也有动态障碍物，机器人在运行过程中要做好避障处理，保证其在动态环境下正常运行。移动机器人可以根据摄像头读取到的环境信息对动、静态障碍物做出预测，主要预测其下一阶段的移动方向、移动速度以及停留位置。首先，移动机器人要第一时间预测机器人自身与可移动障碍物之间可能产生的相互运动现象，如图 5-8 所示。

通过对移动机器人的运行轨迹与可移动

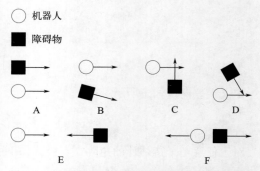

图 5-8　机器人与可移动障碍物之间的相互运动

障碍物的运动轨迹预测进行分析，可以判断二者之间是否会产生相互碰撞。图 5-8 中方块与圆圈的箭头表示，在一定的预测时间内移动机器人与可移动障碍物的运动方向以及运动位置。根据 A、B、F 的箭头方向可以看出，移动机器人与可移动障碍物的运动轨迹在该时间段内并没有呈现出相交趋势，所以机器人下一步依旧按照事先规划的路径移动；E 中，二者箭头相对，说明二者的运动轨迹出现了相交现象，倘若按照原来的路径移动，二者会发生碰撞，所以移动机器人需要按照当前环境信息重新规划路径；C、D 中，二者箭头虽未相对，但是依然呈现出相交趋势，同样可能发生相互碰撞，此情形出现时，移动机器人可以停留在原地，待环境信息中没有可碰撞因素后再移动。

归纳碰撞预测及应对策略如下：

① 若机器人预测出要与障碍物进行正面碰撞，机器人需要对原规划路径进行重新规划，通过局部路径规划算法对障碍物进行躲避，规划出一条新路径；

② 若机器人预测出要与障碍物进行侧面碰撞，机器人则会先在原地停留，然后依据事先已经规划好的路线进行运动；

③ 若机器人预测出不会与障碍物进行碰撞，则直接按照事先规划路线进行移动。

5.4　二维码识别

5.4.1　识别算法简介

常见识别二维码的算法有：BoofCV（一种基于 Java 实现的开源、实时的计算机视觉库）、OpenCV、Quirc（一种专门面向 QR 码的检测和解码库）、ZBar、ZXing（一种面向 Java Android 开发的各种条码检测识别库）。ZBar 算法是在多种二维码识别算法中被广泛应用的条码检测识别专门库，支持 Windows、ROS 等多种平台，支持 Perl、python、C++、Java 等语言。无人车 ZBar 算法针对 ROS 平台提供 ZBar_ROS 功能包，此功能包提供有效的接口和节点。综合对比以上二维码识别算法，无人车最终选择 ZBar 算法进行二维码识别。

5.4.2　目标点二维码提取

如图 5-9 所示，无人车带有双目摄像头，双目摄像头的型号为 IMX219-83 Stereo Camera。

该型号摄像头在 ROS 中的驱动功能包为 jetson_camera，可驱动摄像头捕捉无人车前方的画面，当画面中出现二维码时即可提取到目标点二维码的图形信息。图 5-10 所示为在 rviz 左下角中显示双目摄像头捕捉到的画面信息。

ZBar_ROS 是专门识别二维码图像的算法功能包，当双目摄像头捕捉到二维码的实时图像帧信息后，ZBar_ROS 功能包就对包含二维码的图像信息进行解析识别处理。ZBar_ROS 需要配置的参数如下：

图 5-9　无人车

① 订阅图像话题名称 image (sensor_msgs/Image)即可获得实时的图像帧信息；

② 发布识别出二维码的图像信息话题名称 barcode(std_msgs/String)，订阅该话题即可在终端中查找到数据信息；

③ 参数～throttle_repeated_barcodes：识别二维码的延时时间。

上述参数配置完成后即可识别二维码，并将识别结果以话题方式发布。

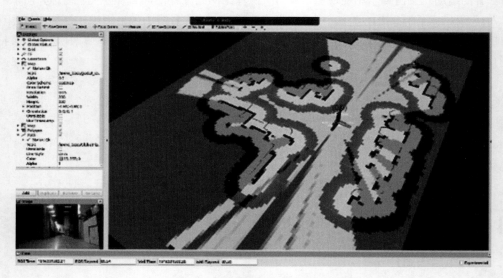

图 5-10   rviz 中摄像头的画面信息

ZBar_ROS 功能包工作流程如图 5-11 所示，该功能包订阅双目摄像头发布的图像话题 image 即可获得摄像头捕捉到的画面信息，然后识别二维码，识别成功之后发布 barcode 话题，在终端中订阅该话题即可查看二维码被识别之后的数据信息。ZBar 算法识别二维码的流程如图 5-12 所示。

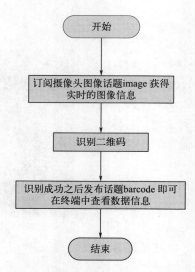

图 5-11   ZBar_ROS 功能包工作流程

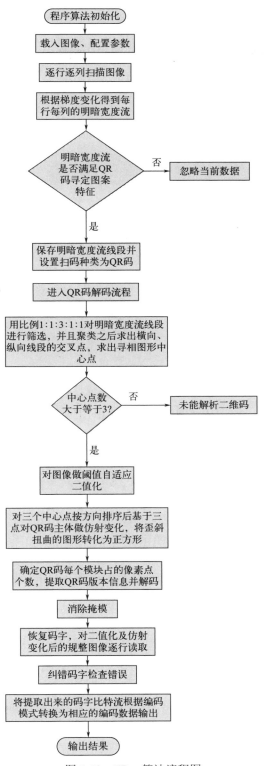

图 5-12　ZBar 算法流程图

5.4.3　使用无人车摄像头对二维码进行识别

本节介绍无人车摄像头识别二维码的实验步骤。

（1）确定无人车和远程控制端的环境

在本次实验中，无人车端 IP 为 192.168.1.103，远程控制端的 IP 为 192.168.1.100。

（2）配置无人车环境变量

使用命令 gedit～/.bashrc 打开 bashrc 文件，在 bashrc 文件中添加如下配置：

```
export ROS_MASTER_URI=http://192.168.1.111:11311
export ROS_HOSTNAME=192.168.1.111
```

保存后退出，在终端下使用 source ～/.bashrc 命令使更改生效。

（3）配置远程控制端的环境变量

使用命令 gedit ～/.bashrc 打开 bashrc 文件，在 bashrc 文件中添加如下配置（以下 IP 地址为作者测试场景下的网络环境）：

```
export ROS_MASTER_URI=http://192.168.1.111:11311
export ROS_HOSTNAME=192.168.1.100
```

保存后退出，使用 source～/.bashrc 命令使更改生效。

（4）登录小车，启动小车脚本

在远程控制端打开终端输入命令 ssh ubuntu@192.168.1.103，远程连接小车，可看到终端中用户名及主机名变成了 ubuntu@jetson_nano3，说明已经远程连接成功，然后输入命令 roslaunch move_base car_cato.launch 启动无人车雷达及底盘等相关功能包。

（5）打开 rviz 窗口

打开一个新的终端，输入 rosrun rviz rviz，启动 rviz，点击 "file" 选择之前配置好的 rviz 文件，即可在 rviz 中看到 TF 坐标系、雷达的 scan 信息以及障碍物信息。

（6）使用键盘控制小车进行移动

打开一个新的终端，输入命令 ssh ubuntu@192.168.1.103，远程连接无人车，然后输入 roslaunch mrobot_teleop mrobot_teleop.launch 启动键盘控制节点,另外打开一个终端输入 rostopic echo /cmd_vel 即可实时观测到各个方向的线速度和角速度(需要注意的是一般速度的话题名为 /cmd_vel，可根据需要自定义名称，/cmd_vel 就是自定义的话题名)。

使用 u、i、o、j、k、l、m 等键即可控制无人车做相应的运动，并在 rostopic echo /cmd_vel 终端下观测到实时的速度变化。

（7）二维码识别

打开一个新的终端，输入命令 ssh ubuntu@192.168.1.103，远程连接无人车，然后输入 roslaunch move_base car_carto.launch。打开一个新的终端，输入 rosrun rviz rviz，启动 rviz，点击 "file" 选择之前配置好的 rviz 文件。点击 "Add"，选择 "Bytopic"，点击 "image" "Ok"，添加摄像头的图像，即可在 rviz 中看到无人车摄像头拍摄的视频，如图 5-13 所示。打开一个新终端输入 rostopic echo /barcode，当摄像头靠近二维码并调整到合适的角度后，就可以通过订阅该话题在终端显示二维码的信息，如图 5-14 所示。

图 5-13　无人车摄像头视角　　　　　　　　图 5-14　终端显示二维码的信息

5.5　非结构化道路识别

5.5.1　非结构化道路识别的意义

　　按结构种类，可将道路分为结构化道路与非结构化道路。图 5-15 所示的结构化道路主要分布于人口密集的都市城区及高速道路，该类道路有明确的车道线、交通标识和统一的路面颜色等，具有统一有限的结构特征，因此结构化道路识别算法能较为准确地捕捉到道路特征，做到高效、准确识别。图 5-16 所示的非结构化道路主要分布于人口较为稀疏或者重工业、农业集中的发展地区，其道路特征繁多、路况较差且种类众多。非结构化道路边界没有明确界限，且路面多不平整，存在坑洼、积水等情况，道路宽度变化较大，难以用统一的道路特征模型进行有效识别。非结构化道路相比于结构化道路识别难度较大，因此，目前无人驾驶技术在非结构化道路场景下的应用远未达到结构化道路场景下的应用效果。非结构化道路识别是无人驾驶技术进行广泛应用和发展中亟待解决的关键问题。

图 5-15　结构化道路

图 5-16　非结构化道路

综上所述，无人驾驶技术的应用能有效减少交通事故发生率，极大提高交通自动化水平。道路识别是发展无人驾驶技术的关键前提。非结构化道路识别是无人驾驶技术扩大应用范围的必经之路和发展趋势，具有重要的研究意义。

5.5.2 主流非结构化道路识别算法

识别非结构化道路首先需要从摄像头获取到的图像中获取信息，这一过程需使用图像分割技术实现，即从图像中分离出所需目标。近年来，国内外研究者提出的非结构化道路识别算法可根据图像分割原理分为四类：基于阈值的分割方法、基于边缘检测的分割方法、基于区域分割的分割方法和基于深度学习的语义分割方法。

（1）基于阈值的分割方法

基于阈值的图像分割方法根据图像的灰度分布，将目标的特征设定一系列阈值范围，再进行像素级比较分类从而将目标从图像中分离。比如 Gong 等人提出一种基于双阈值动态约束的复杂车道检测算法。首先根据局部灰度值变异性和图像显著性特征，在图像中通过双阈值算法得到感兴趣区域。然后根据改进的 Canny 算子提取道路边缘。在选择 Otsu 阈值时，引入卡尔曼滤波算法，根据优化后的自回归数据处理特性，快速预测后续图像序列的最优阈值。最后，对霍夫变换拟合的直线，建立有效的多层评价函数，实现道路边界的在线修正。该算法具有较好的精度、实时性和鲁棒性。Cristóforis 等人在对实时单目路径检测方法进行研究时提出一种基于 HSV 色彩空间的非结构化道路分割方法。该方法首先对输入图像进行均值和协方差计算获得感兴趣区域，再由 RGB 空间色彩进行转化获得 HSV 色彩空间版本，过程中进行模糊滤波处理以减小噪声。随后进行地平线检测，将 Otsu 阈值法（OTM）应用于图像导数，将图像分割为两类，得到二值图像，获得最大化类间方差和最小化类内方差的最佳阈值，最后对每个超像素点进行分类获得分割结果。该算法分割效果如图 5-17 所示，黑色轮廓为道路边界，白色横线为道路消失水平线，白色竖线为道路中心线。该算法能在算力较弱的嵌入式设备上进行实时图像分割，但在道路边界处分割精度控制不理想。

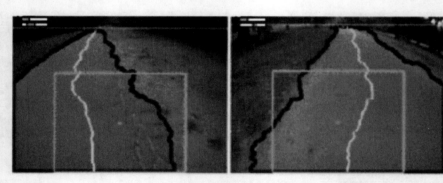

图 5-17　道路分割效果图

（2）基于边缘检测的分割方法

基于边缘检测的分割方法的原理是基于一幅图像中不同物体间边缘的灰度值梯度较大的特点，对图像进行灰度检测，根据轮廓边缘灰度变化大的特点，提取出所有灰度跳变点，将所有跳变点相连组成闭合图形，图像就被分割成了不同的区域。这是一种自上向下的混合算法，将图像中的区域和边缘信息结合起来。该算法与以往算法的主要区别在于，在进行道路检测之前，利用低层和高层图像线索高效地训练离线场景分类器，从而对非结构化道路模型进行预测。

在图像处理中，低层和高层图像线索指的是不同层次的视觉特征。低层特征包括边缘、角点等基本的图像特征，而高层特征则更加抽象，可能包括形状、纹理等更高级的特征。离线场景分类器则是一个预先训练的模型，用于对图像进行分类，将其归类为不同的场景或物体类别。在该算法中，通过利用低层和高层图像线索，即从图像中提取的各种特征，来训练这个离线场景分类器。离线场景分类器可以根据这些特征来对非结构化道路模型进行预测。这个预测过程相当于将图像分为不同的区域或对象，其中包含道路区域。通过离线场景分类器，该算法可以利用图像中的各种特征来判断哪些区域可能是道路。这样，在进行道路检测时，该算法可以使用这个预测模型作为指导，从而提高道路检测的准确性和鲁棒性。实验结果表明，与传统的基于区域和边缘的道路检测算法相比，该算法在非结构化条件下对不同类型和不同形状的道路区域进行检测时更能抗干扰，具有更好的稳定性。Han 等人针对非结构化道路场景中缺乏清晰道路标线且存在复杂背景干扰的情况，提出了一种准确、鲁棒性好的消失点检测方法。由于只有道路区域提供消失点检测信息，因此首先引入了基于背景抑制的流形排序方法估算道路区域。大量非结构化道路图像上的实验结果表明，该方法比现有的大部分方法具有更高的精度。

（3）基于区域分割的分割方法

基于区域分割的分割方法可分为区域分裂合并和区域生长两类。分裂合并指在规定区域特征一致性测度前提下，对图像做一致性测度判断。当区域不满足一致性测度时，区域分裂成多个子区域，并继续检测每个子区域的一致性测度，相邻区域满足一致性测度则将这些区域进行合并，直到所有区域不可再进行分裂合并为止。区域生长是根据指定的准则将区域或者像素聚集的过程，将满足准则的像素或区域不断进行合并，直至无法进行合并为止。测度往往是根据图像颜色、几何特征、灰度值等信息制定。这是一种针对非结构化道路提出的基于红外图像的正态分布梯形预测模型，用归一化类特征向量改进支持向量机分类器，实现对连通区域的道路识别，如图 5-18 所示。

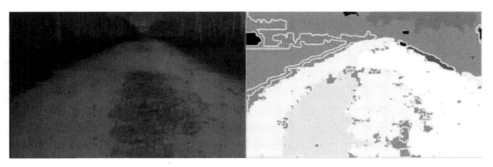

图 5-18　向量机分类器道路分割效果图

（4）基于深度学习的语义分割方法

基于深度学习的语义分割方法是目前道路识别方向的研究热点，语义分割是从像素级别理解图片所含的信息，将每个像素经由神经网络预测进行分类。语义分割的分割精度和鲁棒性较上述传统方法有较大提升。Shelhamer 等人在 CNN（convolutional neural network）网络的基础上对其全连接层用卷积层替换，整个网络结构由卷积层和池化层组成，首次实现了一种端到端的全卷积网络结构 FCN（fully convolutional networks），在语义分割领域实现了革新性的进步。FCN 在语义分割任务的计算效率上有了极大提高，无须传统网络所需的预处理和后处理，可以将任意尺寸大小的输入图像直接进行端到端训练，输出像素级的预测结果。该网络算法主要使用了全卷积化、上采样以及跳跃连接创新结构，大幅提升了网络计算效率，但其像素处理相对独立，缺乏上下文信息，欠缺对细节特征分割准确度的控制。在 FCN 网络基础上，广大学者对其进行改进优化，使基于深度学习的语义分割技术飞速发展。基于深度学习的语义分割方法是目前非结构化道路识别领域中主要使用的方法，在分割精度和鲁棒性上均有较好表现，但因其相比于传统图像分割方法，参数量大，计算相对复杂，在实时性上还存在提升空间。

5.5.3　DeeplabV3+分割算法

　　DeeplabV3+模型的整体架构如图 5-19 所示。它的 Encoder 的主体是带有空洞卷积的 DCNN，可以采用常用的分类网络如 ResNet；然后是带有空洞卷积的空间金字塔池化模块（atrous spatial pyramid pooling，ASPP），主要是为了引入多尺度信息。相比 DeeplabV3，DeeplabV3+引入了 Decoder 模块，将底层特征与高层特征进一步融合，提升分割边界准确度。其具有两个核心点：

　　① 在主干 DCNN 深度卷积神经网络里使用串行的 Atrous Convolution。普通的深度卷积神经网络的结构就是串行结构。

　　② 图片经过主干 DCNN 深度卷积神经网络之后的结果分为两部分，一部分直接传入 Decoder，另一部分经过并行的 Atrous Convolution，分别用不同 rate 的 Atrous Convolution 进行特征提取，再进行合并，最后进行 1×1 卷积压缩特征。

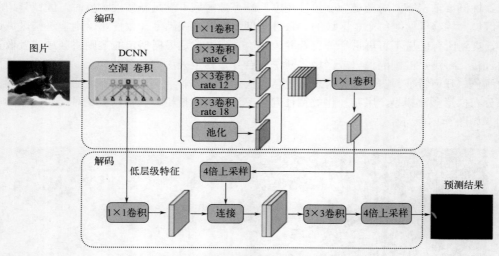

图 5-19　DeeplabV3+模型的整体架构

5.5.4　DeeplabV3+分割算法优化改进

　　基于 DeeplabV3+语义分割网络结构进行轻量化改进：将原编码器部分的主干网络 Xception 替换为轻量化的 MobileNetV3 small 网络结构，提升网络特征提取效率和速度；在原 ASPP 模块的多尺度空洞卷积操作中加入注意力模型，以提升语义分割在全局和局部特征的敏感度；在解码器部分采用简化的逐步融合浅层特征的结构；在上采样过程中获取并还原更多的局部细节特征，以获取更高分割精度。

　　改进后的完整网络结构如图 5-20 所示，分为编码与解码两部分。输入图像先由编码器特征提取网络进行处理，并在过程中保留两个不同尺度的浅层特征图，结束后将输出的特征图交由 ASPP 模块进行多尺度的带注意力机制的特征提取，至此编码过程结束，得到抽象的深层特征图。在解码器部分首先对得到的深层特征图上采样，并在此期间将特征提取过程中保留的两个不同尺度的浅层特征图逐层融合，最后对每个像素分类得到语义分割结果。

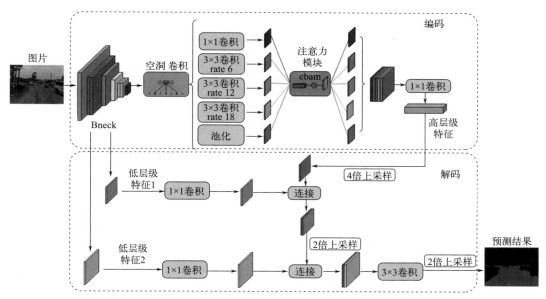

图 5-20　改进后 DeeplabV3+网络模型结构

改进后的 DeeplabV3+将原 DeeplabV3+中复杂度相对较高的 Xception 主干网络进行替换以降低网络复杂度和参数量，使用更轻量化的 MoblieNetV3 small 网络结构作为主干网络完成特征提取任务，大幅提升特征提取效率，满足非结构化道路识别应用的实时性要求。

算法过程如下：

① 标准卷积：对输入图像进行一次标准的 3×3×16 卷积操作，步长为 2，通过对图像的滤波处理来提取特征。

② 激活函数（h-swish）：将卷积操作的输出特征图输入激活函数中，对特征图进行非线性变换。

③ Bneck 单元：对激活函数输出的特征图进行处理，使用一系列的 Bneck 单元，其中包括 3 个 3×3 和 8 个 5×5 的深度卷积处理。

④ 升维卷积：用 1×1 卷积核对 Bneck 单元输出特征图进行升维，通过使用卷积核来扩展特征维度。

⑤ 全局平均池化：对升维后的特征图进行全局平均池化操作，将特征图转化为一维向量。

⑥ 标准卷积操作：对一维向量特征进行两次 1×1 的标准卷积操作。标准卷积操作得到两个类别的输出概率值。

总结而言，该算法包含了标准卷积、激活函数、Bneck 单元、升维卷积、全局平均池化等操作。以输入 224×224×3 尺寸的图像为例，主干网络的整体结构见表 5-1。

表 5-1　主干网络整体结构

输入	操作	扩展尺寸	输出
$224^2 \times 3$	卷积，3×3	-	16
$112^2 \times 16$	Bneck，3×3	16	16
$56^2 \times 16$	Bneck，3×3	72	24
$28^2 \times 24$	Bneck，3×3	88	24
$28^2 \times 24$	Bneck，5×5	96	40

续表

输入	操作	扩展尺寸	输出
$14^2 \times 40$	Bneck，5×5	240	40
$14^2 \times 40$	Bneck，5×5	240	40
$14^2 \times 40$	Bneck，5×5	120	48
$14^2 \times 48$	Bneck，5×5	144	48
$14^2 \times 48$	Bneck，5×5	288	96
$7^2 \times 96$	Bneck，5×5	576	96
$7^2 \times 96$	Bneck，5×5	576	96
$7^2 \times 96$	卷积，1×1	-	576
$7^2 \times 576$	池化，7×7	-	-
$1^2 \times 576$	卷积，1×1，NBN	-	1280
$1^2 \times 1280$	卷积，1×1，NBN	-	K

在核心计算单元 Bneck 中，如图 5-21 所示，首先使用 1×1 卷积操作将输入特征图升维，然后进行 3×3 的深度可分离卷积以生成输出特征图，接着将输出特征图传入 SE 模块进行通道权重调整。在 SE 模块中，首先对特征图进行每个通道的全局平均池化操作，输出 1×1 的向量。然后，将该向量通过带有 Relu 激活函数的第一个全连接层进行处理，使得向量长度缩小为原长度的四分之一。接下来，该向量经过带有 h-swish 激活函数的第二个全连接层进行处理，使得 1×1 向量长度恢复。接着，SE 模块将该向量的每个元素与 SE 模块的输入特征图的对应通道特征矩阵进行相乘运算，得到经过 SE 模块加权后的特征图。最后，使用卷积操作对特征图进行降维并从 Bneck 单元输出。引入 MobilenetV3 small 特征提取网络，在完成将模型轻量化的基础上，大幅提升了模型在分割任务中的精度和速度。

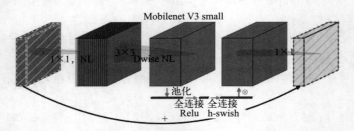

图 5-21　主干网络 Bneck 模块结构

非结构化道路图像的目标分割区域在空间上往往分布在整个图像的中下部分，为提升网络对此区域的敏感度，引入注意力机制，提升特征提取效率。注意力模型往往应用于语义分割的编码器与解码器连接处，但经实验发现该方式对于分割精度的提升效果并不理想，应用于主干网络又会带来额外的计算量，并且在主干网络中已运用了简洁的 SE 注意力模型。经多次实验决定将注意力模型应用于 ASPP 模块的多尺度空洞卷积操作中，以增强 ASPP 模块表达能力。

注意力模型采用通道注意力模块（channel attention module，CAM）和空间注意力模块（spatial attention module，SAM）进行串联的形式，整体结构如图 5-22 所示。两个模块相互独立，以通道注意力模块在前、空间注意力模块在后的顺序串联。通道注意力模块关注所有特征中关键的目标特征，空间注意力模块关注目标特征的空间分布位置。

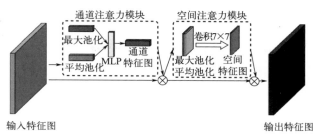

图 5-22　注意力模型结构

通道注意力模块先对输入特征图进行平均池化和最大池化，将处理后的特征图分别用共享全连接层（shared MLP）处理，最后用 σ（sigmoid）函数激活得到通道注意力特征。通道注意力计算公式如下：

$$M_C(F) = \sigma\{MLP[AvgPool(F)] + MLP[MaxPool(F)]\}$$
$$= \sigma\{W_1[W_0(F_{avg}^c)] + W_1[W_0(F_{max}^c)]\} \tag{5-11}$$

式中　$M_C(F)$——通道注意力特征图；

$\quad\quad F_{avg}^c$——平均池化输出特征图；

$\quad\quad F_{max}^c$——最大池化输出特征图；

$\quad\quad F$——输入特征图；

$\quad W_0$、W_1——多层感知模型中的两层参数。

空间注意力模块与通道注意力模块相同，也先对输入特征图进行平均池化和最大池化，然后将两层特征图叠加，最后用一个 7×7 的卷积核做常规卷积处理得到空间注意力特征图。计算公式如下：

$$M_S(F) = \sigma\left(f^{7\times7}\{[AvgPool(F); MaxPool(F)]\}\right)$$
$$= \sigma\{f^{7\times7}[(F_{avg}^s; F_{max}^s)]\} \tag{5-12}$$

式中　$M_S(F)$——空间注意力特征图；

$\quad\quad F_{avg}^s$——平均池化输出特征图；

$\quad\quad F_{max}^s$——最大池化输出特征图。

DeeplabV3+ 的解码器采用简单的两次 4 倍上采样中间融合一次浅层特征图的结构，已经达到一定精度要求，但相比于具有多尺度特征融合的解码器，对于细节特征的语义分割精度还有待提升。考虑到非结构化道路细节特征的复杂性，使用原解码器结构的高效上采样处理方式，参考对细节特征分割精度控制较好的逐层融合结构，对原解码器网络结构进行优化后，其结构如图 5-23 所示。

解码器结构采用简化的逐层特征融合方式，在原解码器结构中最后一次 4 倍上采样时将其分为两次 2 倍上采样操作，并在第一次 2 倍上采样时融合浅层特征图。该浅层特征图尺寸是最初的 4 倍上采样融合时采用的浅层特征图的 2 倍，采用的特征融合方式为合并。最后将融合的特征图用 3×3 卷积网络进行微调和改变通道数。

解码器结构中多加入一个尺度的浅层特征图进行特征融合，在对计算速度影响较小的情况下，进一步提升了对局部细节特征的语义分割精度，逐层特征融合的方式也增强了上采样过程中细节特征的表达。

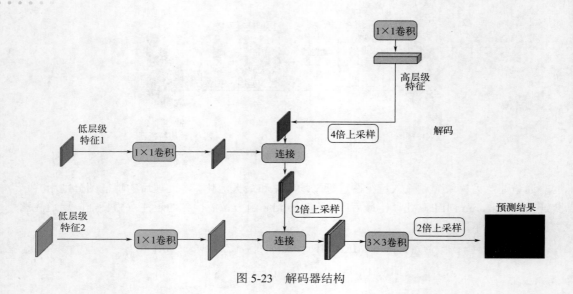

图 5-23　解码器结构

本章小结

　　本章主要对机器视觉在无人系统中的应用以及相关知识进行介绍，包括 OpenCV、cv-bridge 的简单应用，视觉 SLAM 主要框架，障碍物预测的数学模型和避障策略，二维码识别算法简介和操作流程，非结构化道路分割算法以及优化改进方法，并在部分章节给出了案例，希望可以为广大读者带来些许启发。读者可结合书中内容进行实际操作以加深理解。

扫码免费获取
本书资源包

第 **6** 章

地面无人系统的通信网络

在计算机世界中，网络支撑一般作为 IT 基础设施，隐藏在计算机应用的背后，计算机应用开发人员只需要熟悉网络接口（例如 Socket 接口）或者更高层的网络应用封装接口即可，完全不需要了解网络技术细节。基于 ROS 的地面无人系统开发亦是如此。但是，对于有技术进阶要求的开发人员，网络知识不应成为技术盲区，应该对网络世界有一定的了解与认识。本章将尽可能简要并全面地介绍计算机网络基础知识背景，帮助读者了解地面无人系统网络通信背后的网络基本知识。

6.1　计算机网络协议

两台以上的计算机通过网线连接在一起，或者通过计算机的无线网卡相互通信，需要计算机网络的支撑。计算机网络是由遵循某种通信协议标准的硬件模块通过网线电路或者无线射频组成的通信系统构成。这种通信可以发生在小区域范围，例如一个建筑物局域网 LAN（local area network）之内的计算机之间，也可以是分布在全球不同地域的计算机通过广域网 WAN（wide area network）相互通信。

在计算机网络中，保证互通互联的最基本技术要求是协议标准，使用最普遍的计算机网络协议是 TCP/IP 协议与以太网协议。全球互通的广域公用计算机网络是 Internet（互联网）。因此在某种意义上，将公用计算机广域网视为 Internet，将计算机网络协议视为 TCP/IP 网络一点也不为过。

但在 TCP/IP 协议之前，还有一个在计算机网络技术中（甚至延伸至整个计算机软件架构领域）更重要的标准协议：OSI 7 层协议。

本节首先介绍 OSI 协议标准，然后再介绍影响计算机 TCP/IP 网络简化 OSI 模型的 4 层、5 层标准协议。

6.1.1　OSI 7层协议

在计算机世界中，开放互通（open system）、模块化（modularization）、面向服务的体系架构（service oriented architecture，SOA）成为构建计算机硬件与软件技术的基本理念。只有开放互通，才能保证计算机世界生态环境中成百上千的硬件与软件厂商的产品互通互联，才能保证技术进步能够平滑地向前、向后兼容，不出现技术断裂导致的生产浪费与无效费用。模块化与面向服务的体系架构能够将复杂对象、复杂技术自上而下分解为相对简单的对象与技术，然后将最基础的简单对象与简单技术通过服务与标准接口组装成复杂对象与复杂技术，提高生产力，降低成本，快速扩大生态环境。在现代技术环境下，基于上述理念的标准协议占据非常重要的地位。在所有的计算机技术、计算机网络技术中，包括当代电信网络，OSI 是最核心的参考标准协议，它的概念模型影响无出其右。

OSI 参考模型最大的特点是开放性。不同厂家的网络产品，只要遵照这个参考模型，就可以实现互联、互操作和可移植性。也就是说，任何遵循 OSI 标准的系统，只要物理上连接起来，它们之间都可以互相通信。

OSI 参考模型定义了开放系统的层次结构和各层所提供的服务。OSI 参考模型的一个成功之处在于，它清晰地分开了服务、接口和协议这 3 个容易混淆的概念。服务描述了每一层的功能，接口定义了某层提供的服务如何被高层访问，而协议是每一层功能的实现方法。通过区分这些抽象概念，OSI 参考模型将功能定义与实现细节区分开来，概括性高，这使它具有普遍的适应能力。

OSI 参考模型不但影响了计算机网络技术架构，也深深影响了电信网络的技术架构，并最终导致计算机网络与电信网络从硬件到软件的相互融合渗透。

OSI 参考模型是具有 7 个层次的框架，自下向上的 7 个层次分别是物理层、数据链路层、网络层、传输层、会话层、表示层和应用层，如图 6-1 所示。

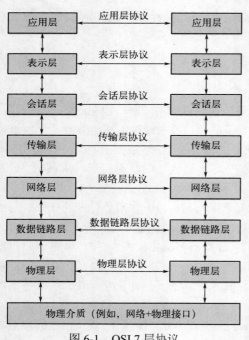

图 6-1　OSI 7 层协议

（1）参考模型层次划分原则

OSI 将整个通信功能划分为 7 个层次，划分的原则如下：

① 网络中所有节点都划分为相同的层次结构，相同的层次都有相同的功能；

② 同一节点内各相邻层次间可通过接口协议进行通信；

③ 每一层使用下一层提供的服务，并向它的上层提供服务；

④ 不同节点的同等层次按照协议实现同等层次之间的通信。

（2）各层次功能

① 物理层。物理层并不是物理媒体本身，它只是开放系统中利用物理媒体实现物理连接的功能描述和执行连接的规程。物理层提供用于建立、保持和断开物理连接的机械与电气功能和过程的条件。简而言之，物理层提供有关同步和比特流在物理媒体上的传输手段，其典型的协议有 EIA-232-D 等。

② 数据链路层。数据链路层负责在物理连接的节点之间提供可靠的数据传输。它处理数据帧的封装、物理地址寻址、差错检测与纠正、流量控制、访问控制等任务，确保数据的可靠传输。典型的数据链路层协议包括以太网（Ethernet）、高级数据链路控制协议（HDLC）、点对点协议（PPP）等。它们提供不同的功能和特性，适用于不同的网络环境和需求。

③ 网络层。网络层规定了网络连接的建立、维持和拆除的协议。它的主要功能是利用数据

链路层所提供的相邻节点间的无差错数据传输功能，通过路由选择和中继功能，实现两个系统之间的连接。在计算机网络系统中，网络层还具有多路复用的功能。

④ 传输层。传输层完成开放系统之间的数据传送控制，主要是开放系统之间数据的收发确认，同时还用于弥补各种通信网络的质量差异，对经过下三层之后仍然存在的传输差错进行恢复，进一步提高可靠性。另外，传输层还通过复用、分段和组合、连接和分离、分流和合流等技术措施，提高吞吐量和服务质量。

⑤ 会话层。会话层依靠传输层以下的通信功能，使数据传送功能在开放系统间有效地进行。其主要功能是按照应用进程之间的约定，按照正确的顺序收发数据，进行各种形式的对话。控制方式归纳为以下两类：一是为了在会话应用中易于实现接收处理和发送处理的逐次交替变换，设置某一时刻只有一端发送数据，因此需要有交替改变发信端的传送控制；二是在类似文件传送等单方向传送大量数据的情况下，为了防止应用处理中出现意外，在传送数据的过程中需要给数据记上标记，当出现意外时，可以由记标记处重发。例如，可以将长文件分页发送，当收到上页的接收确认后，再发下页的内容。

⑥ 表示层。表示层的主要功能是把应用层提供的信息变换为能够共同理解的形式，提供字符代码、数据格式、控制信息格式、加密等的统一表示。表示层仅对应用层信息内容的形式进行变换，而不改变其内容本身。

⑦ 应用层。应用层是 OSI 参考模型的最高层，其功能是实现应用进程(如用户程序、终端操作员等)之间的信息交换。同时，它还具有一系列业务处理所需要的服务功能。

（3）OSI 参考模型的特点
① 每层的对应实体之间都通过各自的协议进行通信。
② 各个计算机系统都有相同的层次结构。
③ 不同系统的相同层次具有相同的功能。
④ 同一系统的各层次之间通过接口联系。
⑤ 相邻的两层之间，下层为上层提供服务，上层使用下层提供的服务，不能跃层接口操作。

OSI 7 层模型是一个理想概念模型，可以是很好的设计框架，但是分层过细会导致技术烦琐以及效率低，因此在技术实现时往往会省略某些层次，尤其是模型高层。例如，会话层、表示层与应用层在 TCP/IP 协议中都被合并到应用层中。

6.1.2　TCP/IP网络协议族

1969 年，美国国防部的国防高级研究计划局（DARPA）建立了全世界第一个分组交换网 ARPANET，即 Internet 的前身，这是一个只有四个节点的存储转发方式的分组交换广域网，是为了验证远程分组交换网的可行性而进行的一项试验工程。

1972 年，首届国际计算机通信会议（ICCC）上公开展示了 ARPANET 的分组交换技术。

1978 年，国际标准化组织（IOS）为了解决不同厂商的计算机网络之间不能互联的问题，提出了开放系统互联基准（参考）模型（OSI/RM），即 OSI 网络体系结构，以推动网络标准化工作。在总结最初的建网实践的基础上，DARPA 组织有关专家开发了 ARPANET 第三代网络协议——TCP/IP，并于 1983 年在 ARPANET 上正式启用，与此同时 UNIX BSD 版安装了 TCP/IP 协议软件。

目前采用 TCP/IP 的 Internet 已经成为全球最大的、开放的、由众多网络互联而成的计算机网络。Internet 的发展已经历了三个阶段，逐渐走向成熟。

● 从 1969 年 Internet 的前身 ARPANET 的诞生到 1983 年，是 Internet 的研究试验阶段，此时它主要是作为对网络技术进行研究和试验用的网络。

● 从 1983 年到 1994 年是 Internet 的实用阶段，此时它作为用于教学、科研和通信的学术网络，在美国和一部分发达国家的大学和研究部门中得到广泛应用。

● 从 1994 年以后，Internet 开始进入商业化阶段，除了原有的学术网络应用外，政府部门、商业企业以及个人广泛使用 Internet。全世界绝大部分国家都已经接入 Internet，Internet 成为全世界的信息基础设施。

6.1.3　其他计算机网络协议

计算机网络在其发展过程的早期，一些具备通信技术实力的公司也开发出自己的完整的计算机网络协议软件，实现计算机联网应用，但在计算机网络发展过程中，它们没有成为国际上通用的主流协议，而只在小众领域或本公司产品中有所应用，并且很多逐渐被市场淘汰。TCP/IP 网络协议则逐渐发展壮大，成为当前计算机网络的工业标准。

（1）SNA

SNA（systems network architecture，系统网络体系结构）是 IBM 公司用于连接计算机及其资源的完整协议栈，创建于 1974 年。SNA 早于 IBM 的系统应用体系结构（SAA），但后来成为它的一部分，组成 IBM "开放蓝图" 的一部分。SNA 本身包含几个功能层，还包括数据链层、同步数据链控制（SDLC）以及一个称为虚拟无线通信访问方法的应用程序接口，后者是用于控制信息和数据交换的通信协议。SNA 包括节点概念，节点包括提供一定建立功能的物理单元以及与特定网络事务相关的逻辑单元。

随着 TCP/IP 的普及和发展，SNA 已经从一个私有网络体系结构转变为 "应用程序和应用程序访问体系结构"。换句话说，虽然许多应用程序仍然需要在 SNA 中进行通信，但所需的 SNA 协议通过 IP 在网络上传输，SNA 被替换并兼容到 TCP/IP 体系架构中。

（2）SPX/IPX

IPX（internet work packet exchange，互联网络数据包交换）是 Novel 公司于 1983 年推出的在局域网环境下的多平台网络操作系统 Novell NetWare 的网络协议栈。IPX 是 Novell NetWare 自带的最底层网络协议，主要用来控制局域网内或局域网之间数据包的寻址和路由，只负责数据包在局域网中的传送，并不保证消息的完整性，也不提供纠错服务。SPX（sequences packet exchange，顺序包交换）是基于施乐的 Xerox SPP（sequences packet protocol，顺序包协议），同样是由 Novell 公司开发的一种用于局域网的网络协议。在局域网中，SPX 协议主要负责对整个传输的数据进行无差错处理，即纠错。

Netware 曾在 20 世纪 80 年代一度业绩辉煌，几乎垄断了局域网市场，但是，随着微软在 20 世纪后期不断撤销对 Netware 的支持以及 TCP/IP 网络的市场扩展，Netware 的市场份额日趋缩小，至今已经退居到一个很小的市场角落了。

（3）Apple Talk

Apple Talk（AT）是一组由 Apple 公司于 1985 年发布的专有网络协议。它支持网络路由选择、事务服务、数据流服务以及域名服务。作为网络协议栈的一部分，Apple Talk 主要用于提供文件和打印共享服务。它通过 Local Talk 接口和以太网扩展板等方式连接不同的网络媒体，如 Local Talk 和以太网。此外，Apple Talk 协议还包含一些第三方应用程序。

一个 Apple Talk 构成的局域网能够支持多达 32 台计算机设备，并且数据转换速率可以达到 230.4Kbps❶。各设备之间可以相距 1000ft（约 305m）。在物理层，Apple Talk 是一种具有总

---

❶ bps 即比特率单位 bit/s，文中按照互联网行业习惯采用 bps。

线拓扑结构的网络，各模块之间通过中继电缆相互连接。

2009 年，Apple 公司推出的产品 MacOS X v10.6 发行版放弃支持 Apple Talk，转而使用标准 TCP/IP 协议与其他计算机进行网络通信。Apple Talk 逐渐成为历史遗迹。

6.2　TCP/IP 网络分层模型与协议栈协议

鉴于 TCP/IP 网络协议在计算机网络中的重要地位，本节简要介绍 TCP/IP 网络分层模型以及其协议栈的各层协议。

6.2.1　TCP/IP网络分层模型

如图 6-2 所示，TCP/IP 网络模型对 OSI 7 层模型做了简化。TCP/IP 模型其实是从等同于 OSI 7 层模型的数据链路层的网络接口层开始，下层的物理层（包括计算机网线端口电气规格）不在 TCP/IP 网络模型范畴内，TCP/IP 的应用层则延伸覆盖了 7 层模型的会话层与表示层。

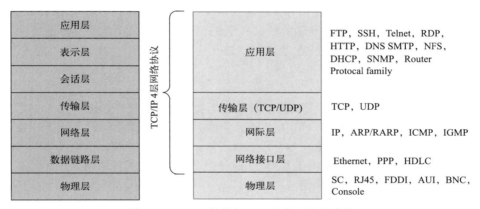

图 6-2　TCP/IP 协议与 OSI 协议对比示意图

6.2.2　TCP/IP网络协议栈

本节自上而下描述 TCP/IP 协议栈各层的功能与服务协议接口。TCP/IP 协议栈各层的网络协议均能够在本节找到对应描述。

6.2.2.1　应用层

应用层功能的服务对象是计算机用户，以及计算机网络系统。大量的应用系统（软件平台、框架）在 TCP/IP 网络应用层构建自己的协议，满足本领域的通用需求，应用层只罗列了一些著名的基于 TCP/IP 面向用户的网络标准应用。

（1）FTP 协议

FTP（file transfer protocol，文件传输协议）是用于在网络上进行文件传输的一套基于 TCP 协议的标准协议。传输文件的格式是 ASCII 或者二进制。它使用传输层 TCP 协议传送文件。FTP 允许计算机用户以文件操作的方式（如文件的增、删、改、查、传送等）与另一远程主机相互通信，用 FTP 程序访问远程主机资源，实现用户往返传输文件、目录管理以及访问电子邮件等，即使双方计算机可能配有不同的操作系统。

FTP 默认周知端口：21。

TFTP 是另外一个传输文件的简单协议，它基于 UDP 协议而实现，此协议设计的时候是进行小文件传输的，因此它不具备通常的 FTP 的许多功能。它只能从文件服务器上获得或写入文件，不能列出目录，不进行认证。它传输 8 位数据，传输中有三种模式：netascii，这是 8 位的 ASCII 码形式；另一种是 octet，这是 8 位源数据类型；最后一种 mail，已经不再支持。它将返回的数据直接返回给用户而不是保存为文件。

TFTP 默认周知端口：69。

（2）SSH 协议

SSH（secure shell，安全外壳协议）由 IETF 的网络小组（network working group）所制定。SSH 为建立在应用层基础上的安全协议。SSH 是较可靠的、专为远程登录会话和其他网络服务提供安全性的协议，利用 SSH 协议可以有效防止远程管理过程中的信息泄露问题。SSH 最初是 UNIX 系统上的一个程序，后来又迅速扩展到其他操作平台。SSH 在正确使用时可弥补网络中的漏洞。SSH 客户端适用于多种平台，几乎所有计算机操作系统，例如 UNIX、Linux、Windows、MacOSX 都可支持 SSH。

通过使用 SSH，计算机用户可以把所有传输的数据进行加密，这样通过传输通道截获信息，然后加以仿冒欺骗的"中间人"攻击方式就难以实现，而且能够防止 DNS 欺骗和 IP 欺骗。使用 SSH 还有一个额外的好处就是传输的数据是经过压缩的，所以可以加快传输的速度。SSH 功能很多，它既可以代替 Telnet，又可以为 FTP、PoP 甚至 PPP 提供一个安全的"通道"。

SSH 默认周知端口：22。

（3）Telnet 协议

Telnet 协议为计算机用户提供了在本地计算机上实施远端主机登录操作的工作能力。在终端使用者的计算机上使用 Telnet 程序，用它连接到服务器，此时终端使用者可以在 Telnet 程序中输入命令，这些命令会在服务器上运行，就像直接在服务器的控制台上输入一样。Telnet 属于典型的客户机/服务器服务模型工作方式。Telnet 也是跨计算机操作系统平台（例如 UNIX、Linux、Windows、MacOSX）的网络应用。

Telnet 默认周知端口：23。

（4）RDP 协议

RDP（remote desktop protocal，远程桌面协议)是一个多通道（multi-channel）的协议，让计算机用户（又称本地客户端用户）连上提供微软终端机服务的远端计算机（又称为服务端或远端服务器）。

远程桌面方便 Windows 服务器管理员对服务器进行基于图形界面的远程管理。远程桌面是基于 RDP 的。

RDP 的设计建构于 ITUT.share 协议（又称为 T.128），并针对不同版本 Windows 操作系统发展了多个升级配套版本。RDP 不但应用于 Windows 环境，其他操作系统(例如 Linux、FreeBSD、MacOSX 等)也通过自身软件模块支持 RDP。

（5）HTTP 协议

HTTP（hyper text transfer protocol）是一种基于 TCP 的请求-响应协议，用于在客户端和服务端之间传输数据。它使用 ASCII 格式消息头来描述请求和响应的属性和元数据，而消息主体则使用类似 MIME 的格式来携带具体的数据内容。另外，需要注意的是，由于 HTTP 是无状态的协议，它不会保存请求之间的状态信息。

1990 年，HTTP 成为 WWW（万维网）的基础支撑协议。当时由其创始人 WWW 之父蒂姆·伯纳斯·李（Tim Berners.Lee）提出，随后 WWW 联盟（WWW Consortium）成立，组织了 IETF（Internet Engineering Task Force）小组进一步完善和发布 HTTP。

HTTP 是基于 B/S 架构进行通信的。HTTP 服务器端的实现程序有 httpd、nginx 等 Web 服务器。Web 服务器通常监听 TCP 的 80 端口，也可以指定为其他端口，客户端程序主要是 Web 浏览器或者基于 HTTP 协议的应用软件。

为了网络应用安全，基于 HTTP 派生出 SHTTP 协议（secure hyper text transfer protocal，安全超文本传输协议）。SHTTP 协议为 HTTP 客户机和服务器提供了多种安全机制，这些安全机制适用于万维网上各类用户，同时还为客户机和服务器提供了对称能力（及时处理请求和恢复，以及两者的参数选择），维持 HTTP 的通信模型和实时特征。

SHTTP 默认监听端口：80。

HTTPS（hypertext transfer protocol secure，安全超文本传输协议通道）在 HTTP 的基础上通过传输加密和身份认证保证了传输过程的安全性。HTTPS 在 HTTP 的基础上加入 SSL，SSL 是 HTTPS 的安全基础，因此加密的详细内容就需要 SSL。HTTPS 存在不同于 HTTP 的默认端口及一个加密/身份验证层（在 HTTP 与 TCP 之间）。这个系统提供了身份验证与加密通信方法。它被广泛用于万维网上安全敏感的通信，例如交易支付等方面。

HTTPS 默认监听端口：443。

（6）SMTP

SMTP（simple main transfer protocol，简单邮件传输协议）是在 Internet 上传输 Email 的标准，是一个相对简单的基于文本的协议。在其之上指定了一条消息的一个或多个接收者（在大多数情况下被确认是存在的），然后消息文本会被传输。可以很简单地通过 Telnet 程序来测试一个 SMTP 服务器。

SMTP 默认周知端口：25。

（7）NFS

NFS（network file system，网络文件系统）能使使用者访问网络上别处的文件，就像在使用自己的计算机一样。

NFS 是基于 UDP/IP 协议的应用，其实现主要是采用远程过程调用 RPC 机制。RPC 提供了一组与机器、操作系统以及底层传送协议无关的存取远程文件的操作。RPC 采用了 XDR 的支持。XDR 是一种与机器无关的数据描述编码协议，它以独立于任意机器体系结构的格式对网上传送的数据进行编码和解码，支持在异构系统之间传送数据。

（8）DHCP

DHCP（dynamic host configuration protocol，动态主机设置协议）是一个局域网的网络协议，使用 UDP 协议工作，主要有两个用途：

● 用于内部网络或网络服务供应商自动分配 IP 地址给用户；

● 作为内部网络管理员对所有计算机进行中央管理的手段。

（9）SNMP

SNMP（simple network management protocol，简单网络管理协议）构成了互联网工程工作小组（IETF，internet engineering task force）定义的 Internet 协议族的一部分。该协议能够支持基于 TCP/IP 的计算机网络管理系统，用以监测连接到网络上的网元（NU，network unit）设备是否有引起管理上关注的状态发生。

SNMP 应用协议构建在传输层 UDP 协议的基础上。UDP 协议是不可靠传输，不保证本地发送数据可靠传送到远端。SNMP 在 UDP 协议的基础上，再做了一层可靠传输的应用封装，保证了管理端对远端网元的可靠监控管理、可靠告警信息的监听接收，是利用 UDP 协议轻量级、高效、低开销的优秀案例。

SNMP 默认周知端口：161。

（10）DNS

DNS（domain name system，域名系统）是互联网的一项系统级服务。它作为将域名和 IP 地址相互映射的一个分布式数据库，能够使人更方便地访问互联网资源，是全球互联网（Internet）网络管理、信息管理、信息共享的基石。

互联网通过 IP 地址分布管理众多网络服务器上的信息节点，这些信息节点可通过 IP 地址进行访问与共享。IP 地址不方便记忆，因此 DNS 采用了域名系统来管理名字和 IP 的对应关系。域名可将一个 IP 地址关联到一组有意义的字符上去。用户访问一个网站的时候，既可以输入该网站的 IP 地址，也可以输入其域名，对访问而言，两者是等价的。例如：微软公司的 Web 服务器的 IP 地址是 207.46.230.229，其对应的域名是 www.microsoft.com，不管用户在浏览器中输入的是 207.46.230.229 还是 www.microsoft.com，都可以访问微软 Web 网站。

DNS 首先是一个名字空间的命名系统，名字空间定义包含了所有可能的网络资源名字的集合。它是树状层次结构，树状结构中的分支与叶子统称为节点。一个节点的域名是由从该节点到根的所有节点的标记连接组成的，中间以点分隔。最上层节点的域名称为顶级域名(TLD, top-level domain)，第二层节点的域名称为二级域名，依此类推。每个域名对应一个 IP 地址，例如 www.microsoft.com，一级域名节点为 com，二级域名节点为 microsoft。

域名由互联网域名与数字地址分配机构（ICANN，Internet Corporation for Assigned Names and Numbers）管理，这些机构承担域名系统管理、IP 地址分配、协议参数配置以及主服务器系统管理等职能。ICANN 为不同的国家或地区设置了相应的顶级域名，这些域名通常都由两个英文字母组成。例如："".uk"代表英国，".fr"代表法国，".jp"代表日本。中国的顶级域名是".cn"，".cn"下的域名由 CNNIC（中国互联网信息中心）进行管理。

除了代表各个国家的顶级域名之外，ICANN 最初还定义了 7 个顶级类别域名，它们分别是".com"".top"".edu"".gov"".mil"".net"".org"。".com"".top"用于企业，".edu"用于教育机构，".gov"用于政府机构，".mil"用于军事部门，".net"用于互联网络及信息中心等，".org"用于非盈利性组织。

随着互联网的发展，ICANN 又增加了两大类共 7 个顶级类别域名，分别是".aero"".biz"".coop"".info"".museum"".name"".pro"。其中，".aero"".coop"".museum"是 3 个面向特定行业或群体的顶级域名："".aero"代表航空运输业，".coop"代表协作组织，".museum"代表博物馆。".biz"".info"".name"".pro"是 4 个面向通用领域的顶级域名："".biz"表示商务，".name"表示个人，".pro"表示会计师、律师、医生等，".info"则没有特定指向。

域名数据集合保存在分布式域名数据库或资源文件中。通过访问域名数据库或资源文件的域名，可以解析出对应域名的网络地址。域名解析的目标就是从域名获取域名对应的网络 IP 地址。

DNS 默认周知端口：53。

在互联网的全球网络系统中，逻辑上部署有如图 6-3 所示树状的 DNS 服务器（实际 DNS 服务器的网络连接要更加复杂多样性）。

DNS 服务器系统提供对域名的解析（从域名得到域名对应的 IP 网络地址）与反解析（通过 IP 网络地址查找网络地址对应的域名）服务。

例如，当一个网络用户要访问目标网站时，内部程序处理首先以客户端身份进行目标网站寻址，寻址信息包含的是目标网站的域名信息，域名信息数据打包成 UDP 报文，发给本地域名服务器。域名服务器解析域名，如果能够在本机域名资源中解析到目标域名，则将域名对应的 IP 地址放在应答报文中返回客户端，客户端利用域名 IP 地址再直接访问目标网站；若域名服务器没有目标域名资源，不能回答该请求，则此域名服务器就暂时成为 DNS 中的另一个客户，向根域名服务器发出域名寻址，根域名服务器再查找下面的所有二级域名的域名服务器，这样以此类推，一直向下递归处理，直至查询到客户端请求的目标域名（见图6-4）。

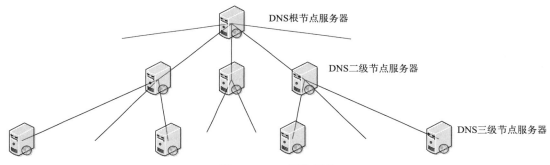

图 6-3　DNS 网络结构

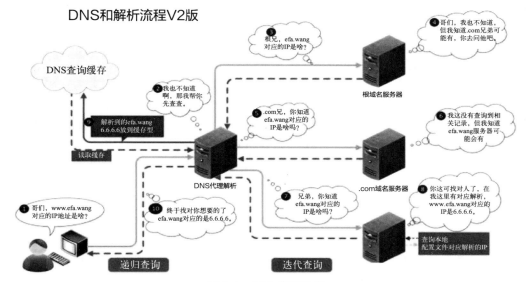

图 6-4　DNS 流程示意

DNS 要保证域名资源的覆盖度、可信性与响应及时性。为此采取了一系列的技术措施保证上述要求。

● DNS 根服务器。在 DNS 服务器家族里还有一种叫作"DNS 根服务器"的服务器。全球共有 13 台根域名服务器。这 13 台根域名服务器中名字分别为"A"至"M"，其中 10 台设置在美国，另外 3 台分别设置于英国、瑞典和日本。根域名服务器主要用来管理互联网的主目录，全世界只有 13 台。所有根域名服务器、域名体系和 IP 地址等均由美国政府授权的互联网域名与数字地址分配机构（ICANN）统一管理。

● 镜像 DNS 服务器。镜像 DNS 服务器(mirror server)也称缓存 DNS 服务器，与 DNS 主服务器的服务内容是一样的，只是放在不同的地方，动态同步备份 DNS 主服务器的域名资源，分担 DNS 主服务器的访问负载，实现负载均衡。镜像 DNS 服务器是提高域名寻址服务效率与响应速度的重要技术手段。当 DNS 主服务器更改了本身保存的域名资源时，镜像 DNS 服务器的动态同步机制有一定的时间差，这个时间差会导致 DNS 服务在同步瞬时更新数据不及时准确。

（11）路由协议

路由协议（routing protocol）是一种指定数据包转送方式的网上协议。Internet 的主要节点设备是路由器，路由器通过路由表来转发接收到的 IP 包数据。路由协议作为 TCP/IP 协议族中网络层重要成员之一，其选路过程实现的好坏会影响整个 Internet 性能。

路由配置可以通过人工配置，也可以采用动态路由配置策略。动态路由协议可以让路由器跟随网络拓扑变化与流量变化自动完成下列功能：

① 维护路由信息；

② 建立路由表；

③ 决定最佳路由。

所有的动态路由协议在 TCP/IP 协议栈中都属于应用层的协议。但是不同的路由协议使用的底层协议不同。

OSPF 将协议报文直接封装在 IP 报文中，协议号 89。由于 IP 协议本身是不可靠传输协议，所以 OSPF 传输的可靠性需要协议本身来保证。

IS-IS 协议是开放系统互联（OSI）协议中的网络层协议。IS-IS 协议基础是 CLNP（connectionless network protocol，无连接网络协议）。

路由协议按照寻径算法、工作区域、路由类型分类如下：

① 根据寻径算法分类。动态路由协议按寻址算法的不同，可以分为距离矢量路由协议和链路状态路由协议。

a. 距离矢量路由协议。采用距离矢量（distance vector，DV）算法，是相邻的路由器之间互相交换整个路由表，并进行矢量的叠加，最后学习到整个路由表。距离矢量路由协议有 RIP、BGP 等。

b. 链路状态路由协议。使用链路状态（link state，LS）算法，该算法将路由器分成若干区域，并收集每个区域内所有路由器的链路状态信息，通过分析链路状态信息，生成网络的拓扑结构图，并根据该拓扑结构图计算出最佳的路由。相比于简单地从相邻路由器学习路由，链路状态路由协议采取了更加层次化和综合性的方法。

链路状态路由协议有 OSPF、IS-IS 等。

② 按工作区域分类。大的 ISP（internet service provider，互联网服务提供商）网络可能含有上千台路由器，而小 ISP 可能只有十几台路由器。每个 ISP 管理的网络，一般称为一个管理域，它和其他 ISP 的联通称为域间连接。因此，Internet 又可以看成是由一个个域互联而成。

由于将网络分割为一个个管理域（AS），则根据协议适用的范围，产生了相应的两种路由协议，分别是域内路由协议和域间路由协议。

a. 域内路由协议（interior gateway protocol，IGP）。域内路由协议是负责一个路由域（在一个管理域内运行同一种路由协议的域，称为一个路由域）内路由的路由协议。域内路由协议的作用是确保在一个域内的每个路由器均遵循相同的方式表示路由信息，并且遵循相同的发布和处理信息的规则，主要用于发现和计算路由。域内路由协议有：RIP、OSPF、IS-IS 等。

b. 域间路由协议（exterior gateway protocol，EGP）。域间路由协议负责在自治系统之间或域间完成路由和可到达信息的交互，主要用于传递路由。域间路由协议有：EGP、BGP。

EGP 协议，尤其是早期的 EGP 协议（此处的 EGP 是外部网关协议的一种，两者不能混淆）效率太低，仅被作为一种标准的外部网关协议，没有被广泛使用。而 BGP 协议特别是 BGP-4，由于能处理聚合（采用 CIDR 无类域间路由技术）和超网（supernet），为互联网提供可控制的无循环拓扑，因此在互联网上被大量使用。

③ 按路由类型分类。Internet 中的 IP 数据包一般是点到点的应用，但也有某些情况是点到

多点的应用，如音频/视频会议（多媒体会议）、某些信息（如股票）的实时数据传送、网络游戏和仿真等，分别称这两种 IP 数据包的路由为单播路由和组播路由。

单播路由和组播路由在传送 IP 数据包时使用的路由转发表的结构是不同的，并且使用的 IP 数据包中的信息也是不同的（不详细介绍），由此分出两种路由协议，分别是单播路由协议和组播路由协议。

a. 单播路由协议。单播路由协议是生成和维护单播路由表的协议。单播路由协议有 RIP、OSPF、IS-IS、IGRP、BGP 等。

b. 组播路由协议。组播路由协议是生成和维护组播路由表的协议。组播路由协议有 DVMRP、PIM-SM、PIM-DM、MOSPF、MBGP 等。

对于路由协议属于 TCP/IP 分层模型哪一层众说纷纭，其原因在于路由协议是由一组协议构成，其中有些协议属于应用层，有些协议属于网络层。就高不就低，就将路由协议隶属在应用层协议中，虽然从分层模型的概念上说不太严格。严格地说，路由协议的下列协议归属层如下：

- RIP、BGP 属于应用层。
- OSPF、EIGR 属于传输层。
- IS-IS 属于网际层。

应用层的路由协议如下：

① RIP（routing information protocol，路由信息协议）是一种内部网关协议（IGP），是一种动态路由选择协议，用于 AS（autonomous system，自治系统）内的路由信息的传递。RIP 协议基于距离矢量算法（distance vector algorithms），在带宽、配置和管理方面要求较低，主要适用于规模较小的网络中。

RIP 使用 UDP 作为传输协议，端口号 520。

注：AS（autonomous system，自治系统）是指一个互联网络，就是把整个 Internet 划分为许多较小的网络单位，这些小的网络称为 AS，有权自主地决定在本系统中应采用何种路由协议。

② BGP（border gateway protocol，边界网关协议）是运行于 TCP 上的一种 AS 的路由协议。BGP 是唯一一个用来处理像互联网大小的网络的协议，也是唯一能够妥善处理好不相关路由域间的多路连接的协议。BGP 系统的主要功能是和其他的 BGP 系统交换网络可达信息。网络可达信息包括列出的 AS 的信息。这些信息有效地构造了 AS 互联的拓扑图并由此清除了路由环路，同时在 AS 级别上可实施策略决策。

BGP 使用 TCP 作为传输协议，提高了协议的可靠性，端口号是 179。

（12）RPC

RPC（remote procedure call protocol，远程过程调用协议）是一种通过网络从远程计算机程序上请求服务，而不需要了解底层网络技术的协议。RPC 采用客户机/服务器模式，请求程序就是一个客户机，而服务提供程序就是一个服务器。

RPC 简单来说就是本机调用一个函数，但这个函数不在本机上执行，而是在另一台机器上执行，执行结果和本地函数调用效果是一样的。举个例子说明一下，在学习编程时，一般在自己的计算机上写一个函数并在本地调用即可；但如果在互联网公司，服务往往是部署在不同服务器上的分布式系统，在一个分布系统中，服务 1 运行一个程序，这个程序在执行过程中某一步要执行 $a+b$ 的函数，但是这个函数被封装在了服务 2 中，这时候就需要 RPC 了。RPC 会将服务 1 中需要计算的 a、b 两参数打包发送到服务 2 中，然后服务 2 执行完后将结果打包再发送回服务 1 中，如图 6-5 所示。这便是一个 RPC 的简易过程，当然现实中肯定不会有这种远程调用一个加法函数的做法，这样举例说明为了更通俗易懂地表达出 RPC 协议的思想，RPC 协

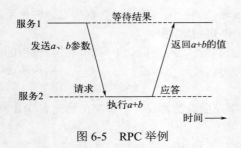

图 6-5　RPC 举例

议简单来说就是为了解决全程调用服务的一种技术，它使得调用者可以像调用本地服务一样方便地去调用远端服务。

总结 RPC 的执行过程：首先，客户机调用进程发送一个有进程参数的调用信息到服务进程，然后等待应答信息；在服务器端，进程保持睡眠状态直到调用信息到达为止；当一个调用信息到达，服务器获得进程参数，计算结果，发送答复信息，然后等待下一个调用信息；最后，客户端调用进程接收答复信息，获得进程结果，然后调用执行继续进行。

RPC 可以被看作是 Client/Server 的一种应用范式协议，底层一般采用 TCP/IP 传输层的 TCP协议。RPC 的核心协议的内容包含三部分：

① 数据交换格式。定义 RPC 的请求和响应对象在网络传输中的字节流内容，也叫作序列化方式；

② 协议结构。定义包含字段列表和各字段语义以及不同字段的排列方式；

③ 协议通过定义规则、格式和语义来约定数据如何在网络间传输。

一次成功的 RPC 需要通信的两端都能够按照协议约定进行网络字节流的读写和对象转换。如果两端对使用的协议不能达成一致，就会出现鸡同鸭讲的现象，无法满足远程通信的需求。

（13）Pub/Sub（发布/订阅）

发布/订阅是软件架构中广泛使用的消息队列应用协议。在发布/订阅的应用场景中，应用角色设定为消息发布者与消息订阅者，发布的消息分为不同的消息类别（type）或者消息话题（topic）。消息发布者向消息服务中心注册发布消息话题，消息订阅者在消息服务中心注册订阅消息话题。消息发布者根据话题订阅信息定时发布目标话题的消息给订阅者受众，或者消息订阅者在消息发布广播或组播中，只过滤接收自己订阅感兴趣的话题消息。

不同的软件平台，有自己不同的消息发布/订阅机制与 API 供开发者使用，ROS 的基本通信之一就采用了发布/订阅机制。

（14）DDS

DDS 标准为 OMG 组织发布的 *Data Distribution Servicefor Real-time Systems*，该规范标准化了分布式实时系统中数据发布、传递和接收的接口和行为，定义了以数据为中心的发布-订阅（data-centric publish-subscribe）机制，提供了一个与平台无关的数据模型。DDS 将分布式网络中传输的数据定义为话题（topic），将数据的产生和接收对象分别定义为发布者（publisher）和订阅者（subscriber），从而构成数据的发布/订阅传输模型。各个节点在逻辑上无主从关系，点与点之间都是对等关系，通信方式可以是点对点、点对多、多对多等，在 QoS 的控制下建立连接，自动发现和配置网络参数。ROS2.0 就将 ROS1.0 的消息发布/订阅的通信机制升级到 DDS 标准之上了。

6.2.2.2　传输层

传输层是实施数据传输和数据控制的一层，提供为应用层服务的接口协议。数据的单位称为数据段（segment）。

主要功能：

● 为端到端连接提供传输服务。

● 这种传输服务分为可靠的和不可靠的，其中 TCP 是典型的可靠传输，而 UDP 则是不可靠传输。

● 为端到端连接提供流量控制、差错控制、服务质量（quality of service，QoS）等管理服务。包括的协议如下：

● TCP：传输控制协议，传输效率低，可靠性强。

● UDP：用户数据报协议，适用于传输可靠性要求不高、数据量小的数据（比如 QQ，采用的通信协议以 UDP 为主，辅以 TCP 协议）。

● DCCP、SCTP、RTP、RSVP 等其他协议。

（1）TCP

TCP（transmission control protocol　传输控制协议）是一种面向连接的、可靠的、基于字节流的传输层通信协议，其传输的单位是 TCP 报文段（TCP segment）。

① TCP 特点：

● 可靠性：可靠。

● 连接性：面向连接。

● 报文：面向字节流。

● 效率：传输效率低。

● 双工性：全双工。

● 流量控制：滑动窗口。

● 拥塞控制：慢开始、拥塞避免、快重传、快恢复。

● 传输速度：慢。

● 支持应用：Telnet、HTTP、FTP、DNS、SMTP。

② TCP 如何保证可靠传输：

● 应答机制：对方收到消息后底层会回复。

● 超时重传：给对方发送一个数据，如果一段时间内对方没有接收，会隔一段时间再次给对方发送，如果一直没有回复，会认为对方掉线了。

● 流量控制：数据发送在网卡缓存区达到一定上限后，会停止发送数据，需要等待对方接收数据，网卡缓存区有空间再发送，保证网卡缓存不会超出。

● 错误校验：如果接收的数据包序号发生了错乱，TCP 会自动排序，保证数据的有序性，如果有重复数据包，会删除重复的数据包。

③ TCP 报文结构如图 6-6 所示。

TCP首部	TCP数据部分

图 6-6　TCP 报文结构

TCP 报文首部结构见图 6-7。

④ TCP 连接的建立和断开过程（三次"握手"和四次"挥手"）。建立一个 TCP 连接需要 3 个报文段，而关闭 TCP 连接需要 4 个报文段，如图 6-8 所示。

TCP 状态控制码，占 6 比特，含义如下。

a. FIN：终止比特（final），用来释放一个连接。当 FIN=1 时，表明此报文段的发送端的数据已发送完毕，并要求释放运输连接。

b. ACK：确认比特（acknowledge）。只有当 ACK=1 时，确认号字段才有效，代表这个封包为确认封包。当 ACK=0 时，确认号无效。

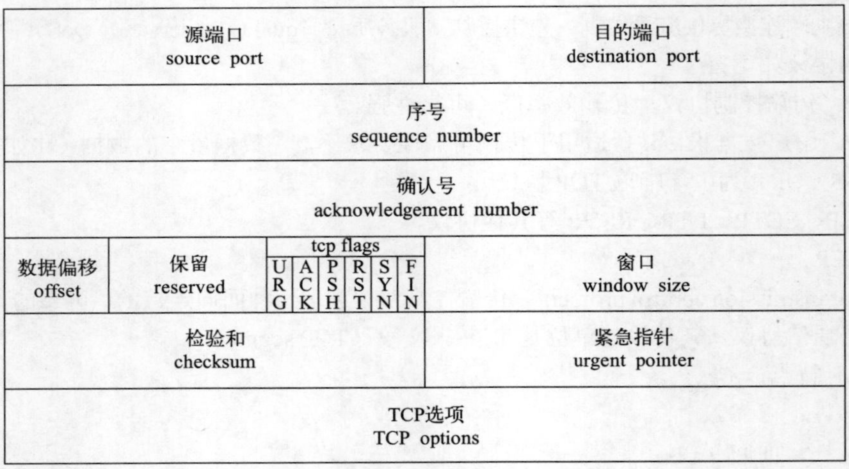

源端口
source port
目的端口
destination port
序号
sequence number
确认号
acknowledgement number
数据偏移
offset
保留
reserved
tcp flags
URG
ACK
PSH
RST
SYN
FIN
窗口
window size
检验和
checksum
紧急指针
urgent pointer
TCP选项
TCP options

图 6-7 TCP 报文首部结构

客户端
服务端
SYN seq=x
SYN seq=y，ACK=x+1
三次“握手”
建立连接
ACK=y+1 seq=x+l
数据传输
FIN seq=k ACK=l
ACK=k+1 seq=l
四次“挥手”
关闭连接
FIN seq=l
ACK=k+1 seq=k

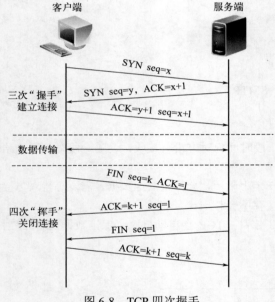

图 6-8 TCP 四次握手

c. URG：紧急比特（urgent）。当 URG=1 时，表明紧急指针字段有效，代表该封包为紧急封包。它告诉系统此报文段中有紧急数据，应尽快传送（相当于高优先级的数据），且图 6-7 中的 urgent pointer 字段也会被启用。

d. PSH：推送比特（push function）若为 1 时，代表要求对方立即传送缓冲区内的其他对应封包，而无须等缓冲满了才送。

e. RST：复位比特（reset）。当 RST=1 时，表明 TCP 连接中出现严重差错（如主机崩溃或其他原因），必须释放连接，然后再重新建立运输连接。

f. SYN：同步比特（synchronous）。SYN 置为 1，就表示这是一个连接请求或连接接收报文，通常带有 SYN 标志的封包表示“主动”要连接到对方的意思。

⑤ API。TCP 提供 API 供应用层使用，常规 API 支持的并发连接数有限，单进程仅支持 1024 个并发连接。

TCP 还提供高并发连接数的 API，例如 Linux 的 epoll、Windows 的 IOCP，其并发连接数能够达到单进程上十万个。

（2）UDP

UDP（user datagram protocol，用户数据报协议）是无连接的传输层协议，提供面向事务的简单不可靠信息传送服务，其传输的单位是用户数据报。

① 特征。

- 可靠性：不可靠，尽最大努力交付 Best effort。
- 连接性：无连接。
- 报文：面向报文。

- 效率：传输效率高。
- 双工性：一对一、一对多、多对一、多对多。
- 流量控制：无。
- 拥塞控制：无。
- 传输速度：快。
- 支持应用：DNS、TFTP、SNMP、NFS。

② UDP 报文结构见图 6-9。

UDP 报文首部结构见图 6-10。

图 6-9　UDP 报文结构

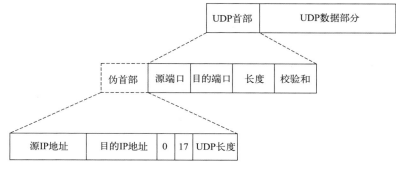

图 6-10　UDP 报文首部结构

（3）其他协议

① DCCP（datagram congestion control protocol，数据报拥塞控制协议）是一个针对传输层中 UDP 新传输协议而发展出来的协议，用来传输实时业务。

② STCP（scalable TCP）是 TCP 拥塞控制协议的一种。STCP 算法通过修改 TCP 的窗口、增加和减少参数来调整发送窗口大小，以适应高速网络的环境。

③ RTP（real-time transport protocol，实时传输协议）为数据提供了具有实时特征的端对端传送服务，如在组播或单播网络服务下的交互式视频、音频或模拟数据。应用程序通常在 UDP 上运行 RTP，以便使用其多路结点和校验服务。这两种协议都提供了传输层协议的功能。但是 RTP 可以与其他适合的底层网络或传输协议一起使用。如果底层网络提供组播方式，那么 RTP 可以使用该组播表传输数据到多个目的地。

④ RSVP（resource reservation protocol）是一种用于互联网上质量整合服务的协议。RSVP 允许主机在网络上请求特殊服务质量用于特殊应用程序数据流的传输。路由器也使用 RSVP 发送服务质量（QoS）请求给所有节点（沿着流路径），并建立和维持这种状态以提供请求服务。

⑤ OSPF（open shortest path first，开放式最短路径优先）是一个内部网关协议（interior gateway protocol，简称 IGP），用于在单一自治系统内决策路由，是对链路状态路由协议的一种实现。著名的 Dijkstra 算法被用来计算最短路径树。OSPF 支持负载均衡和基于服务类型的选路，也支持多种路由形式，如特定主机路由和子网路由等。

⑥ IGRP（interior gateway routing protocol，内部网关路由协议）是由 Cisco 于 20 世纪 80 年代独立开发，属于 Cisco 私有协议。IGRP 和 RIP 一样，同属距离矢量路由协议，因此在诸多方面有着相似点，如 IGRP 也是周期性的广播路由表，也存在最大跳数（默认为 100 跳，达到或超过 100 跳则认为目标网络不可达）。IGRP 最大的特点是使用了混合度量值，同时考虑了链

路的带宽、延迟、负载、MTU、可靠性 5 个方面来计算路由的度量值，而不像其他 IGP 协议单纯考虑某一个方面来计算度量值。IGRP 已经被 Cisco 独立开发的 EIGRP 协议所取代，版本号为 12.3 及其以上的 Cisco IOS（internetwork operating system）已经不支持该协议，现在已经罕有运行 IGRP 协议的网络。

⑦ EIGRP。由于 IGRP 协议的种种缺陷以及不足，Cisco（思科）开发了 EIGRP 协议（增强型内部网关路由协议）来取代 IGRP 协议。EIGRP 属于高级距离矢量路由协议（又称混合型路由协议），继承了 IGRP 的混合度量值，最大特点在于引入了非等价负载均衡技术，并拥有极快的收敛速度。EIGRP 协议在 Cisco 设备网络环境中广泛部署。

6.2.2.3 网际层

网际层负责分组数据包寻址和路由，还可以实现拥塞控制、网际互联等功能。数据的单位称为分组数据包 packet。分组指 IP 数据报既可以是一个 IP 数据报（IP datagram），也可以是 IP 数据报的一个片（fragment）。网际层协议的代表包括：IP、ARP/RARP、ICMP、IGMP 等。这些协议软件支持传输层的 TCP、UDP 数据传输功能。

（1）IP

IP（internet protocal，网际协议）是互联网的基础协议。所有 TCP/IP 网络上传输的数据报都是以 IP 数据格式传输。IP 是不可靠的协议，这是说，IP 协议没有提供一种数据未传达以后的处理机制，这是上层（传输层）协议 TCP 或 UDP 要做的事情。

a. IP 数据报结构（IPv4），见图 6-11。

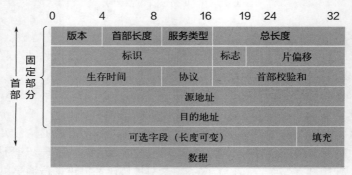

图 6-11 IP 数据报结构

首部和数据报之和的长度，最大为 65535，不能超过 MTU（即最大传送单元）。

- 版本：4 位，IP 协议的版本。
- 首部长度：4 位（1 个单位表示 4 个字节）。
- 服务类型：8 位，声明报文的优先级，获得更好的服务（QoS 应用）。
- 总长度：16 位。
- 标识：计数器，产生数据报的标识（共有几个数据报）。
- 标志：3 位，前两位有意义（MF=1，有分片；MF=0，最后一个分片；DF=0，允许分片）。
- 片偏移：13 位，表示较长的分组在分片后，某片在原分组中的相对位置，以 8 个字节为偏移单位。
- 生存时间：TTL，数据报在网络中可通过的路由器数的最大值（8 位）。
- 协议：8 位，指出数据报使用何种协议。

● 首部校验和：16 位，只检查数据报首部，不检查数据部分。

b. IP 地址。IPv4 的 IP 地址实际是一个 32 位字节的由"0"与"1"组成的二进制数字，在识别时被标识为由 3 个"."分隔的 4 组十进制字符串，例如 192.169.1.100，每组字符串表示 8bit 的二进制数字。IP 地址组成的二进制数据在网络 IP 寻址时分为两部分，即网络 ID（net-id）与主机 ID（host-id），如图 6-12 所示。

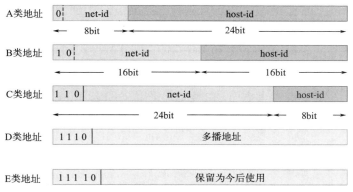

图 6-12　IP 地址分类

网络 ID 用于标识设备所属于的网络，主机 ID 用于表示目标设备。路由器仅根据目的主机所连接的网络号来转发分组（不考虑目的主机号）。IP 地址的这种划分使扩展 IP 地址应用数量范围成为可能。表 6-1 为 IP 地址划分的分组情况。

表 6-1　IP 地址分组

IP 地址	地址范围	私有地址	保留地址	子网数量	主机数量
A 类	0.0.0.0~127.255.255.255	10.0.0.0~10.255.255.255	127.0.0.0~127.255.255.255	126	16777214
B 类	128.0.0.0~191.255.255.255	172.16.0.0~172.31.255.255	169.254.0.0~169.254.255.255	16382	65534
C 类	192.0.0.0~223.255.255.255	192.168.0.0~192.168.255.255		2097150	254
D 类	224.0.0.0~239.255.255.255				
E 类	240.0.0.0~255.255.255.255				

私有地址就是在互联网上不使用，而被用在局域网络中的地址。

单播地址：A 类、B 类和 C 类地址。

多播地址：D 类地址。

224.0.0.0 代表组地址，用在 IGMP 查询报文中。

224.0.0.1 代表"该子网内的所有主机"，用在 IGMP 的查询报文。

224.0.0.2 代表"该子网内的所有路由器组"。

224.0.1.1 用作网络时间协议 NTP。

224.0.0.9 用作 RIP-2。

224.0.1.2 用作 SGI 公司的 dogfight 应用。

广播地址：

● 主机地址全为 1 的 IP 地址为广播地址。

● 本地广播：在本网络内的广播。

● 直接广播：不同网络之间的广播。

除上述规定的地址外，还存在一些特殊用途的地址，如表 6-2 所示。

表 6-2   特殊 IP 地址

net-id	host-id	源地址	目的地址	说明
0	0	可以使用	不可使用	本网络本主机(DHCP 协议)
0	host-id	可以使用	不可使用	本网络的某个主机(host-id)
全 1	全 1	不可使用	可以使用	广播地址（在本网络广播，即路由器不转发）
net-id	全 1	不可使用	可以使用	广播地址(对 net-id 上的所有主机进行广播)
127	非全 0 或全 1 的任何数	可以使用	可以使用	环回地址：本主机进程之间的通信

IPv6 采用 64 位字节组成 IP 地址，其原理与 IPv4 相同，本节就不展开说明了。

c. 子网划分。在 IP 地址空间方面，IPv4 地址采用 32bit 标识，理论上能够提供的地址数量约为 43 亿个，这远远不够日益扩展的全球上网设备 IP 地址需求。考虑到在实际的网络应用中，绝大多数联网设备在一个局部网络区间内使用，因此 TCP/IP 网络采用对 IP 地址创建子网段的方式，扩展 IP 地址。

子网段从主机号段借用若干位作为子网号，两级 IP 地址变成了三级 IP 地址：网络号、子网号和主机号，详见图 6-13。

网络net	子网subnet	主机host

图 6-13   IP 地址构成

IP 数据报到达路由器后，路由器通过子网掩码来确定子网，将数据转发到子网，子网再转发到目的主机。

为了便于查找路由表，不划分子网时也使用子网掩码：

● A 类地址默认子网掩码：255.0.0.0；

● B 类地址默认子网掩码：255.255.0.0；

● C 类地址默认子网掩码：255.255.255.0。

d. 为什么同时需要 IP 地址和 MAC 地址？如果只用 MAC 地址，网桥在学习获取 MAC 地址前，必须向全世界发送包，将会造成巨大的网络流量，并且地址表格难以维护，超过网桥所能承受的极限。

如果只使用 IP 地址，网络中的路由器会隔断网络，在以太网发送 IP 包时，"下一个路由器"只能由 MAC 地址来确定，IP 地址无法确定。

IP 地址的作用很重要的一部分就是屏蔽链路层的差异，因为它是一个逻辑地址，所以可以适应多种链路。以太网这种链路层组网方式中，要通过 MAC 地址来通信，其实 IP 协议完全可以运行于串口（通常运行 slip 或 ppp 等链路层协议）等其他形式的链路之上，这时并不需要一个 MAC 地址。在局域网中两台电脑之间传输数据包用 MAC 地址即可识别，而通过路由器访问互联网，传输数据包中的 MAC 地址就转成路由器的 MAC 地址，此时就要靠 IP 来识别，当要换一台路由器的时候，只要 IP 地址不变，要传输数据的对象只要记住 IP 地址即可与 MAC 地址通信。

（2）ARP/RARP

ARP（address resolution protocol，地址解析协议）是根据 IP 地址获取 MAC 地址的一种协议，工作在数据链路层，用于映射 IP 地址和对应的 MAC 地址，如图 6-14 所示。它通过查找本地网络中的 ARP 缓存表或发送 ARP 请求来解析目标 IP 地址。RARP（Reverse Address Resolution Protocol，反向地址解析协议）则是将 MAC 地址转换为 IP 地址的一种协议。

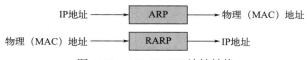

图 6-14　ARP/RARP 地址转换

IP 地址和 MAC 地址都具有唯一性，只有 IP 地址具有层次性（网段）。当主机要发送一个 IP 包时，首先查一下自己的 ARP 高速缓存（就是一个 IP-MAC 地址对应表缓存）。如果查询的 IP-MAC 值对不存在，那么主机就向网络发送一个 ARP 协议广播包，这个广播包里面就有待查询的 IP 地址。收到这份广播包的所有主机都会查询自己的 IP 地址。如果收到广播包的某一个主机发现自己符合条件，那么就准备好一个包含自己的 MAC 地址的 ARP 包传送给发送 ARP 协议广播包的主机。

a. MAC 地址。MAC 地址（media access control address，媒体存取控制地址）也称为局域网地址（LAN address）、以太网地址（ethernet address）、物理地址或硬件地址（physical address）。它是一个用来确认网络设备位置的地址，由网络设备制造商生产时烧录在网卡（network lnterface card）的 EPROM（一种闪存芯片，通常可以通过程序擦写）上。IP 地址与 MAC 地址在计算机里都是以二进制表示的，IP 地址是 32 位的，而 MAC 地址则是 48 位，通常表示为 12 个十六进制数，如 00-16-EA-AE-3C-40 就是一个 MAC 地址。其中，前 3 个字节，即十六进制数 00-16-EA 代表网络硬件制造商的编号，它由 IEEE（电气与电子工程师协会）分配；而后 3 个字节，即十六进制数 AE-3C-40 代表该制造商所制造的某个网络产品(如网卡)的系列号。MAC 地址在世界上是唯一的用于在网络中唯一标示一个网卡，一台设备若有一个或多个网卡，则每个网卡都需要并会有一个唯一的 MAC 地址。

b. ARP 报文格式。图 6-15 所示为 ARP 报文的结构。

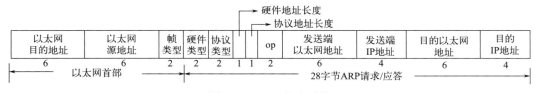

图 6-15　ARP 报文结构

报文中各字段定义如下：
- 帧类型：固定为 08 06，指标为 ARP；
- 硬件类型：指明了发送方想知道的硬件接口类型，以太网的值为 00 01；
- 协议类型：指明了发送方提供的高层协议类型，IP 地址为 08 00；
- 硬件地址长度和协议地址长度：指明了硬件地址和高层协议地址的字节长度（IPv4 分别为 6 和 4）；
- 操作（op）：用来表示这个报文的类型，ARP 请求为 1，ARP 响应为 2，RARP 请求为 3，RARP 响应为 4；
- 发送端以太网地址：源主机以太网地址，6 字节；
- 发送端 IP 地址：源主机的 IP 地址，4 字节；

- 目的以太网地址：目的主机以太网地址，6 字节；
- 目的 IP 地址：目的主机的 IP 地址，4 字节。

c. ARP 请求/响应报文。ARP request(ARP 请求)报文如图 6-16 所示。

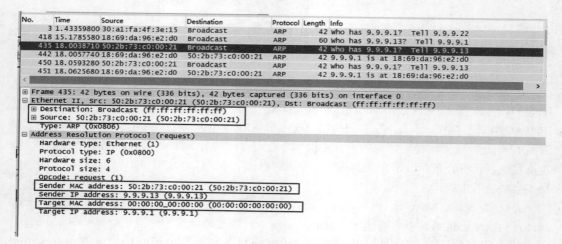

图 6-16　ARP 请求报文

ARP replay（ARP 响应）报文如图 6-17 所示。

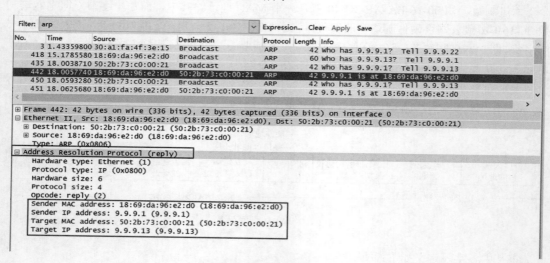

图 6-17　ARP 响应报文

d. ARP 缓存表。ARP 是借助 ARP 请求与 ARP 响应两种类型的包确定 MAC 地址，具体方法如下。

- 主机 A 为了获得主机 B 的 MAC 地址，起初要通过广播发送一个 ARP 请求包。这个包中包含了想要了解其 MAC 地址的主机 B 的 IP 地址。
- ARP 的请求包会被同一个链路上所有的主机和路由器解析。如果 ARP 请求包中的目标 IP 地址与自己的 IP 地址一致，那么这个节点就将自己的 MAC 地址填入 ARP 响应包返回给主机 A。

● 由此，可以通过 ARP 从 IP 地址获得 MAC 地址，实现链路内的 IP 通信。

● 如果每发送一个 IP 数据报都要进行一次 ARP 请求以确定 MAC 地址，那将会造成不必要的网络流量。因此，通常的做法是把获取到的 MAC 地址缓存一段时间，即把第一次通过 ARP 获取到的 MAC 地址作为 IP 对 MAC 的映射关系记忆到一个 ARP 缓存表中，下一次再向这个 IP 地址发送数据报时不需再重新发送 ARP 请求，而是直接使用这个缓存表当中的 MAC 地址进行数据报的发送。

● 每执行一次 ARP，其对应的缓存内容都会被清除。高速缓存中每一项的生存时间一般为 20min。RARP（Reverse Address Resolution Protocol 逆地址解析协议）是从 MAC 地址定位 IP 地址。

● 对于嵌入式设备，会遇到没有任何输入接口或无法通过 DHCP 动态获取 IP 地址的情况，此时需要 RARP 服务器来注册设备的 MAC 地址及其 IP 地址。

● RARP 分组的格式与 ARP 分组基本一致，主要的差别是 RARP 请求或应答的帧类型代码为 0x8035，而且 RARP 的请求操作代码为 3，应答操作代码为 4。

ARP/RARP 的请求以广播方式传送，应答一般是单播（unicast）传送的。

（3）ICMP

IP 协议不是一个可靠的协议，不保证数据被送达，保证数据送达的工作应该由其他的模块来完成。其中一个重要的模块就是 ICMP（internet control message protocol，网际控制报文协议）。ICMP 不是高层协议，而是 IP 层的协议。若传送 IP 数据包时发生错误，比如主机不可达、路由不可达等，ICMP 协议将会把错误信息封包，然后传送回主机，给主机一个处理错误的机会。

① ICMP 报文结构。ICMP 的报文结构如图 6-18 所示。其不同类型由报文中的类型字段和代码字段来共同决定。

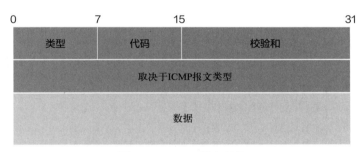

图 6-18　ICMP 报文结构

② 检查远端 IP 可达性与数据包传输性能。ping 命令通过发送 ICMP 回声请求消息给目的地，并接收 ICMP 回声应答消息来检查网络是否通畅或者网络连接速度。

原理：利用网络上机器 IP 地址的唯一性，给目标 IP 地址发送一个数据包，再要求对方返回一个同样大小的数据包来确定两台网络机器是否连接相通，时延是多少。

（4）IGMP

IGMP（internet group management protocol，网际组管理协议）用于主机与路由器之间交互信息。IGMP 有固定的报文长度，没有可选数据。

● 所有要加入组播组的主机和所有连接到有组播主机的子网中的路由器都需要支持 IGMP 协议。

● IGMP 消息不能被路由器转发，只限制在本地网络内。

- IGMP 报文的 TTL 值始终为 1。

① IGMP 版本。IGMP 的版本目前有 v1/v2/v3 三种（表 6-3）。

- RFC 1112——IGMPv1
- RFC 2236——IGMPv2
- RFC 3376——IGMPv3

表 6-3 IGMP 各版本区别

项目	IGMPv1	IGMPv2	IGMPv3
查询器选举	依靠上层路由协议	自己选举	自己选举
成员离开方式	默默离开	主动发出离开报文	主动发出离开报文
特定组查询	不支持	支持	支持
指定源、组加入	不支持	不支持	支持

② IGMP 报文结构。图 6-19 所示为 IGMP 报文的结构。

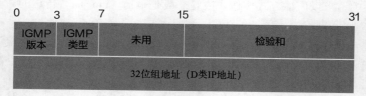

图 6-19 IGMP 报文结构

报文中各字段定义如下：

a. IGMP 类型为 1 说明是由多播路由器发出的查询报文，为 2 说明是主机发出的报告报文。

b. 检验和的计算和 ICMP 协议相同。

c. 组地址为 D 类 IP 地址。在查询报文中组地址设置为 0，在报告报文中组地址为要参加的组地址。

d. IGMPv1 的查询与响应过程如下：

- IGMP 查询器周期性地向共享网段内所有主机以组播方式（目的地址为 224.0.0.1）发送"成员关系查询"报文（组地址为 0）。

- 网络内所有主机都接收到该查询消息，如果某主机对任意组播组 G 感兴趣，则发送"成员关系报告"报文（其中携带组播组 G 的地址）来宣告自己将加入该组播组。

- 经过查询/响应过程后，IGMP 路由器了解到本网络内存在组播组 G 对应的接收者，生成（*，G）组播转发表项，并以此作为组播信息的转发依据（*表示组播组成员，G 表示某个组播组）。

（5）IS-IS

IS-IS（intermediate system to intermediate system，中间系统到中间系统）属于链路状态路由协议。标准 IS-IS 协议是由国际标准化组织制定的 ISO/IEC 10589:2002 所定义的。标准 IS-IS 不适合用于 IP 网络，因此 IETF 制定了适用于 IP 网络的集成化 IS-IS 协议（integrated IS-IS）。和 OSPF 相同，IS-IS 也使用了"区域"的概念，同样也维护着一份链路状态数据库，通过最短生成树算法（SPF）计算出最佳路径。IS-IS 的收敛速度较快。集成化 IS-IS 协议是 ISP 骨干网上最常用的 IGP 协议之一。

6.2.2.4　网络接口层

在 TCP/IP 的 4 层协议栈中，最下层是网络接口层，覆盖了 5 层网络模型的链路层与物理层。实际上，根据 OSI 概念模型，TCP/IP 协议栈只延伸到链路层，只需要链路层的协议服务接口支持 TCP/IP 的网络层协议，物理层已经与它无关。物理层的硬件配置支持链路层功能协议。

（1）链路层

链路层负责物理层之上实现节点间的通信传输，例如在一个以太网链路中连接的两个节点之间的通信。

该层的作用包括：物理地址寻址、数据的成帧、流量控制、数据的检错和重发等。在这一层，数据的单位称为帧（frame）。

- 封装成帧：把网络层数据报加头和尾，封装成帧，帧头中包括源 MAC 地址和目的 MAC 地址。
- 透明传输：零比特填充、转义字符。
- 可靠传输：在出错率很低的链路上很少用，但是无线链路 WLAN 会保证可靠传输。
- 差错检测（CRC）：接收者检测错误，如果发现差错，丢弃该帧。

链路层的主要协议：

- 以太网（ethernet）。
- 点对点协议 PPP（point to point protocol）。
- 高级数据链路控制协议 HDLC（high-level data link control）。
- 帧中继（frame relay）：属于传送网技术。
- 异步传输模式 ATM（asynchronous transfer mode）：属于传送网技术。

这些协议，严格地说是支持 TCP/IP 网络层功能的独立第三方协议。

① 以太网（ethernet）。以太网是应用最普遍的计算机局域网技术。IEEE 组织的 IEEE 802.3 标准规定了以太网的技术标准，它规定了包括物理层连线、电子信号和介质访问层协议等内容。

以太网有两类：第一类是经典以太网；第二类是交换式以太网，使用了一种称为交换机的设备连接不同的计算机。经典以太网是以太网的原始形式，运行速度为 3~10Mbps 不等；而交换式以太网正是广泛应用的以太网，可运行在 100Mbps、1000Mbps 和 10000Mbps 那样的高速率，分别以快速以太网、千兆以太网和万兆以太网的形式呈现。

以太网的标准拓扑结构为总线型拓扑，但快速以太网（100BASE-T、1000BASE-T 标准）为了减少冲突，将网络速度和使用效率最大化，使用交换机来进行网络连接和组织。如此一来，以太网的拓扑结构就成了星形，但在逻辑上，以太网仍然使用总线型拓扑和 CSMA/CD（carrier sense multiple access/collision detection，即载波多重访问/碰撞侦测）的总线技术。

以太网实现了网络上无线电系统多个节点发送信息，每个节点必须获取电缆或者信道才能传送信息。以太网要求每一个网络节点有全球唯一的 48 位地址，也就是制造商分配给网卡的 MAC 地址，以保证以太网上所有节点能互相鉴别。由于以太网十分普遍，许多制造商把以太网的网卡直接集成进计算机主板。

以太网所有的通信信号都在共享线路上传输，即使信息只是想发给其中的一个终端（destination），却会使用广播的形式，发送给线路上的所有计算机。在正常情况下，网络接口卡会滤掉不是发送给自己的信息，接收到目标地址是自己的信息时才会向 CPU 发出中断请求，除非网卡处于混杂模式（promiscuous mode）。这种共享介质是以太网在安全上的弱点，因为以太网上的一个节点可以选择是否监听线路上传输的所有信息。共享电缆也意味着共享带宽，所以在某些情况下以太网的速度可能会非常慢，比如电源故障之后，当所有的网络终端都重新启动时。

a. 中继器。因为信号的衰减和延时，根据不同的介质，以太网段有距离限制。例如，10BASE5 同轴电缆最长距离 500m。最大距离可以通过以太网中继器实现，中继器可以把电缆中的信号放大再传送到下一段。中继器最多连接 5 个网段，但是只能有 4 个设备（即一个网段最多可以接 4 个中继器）。这可以减轻因为电缆断裂造成的问题：当一段同轴电缆断开，所有这个段上的设备就无法通信，中继器可以保证其他网段正常工作。

b. 集线器。采用集线器组网的以太网尽管在物理上是星形结构，但在逻辑上仍然是总线型的，采用半双工的通信方式，采用 CSMA/CD 的冲突检测方法。集线器对于减少数据包冲突的作用很小，每一个数据包都被发送到集线器的每一个端口，所以带宽和安全问题仍没有解决。集线器的总传输量受到单个连接速度的限制（10Mbps 或 100Mbps）。当网络负载过重时，冲突也常常会降低传输量。最坏的情况是，当许多用长电缆组成的主机传送很多非常短的帧（frame）时，可能因冲突过多导致网络的负载在仅 50%左右程度就满载。为了在冲突严重降低传输量之前尽量提高网络的负载，通常会先做一些设定以避免类似情况发生。

c. 经典以太网。经典以太网采用总线方式，利用一个电缆连接着网络上所有计算机。

d. 交换式以太网。交换式以太网的核心是网络交换机，它包含一块连接所有端口的高速背板。从外面看交换机很像集线器，它们都是一个盒子，通常拥有 4～48 个端口，每个端口都有一个标准的 RJ-45 连接器用来连接双绞电缆，再连接到一台计算机。

根据传输信号速率或带宽，以太网还分为以下类型：
- 10Mbps 以太网；
- 100Mbps 以太网（快速以太网）；
- 1Gbps 以太网；
- 10Gbps 以太网；
- 100Gbps 以太网。

② PPP。PPP（point to point protocol，点到点协议）是为在同等单元之间传输数据包这样的简单链路设计的链路层协议。这种链路提供全双工操作，并按照顺序传递数据包。设计目的主要是通过拨号或专线方式建立点对点连接发送数据，使其成为各种主机、网桥和路由器之间简单连接的一种共通的解决方案。PPP 具有以下功能：
- PPP 具有动态分配 IP 地址的能力，允许在连接时刻协商 IP 地址；
- PPP 支持多种网络协议，比如 TCP/IP、NetBEUI、NWLINK 等；
- PPP 具有错误检测能力，但不具备纠错能力，所以 PPP 是不可靠传输协议；
- PPP 无重传的机制，网络开销小，速度快；
- PPP 具有身份验证功能；
- PPP 可以用于多种类型的物理介质上，包括串口线、电话线、移动电话和光纤（例如 SDH），PPP 也用于 Internet 接入。

③ PPPoE。PPPoE（point-to-point protocol over ethernet，基于以太网的 PPP）可以使以太网的主机通过一个简单的桥接设备连到一个远端的接入集中器上。通过 PPPoE 协议，远端接入设备能够实现对每个接入用户的控制和计费。PPPoE 实际是基于 PPP 协议。另外，PPPoA（PPP over ATM）有时也被使用。

目前流行的宽带接入方式 ADSL 就使用了 PPPoE 协议。随着低成本的宽带技术变得日益流行，DSL（digital subscriber line）数字用户线技术更是使得许多计算机在互联网上连接。通过

ADSL 方式上网的计算机大都是通过以太网卡（ethernet）与互联网相连的，同样使用的还是普通的 TCP/IP 方式，并没有附加新的协议。另外一方面，调制解调器的拨号上网，使用的是 PPP 协议，该协议具有用户认证及通知 IP 地址的功能。PPPoE 协议是在以太网络中转播 PPP 帧信息的技术，尤其适用于 ADSL 等方式。

④ HDLC。HDLC（high-level data link control，高级数据链路控制）是一组用于在网络节点间传送数据的协议，是由国际标准化组织（ISO）颁布的一种高可靠性、高效率的数据链路控制规程。在 HDLC 中，数据被组成一个个的单元(称为帧)通过网络发送，并由接收方确认收到。HDLC 协议也管理数据流和数据发送的间隔时间。HDLC 是在数据链路层中最广泛、最实用的协议之一。

不同类型的 HDLC 被用于使用 X.25 协议的网络和帧中继网络，这种协议可以在局域网或广域网中使用，无论此网是公共的还是私人的。

在 X.25 版本的 HDLC 中，数据帧包含了一个数据包。在 X.25 网络中，数据在发送前先分成若干数据包，然后由路由器检测网络状况来确定路由，各数据包分别传送到目的节点，在目的节点按照正确的顺序合并为初始数据。X.25 版本的 HDLC 采用点对点通信，通信方式采取全双工方式。这种类型的 HDLC 能够确保帧的差错释放和正确排序，称为 LAPB（链路访问过程平衡）。

（2）物理层

在计算机网络中，物理层最关注的是计算机设备与网络连接的物理接口，本层其实已经不属于 TCP/IP 协议模型范畴内了。常用的物理接口有以下几种。

① SC 光纤接口。SC 光纤接口在 100Base-TX 以太网时代就已经得到了应用，因此当时称为 100Base-FX（F 是光纤单词 fiber 的缩写）。

光纤接口类型很多，SC 光纤接口主要用于局域网交换环境，在一些高性能以太网交换机和路由器上提供了这种接口。它与 RJ-45 接口看上去很相似，不过 SC 接口显得更扁些，其明显区别还是里面的触片，如果是 8 条细的铜触片，则是 RJ-45 接口，如果是一根铜柱则是 SC 光纤接口。

② RJ-45 接口。这种接口就是最常见的计算机网络设备接口，俗称"水晶头"，专业术语为 RJ-45 连接器，属于双绞线以太网接口类型。RJ-45 插头只能沿固定方向插入，设有一个塑料弹片与 RJ-45 插槽卡住以防止脱落。这种接口在 10Base-T 以太网、100Base-TX 以太网、1000Base-TX 以太网中都可以使用，传输介质都是双绞线，不过根据带宽的不同对介质也有不同的要求，特别是 1000Base-TX 千兆以太网连接时，至少要使用超五类线，要保证稳定高速的话还要使用六类线。

③ FDDI 接口。DDI 是成熟的 LAN 技术中传输速率最高的一种，具有定时令牌协议的特性，支持多种拓扑结构，传输媒体为光纤。光纤分布式数据接口（FDDI）是由美国国家标准化组织（ANSI）制定的在光缆上发送数字信号的一组协议。FDDI 使用双环令牌，传输速率可以达到 100Mbps。CCDI 是 FDDI 的一种变型，它采用双绞铜缆为传输介质，数据传输速率通常为 100Mbps。FDDI-2 是 FDDI 的扩展协议，支持语音、视频及数据传输，是 FDDI 的另一个变种，称为 FDDI 全双工技术（FFDT），它采用与 FDDI 相同的网络结构，但传输速率可以达到 200Mbps。

由于使用光纤作为传输介质具有容量大、传输距离长、抗干扰能力强等多种优点，常用于城域网、校园环境的主干网、多建筑物网络分布的环境，于是 FDDI 接口在网络骨干交换机上比较常见。随着千兆的普及，一些高端的千兆交换机上也开始使用这种接口。

④ AUI 接口。AUI 接口专门用于连接粗同轴电缆，早期的网卡上有这样的接口与集线器、交换机相连组成网络，现在一般用不到了。AUI 接口是一种"D"型 15 针接口，之前在令牌环网或总线型网络中使用，可以借助外接的收发转发器（AUI-to-RJ-45），实现与 10Base-T 以太网络的连接。

⑤ BNC 接口。BNC 接口是一种用于连接细同轴电缆的接口。细同轴电缆通常被称为"细缆"，它主要用于分离式显示信号接口。这种接口将红、绿、蓝信号以及水平和垂直扫描频率分开传输到显示器上。红、绿、蓝信号是指用于显示彩色图像的三种基本颜色信号。水平和垂直扫描频率是指显示器每秒内从水平和垂直方向上扫描的次数。通过 BNC 接口，这些信号可以分别传输，避免互相干扰，从而保证图像质量。BNC 接口在现代交换机中已经很少使用，只有一些早期的 RJ-45 以太网交换机和集线器上还可以找到少数 BNC 接口。

⑥ Console 接口。可进行网络管理的以太网交换机上一般都有一个 Console 接口，它是专门用于对交换机进行配置和管理的，是配置和管理交换机必需的接口。因为其他方式的配置往往需要借助 IP 地址、域名或设备名称才可以实现，而新购买的交换机显然不可能内置有这些参数，所以 Console 接口是最常用、最基本的交换机管理和配置接口。

与以太网交换机不同的 Console 接口相对应，Console 线也分为两种：一种是串行线，即两端均为串行接口（两端均为母头），两端可以分别插入至计算机的串口和交换机的 Console 接口；另一种是两端均为 RJ-45 接头（RJ-45toRJ-45）的扁平线。

6.3　网络分类

计算机网络可根据用途特性做多种分类，最通常的分类如下。

6.3.1　地域范围分类

基于 TCP/IP 协议的网络在实施时被分为不同的 IP 网络域，所有接入 IP 域网络的设备联网端口都被赋予唯一的 IP 地址号，作为该设备网络端口 IP 包通信接入点。从网络管理的角度，入网设备被接入到不同管理者管辖的 IP 网络域中。这些管理域被分类为：局域网 LAN 或广域网 WAN。

（1）广域网 WAN

WAN（wide area network）是一种跨越大的、地域性的计算机网络的集合，一般属于公共计算机网络，通常跨越省、市或者 ISP 运营商，甚至一个国家。全球最大的 WAN 是 Internet。

中国也陆续建造了多个全国范围内的公共计算机网络 WAN，其中最大的就是下面这几个：

- 中国电信互联网 CHINANET；
- 中国联通互联网 UNINET；
- 中国移动互联网 CMNET；
- 中国教育和科研计算机网 CERNET；
- 中国科学技术网 CSTNET。

WAN 还有另外一层连接含义：WAN 连接方式，或者 WAN 端口。一个局域网通常由电信运营商接入网的用户终端设备（例如，一个 ADSL 终端连接的网关路由器）接入，这个网关路由器有两类端口：一个 WAN 端口与一组 LAN 端口。WAN 端口绑定的 IP 地址是广域网 WAN 的 IP 地址，用于指示一个子网路由器 IP 地址，LAN 端口则一般用于子网中的计算机或者更下级的子网路由器。图 6-20 所示为一个典型的 WAN 接入案例。

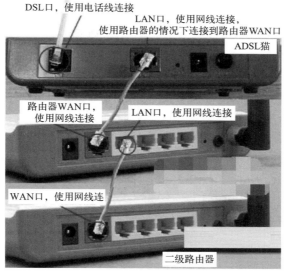

图 6-20　WAN 接入案例

电信网也使用广域网的概念。广域网是将电信接入网连接在一起的中继核心网，构成计算机 TCP/IP 网络的基础设施网。

对于移动通信，WAN 还派生出 WWAN（wireless wide area network，无线广域网）。WWAN 是采用无线网络把物理距离极为分散的局域网（LAN）连接起来的通信方式，它的结构分为末端系统（两端的用户集合）和通信系统（中间链路）两部分，是传输距离小于 15km 的微波无线传输。传输速率随着 3G/4G/5G 的升级在不断提高。WWAN 的技术与电信网的传送网技术发展连接在一起。

（2）局域网 LAN

LAN（local area network，局部区域网络）通常简称为局域网。局域网是一种私有网络，一般在一座建筑物内或建筑物附近，比如家庭、办公室或工厂。局域网络被广泛用来连接个人计算机和消费类电子设备，使它们能够共享资源和交换信息。当局域网被用于公司时，它们就称为企业网络（intranet）。

局域网自身的组成大体由计算机设备、网络连接设备、网络传输介质 3 大部分构成。其中，计算机设备包括服务器与工作站；网络连接设备则包含了网卡、集线器、交换机；网络传输介质简单来说就是网线，由同轴电缆、双绞线及光缆 3 大元件构成。

从 IP 网络域的角度，一般局域网都被设置成子网，通过网关路由器的 WAN 端口与外网互通。

对于无线通信，LAN 还派生出 WLAN（wireless local area network，无线局域网）。WLAN 利用射频（radio frequency，RF）技术，使用电磁波，取代双绞铜线（coaxial）所构成的 LAN 网络。WLAN 的发展与电信移动网络 3G/4G/5G 的发展同步。

6.3.2　拓扑结构分类

网络按拓扑结构可分为总线型网、星状网、环状网、树状网、网状网、复合型网等。

（1）总线型网

总线型网所有节点都连接在一个公共传输通道上，一般将该公共通道称为总线。图 6-21 所示为总线型网示意图。这种网络结构需要的传输链路少，增减节点比较方便，但稳定性较差，网络范围也受到限制。

（2）星状网

星状网也称为辐射网，它将一个节点作为辐射点，该点与其他节点均有线路相连。图 6-22 所示为星状网示意图。具有 N 个节点的星状网至少需要 $N-1$ 条传输链路。星状网的辐射点就是转接交换中心，其余 $N-1$ 个节点间的相互通信都要经过转接交换中心的交换设备，因而该交换设备的交换能力和可靠性会影响网内的所有用户。由于星状网比网状网的传输链路少、线路利用率高，因此当交换设备的费用低于相关传输链路的费用时，星状网比起网状网，经济性较好，但安全性较差（因为中心节点是全网可靠性的瓶颈，中心节点一旦出现故障会造成全网瘫痪）。

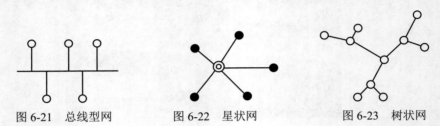

图 6-21　总线型网　　　　图 6-22　星状网　　　　图 6-23　树状网

（3）树状网

树状网可以看成是星形拓扑结构的扩展，如图 6-23 所示。在树状网中，节点按层次进行连接，信息交换主要在上下节点之间进行。树状结构主要用于用户接入网或用户线路网中，另外，主从网同步方式中的时钟分配网也采用树状结构。

（4）环状网

环状网的特点是结构简单，实现容易，如图 6-24 所示。而且由于可以采用自愈环对网络进行自动保护，因此其稳定性比较高。另外，还有一种叫线形网的网络结构，它与环状网不同的是首尾不相连。

（5）网状网

如果网络有 N 个节点，N 个节点相互都有直达传输链路，构成多点对多点的连接，如图 6-25 所示，即为常见的网状网结构。显然当节点数增加时，传输链路将迅速增大。这种网络结构的冗余度较大，稳定性较好，但线路利用率不高，经济性较差，适用于局间业务量较大或分局量较少的情况。图 6-25（b）所示为网孔型网，它是网状型网的一种变形，也就是不完全网状型网。其大部分节点相互之间有线路直接相连，一小部分节点可能与其他节点之间没有线路直接相连。哪些节点之间不需要直达线路，视具体情况而定（一般是这些节点之间业务量相对少一些）。网孔型网与网状型网相比，可适当节省一些线路，即线路利用率有所提高，经济性有所改善，但稳定性会稍有降低。

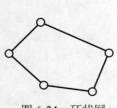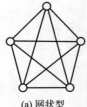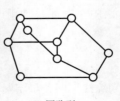

　　　　　　　　　　　　　　(a) 网状型　　　　(b) 网孔型

图 6-24　环状网　　　　图 6-25　网状网　　　　图 6-26　复合型网

（6）复合型网

复合型网由网状型网和星状网复合而成，结构如图 6-26 所示。根据网中业务量的需要，以星状网为基础，在业务量较大的转接交换中心区间采用网状型结构，可以使整个网络比较经济且稳定性较好。复合型网具有网状型网和星状网的优点，是通信网中普遍采用的一种网络结构，但网络设计应以交换设备和传输链路的总费用最小为原则。

6.3.3　4G及5G移动通信

移动通信网从 3G 开始，就实现了电信网传统语音业务与数据业务的融合，并且越来越将计算机网络技术引入电信网，原来的主营语音业务反而成了数据业务的分支，采用分组技术实现语音业务。4G/5G 以及升级的 6G 网络其实都可以看作采用移动通信方式的计算机 WAN 网络。移动通信的高层技术网络架构如图 6-26 所示。

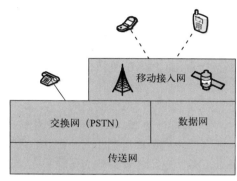

图 6-27　移动网架构

从技术架构上来说，移动网是构架在传统电信网之上的，如图 6-27 所示。移动网的主要特点是增加了一层无线接入网络。移动终端（例如手机）通过无线信号连接到移动网的基站或通信卫星，当移动用户与固定网用户通话时，通过移动接入网将主叫信号传递至交换网，然后交换网根据网络中实时获取的动态号码资源通过传送网将信号传递到远端目标移动网基站，接通落地通话。

移动通信网络架构的演进包括两个方面，即无线接入网（radio access network，RAN）的演进和核心网（core network，CN）的演进。无线接入网技术发展迅速，短短 40 年间从第 1 代网络（1G）演进到第 5 代网络（5G），从数字电路交换业务演化到分组交换业务，并从最初的 2.4Kbps 窄带通话服务扩展到 10Gbps 宽带 IT 服务。核心网共享固话交换网与传送网的技术进步，与计算机技术高度融合，逐步演变为全数字网。

（1）第 4 代移动通信

第 4 代通信技术（4G）是在 3G 技术上的一次更好改良，其相较于 3G 通信技术来说一个更大的优势是将 WLAN 技术和 3G 通信技术进行了很好的结合，使图像的传输速度更快，让传输的图像看起来更加清晰。在智能通信设备中应用 4G 通信技术让用户的上网速度更加迅速，速度可以高达 100Mbps，是 3G 移动电话速率的 50 倍。

4G 通信技术并没有脱离以前的通信技术，而是以传统通信技术为基础，并利用了一些新通信技术，来不断提高无线通信的网络效率和功能。如果说 3G 通信提供了一个高速传输的无线通信环境的话，那么 4G 通信则是一种超高速无线网络，一种不需要电缆的信息超级高速公路，这种网络可使电话用户以无线及三维空间虚拟实境连线。

相比于 3G，4G 的优势在于：

① 网络频谱更宽，通信速率更高，频率利用效率更高。4G 拥有比 3G 更快的通信传输速度，网络频宽在 2～8GHz。这一数据相当于 3G 网络通信通用频宽的 20 倍左右。上/下行数据传送速率达到 2Mbps/1Gbps。

相比 3G 移动通信技术，4G 移动通信技术使用和引入许多功能强大的突破性技术，例如，引入了交换层级技术。这种技术能同时涵盖不同类型的通信接口，也就是说 4G 主要是运用路由技术为主的网络架构。由于更新技术的利用，无线频率的使用比 2G 和 3G 系统有效得多。

② 平滑的兼容性。4G 通信技术在设计实施时尽量做到了与现有通信基础兼容，例如，在全球漫游、接口开放、能跟多种网络互联、终端多样化等方面，让更多的现有通信运营商在投资最少的情况下就能很轻易地平滑过渡到 4G 通信。智能手机无缝从 2G/3G 网络切换到 4G 网络就是一例。

③ 增值服务，提供更广泛的应用领域。4G 通信并不是从 3G 通信的基础上经过简单的升级而演变过来的，它们的核心建设技术根本就是不同的。3G 移动通信系统主要是以 CDMA 为核心技术，而 4G 移动通信系统技术则以正交多任务分频技术（OFDM）最受瞩目，利用这种技术人们可以实现例如无线区域环路（WLL）、数字音讯广播（DAB）等方面的无线通信增值服务。不过考虑到与 3G 通信的过渡性，4G 移动通信系统不仅仅只采用 OFDM 一种技术，CDMA 技术会在 4G 移动通信系统中，与 OFDM 技术相互配合以便发挥出更大的作用。

由于上述技术的支撑，4G 移动通信系统提供的增值无线多媒体通信服务包括语音、数据、影像等大量信息透过宽频的信道传送出去，为此 4G 移动通信系统也可称为"多媒体移动通信"，远远超过"移动电话"的范畴。

④ 智能性更高。4G 通信技术相较于之前的移动信息系统已经很大程度上实现了智能化的操作。智能化更多反映在用户终端：智能手机。4G 时代智能手机功能已不能简单划归"电话机"范畴，毕竟语音资料的传输只是 4G 移动电话的功能之一而已，因此 4G 手机更应该算得上是一台移动 PC 电脑了。智能手机用户 95%以上的时间使用手机上网、看新闻、看视频、玩游戏、微信聊天、移动网上支付，甚至用手机作为无线 Wi-Fi，提供局域网的 Wi-Fi 上网热点服务，打电话反而只占极小比例，甚至电话也是 VOIP，使用免费的微信音频视频电话、会议电话、移动通信已经完全成为 IT 世界的一个移动组成部分。IT 应用也已经分类为：桌面应用，移动应用。

⑤ 安全性。4G 安全已经与计算机网络安全、终端安全与认证系统安全融为一体。4G 通信技术充分共享利用计算机安全管理机制与技术加强 4G 移动通信的安全。

（2）第 5 代移动通信

第 5 代移动通信技术（5G）是具有高速率、低时延和海量连接特点的新一代宽带移动通信技术。5G 通信设施的服务方向完全转向移动互联网，并以高带宽、高速率的特点扩展到实现"人、机、物"互联网络 IoT（internet of things，物联网）基础设施。

国际电信联盟（ITU）定义了 5G 的三大类应用场景：

● 增强移动宽带（eMBB）：主要面向移动互联网流量爆炸式增长，为移动互联网用户提供更加极致的应用体验；

● 超高可靠低时延通信（uRLLC）：主要面向工业控制、远程医疗、自动驾驶等对时延和可靠性具有极高要求的垂直行业应用需求；

● 海量机器类通信（mMTC）：主要面向智慧城市、智能家居、环境监测等以传感和数据采集为目标的应用需求。

为满足 5G 多样化的应用场景需求，5G 的关键性能指标更加多元化。ITU 定义了 5G 八大关键性能指标，其中高速率、低时延、大连接成为 5G 最突出的特征，用户体验速率达 1Gbps，时延低至 1ms，用户连接能力达 100 万连接/km²，用户体验速率达 900Mbps 以上，峰值速率为 10～20Gbps。

中国在 5G 的技术标准与网络设备提供方面，以华为公司为代表走在世界前面。

5G 主要性能指标：

● 峰值速率需要达到 10～20Gbps，以满足高清视频、虚拟现实等大数据量传输；

- 空中接口时延低至 1ms，满足自动驾驶、远程医疗等实时应用；
- 具备 100 万连接/km² 的设备连接能力，满足物联网通信；
- 频谱效率要比 LTE 提升 3 倍以上；
- 连续广域覆盖和高移动性下，用户体验速率达到 100Mbps；
- 流量密度达到 10Mbps/m² 以上；
- 移动性支持 500km/h 的高速移动。

5G 的关键性能指标就是 5G 三大场景所需要具备的能力：

- 1ms 的时延；
- 10Gbps 的速率；
- 每平方公里可以有一百万的连接。

为了实现上述能力，5G 有三大关键技术，它们分别是新架构、新空口与全频谱。

6.3.4　无线自组网

无线自组网是由一组带有无线收发装置的可移动节点所组成的一个临时性多跳自治系统，该种网络架构不依赖预设的基础设施，具有可临时组网、可快速展开、无控制中心、抗毁性强等特点，在军用和民用方面都具有广阔的应用前景。自组网一般应用于移动通信的场景中，通常采用 ad hoc 网络与 mesh 网络两种组网方式。

6.3.4.1　ad hoc 网络

ad hoc 为一种随建即连的自组网络，是一群移动节点的集合，在没有任何预先部署的固定基础设施的情况下，由一系列可任意移动的节点组成，网络节点动态且任意分布，节点之间通过无线方式互联，每个网络节点同时具有终端和路由器的双重功能。ad hoc 属于 OSI 链路层网络协议。图 6-28 展示了典型 ad hoc 网络的结构。由于自组织特性，ad hoc 的网络拓扑、信道环境、业务模式随节点的移动而动态改变。ad hoc 网络研究的最初目的是满足战场生存的军事需求，在战场恶劣的环境下通信无法依赖已经敷设的通信基础设施，因为一方面这些设施可能根本不存在，另一方面这些设施随时可能遭到破坏。组网快速、灵活、使用方便是 ad hoc 网络的特点，其在移动通信中得到广泛的应用。

由于 ad hoc 网络具有自组织特性，且提供了更为灵活的组网方式，因此其具有很多传统有线、无线网络不具备的特性。

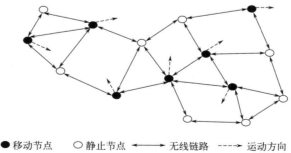

●移动节点　○静止节点　──── 无线链路　---- 运动方向

图 6-28　ad hoc 网络结构

（1）无中心和自组织性

ad hoc 网络的最大特点是没有绝对的控制中心，所有节点的地位平等，网络中的节点通过分布式算法来协调彼此的行为，无须人工干预和任何其他预置的网络设施，可以在任何时刻、任何地方快速展开并自动组网。由于网络的分布式特征、节点的冗余性和不存在单点故障点，ad hoc 网络的健壮性和抗毁性很好。

（2）动态变化的网络拓扑

ad hoc 网络中，移动终端能够以任意速度和任意方式在网络中移动，并可以随时关闭电台。加上无线发送装置的天线类型多种多样、发送功率的变化、无线信道间的相互干扰、地形和天气等综合因素的影响，移动终端间通过无线信道形成的网络拓扑随时可能发生变化，而且变化的方式和速度都难以预测。

（3）路由协议

TCP/IP 常用的内部网关路由协议主要有两种：一种是基于距离矢量的路由协议（如 RIP 协议），另一种是基于链路状态的路由协议（如 OSPF 协议）。由于 ad hoc 网络带宽有限、拓扑变换频繁，传统的用于固定网络的路由协议不适用于 ad hoc 网络。根据是否使用地理位置进行辅助，ad hoc 网络路由协议可分为地理定位辅助路由（geographic-location assisted routing protocol）和非地理定位辅助路由（non-geographic-location assisted routing protocol）。根据网络拓扑结构，非地理定位辅助路由协议可以分为平面路由协议（flat routing protocol）和层次/分簇路由协议（hierarchical/cluster routing protocol）。根据源节点发现路由的驱动模式不同，平面路由协议又可以分为表驱动路由协议（table driven routing protocol）和按需驱动路由协议（source-initiated on-demand routing protocl）。协议分类如图 6-29 所示。

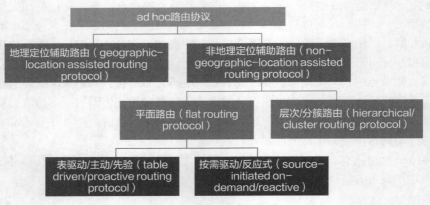

图 6-29　ad hoc 路由协议

（4）多跳路由

由于节点发射功率受限，节点的覆盖范围有限，当它要与其覆盖范围之外的节点进行通信时，需要中间节点的转发。此外，自组织网络中的多跳路由是由普通节点协作完成的，而不是由专用的路由设备（如路由器）完成的。

（5）受限和时变的无线传输带宽

ad hoc 网络采用无线传输技术作为底层通信手段，由于无线信道本身的物理特性，它所能提供的网络带宽相对有线信道要低得多。此外，考虑到竞争共享无线信道产生的冲突、信号衰减、噪声和信道之间干扰等多种因素，移动终端得到的实际带宽远远小于理论上的最大带宽。同时，与有线网络不同，由于拓扑动态变化导致每个节点转发的非自身作为目的地的业务量随时间而变化，它的链路容量表现出时变特征，有时不稳定。

（6）能量受限

由于网络节点的移动特征，其中大多数节点以电池作为动力。因而，在进行系统设计时，节能就成为一个非常重要的指标。

（7）安全性较差

ad hoc 网络是一种特殊的无线移动网络，由于采用无线信道、有限电源、分布式控制等技术，更容易受到被动窃听、主动入侵、拒绝服务等网络攻击。如果不在网络层或数据链路层增加一些安全措施，ad hoc 网络很容易受到监听网络传输、重新传输、对分组头进行操作和重定向路由信息等攻击。因此，信道加密、抗干扰、用户认证和其他安全措施都需要特别考虑。

由于 ad hoc 网络的特殊性，它的应用领域与普通的通信网络有着显著的区别。它适用于无法或不便预先铺设网络设施的场合和需要快速自动组网的场合等。例如，移动无人系统组网场景。军事应用是 ad hoc 网络的主要应用领域，但在民用方面也有非常广泛的应用前景，其应用场合主要有：军事应用、紧急事故和临时场合、个人通信、与移动通信系统的结合等方面。

6.3.4.2　无线 mesh 网络

无线 mesh 技术是一种与传统无线网络完全不同的新型无线网络技术。在传统的 WLAN 中，每个客户端均通过一条与接入点（AP，access point）相连的无线链路访问网络，用户若要进行相互通信，必须首先访问一个固定的 AP，这种网络结构称为单跳网络。而在无线 mesh 网络中，任何无线设备节点都可同时作为路由器，网络中的每个节点都能发送和接收信号，每个节点都能与一个或多个对等节点进行直接通信。

无线 mesh 网络也是一种动态自组织网络，是由 ad hoc 网络发展而来的无线网状网，即"多跳（multi-hop）"网络。与 ad hoc 网络的区别是，无线 mesh 网络中的节点既可以作为 ad hoc 的对等数据转发实体，完成数据路由转发功能，又可以作为一种连接到其他有线网络的网桥连接器。无线 mesh 网络是一种高容量、高速率的多点对多点网络，也是为解决移动通信"最后一公里"用户接入而提出的无线分布式网络。

无线 mesh 网络中包含两种类型节点：mesh 路由器和 mesh 客户端。不同于传统网络的网桥或者网关，mesh 路由器具备其他特殊的功能来支持 mesh 网络，通过多跳路由，mesh 路由器可以用较低的功率覆盖同样的面积。为了进一步提高 mesh 网络灵活性，mesh 路由器具备多种无线接口以支持多种无线接入技术。虽然有很多不同，但 mesh 路由器与传统无线网络路由器在硬件平台上基本相似。

mesh 路由器通常不具有移动性，它们构成 mesh 网络的主干部分并向 mesh 客户端提供无线接入服务。虽然 mesh 客户端在某种情况下也可以临时充当 mesh 路由器，但在硬件和软件方面，它都要比 mesh 路由器简化一些。例如，在通信协议方面，mesh 客户端都是轻负载的，不具备网关和网桥的功能，只有一个简单的无线接口。无线 mesh 网络结构分为 3 种类型。

（1）骨干型无线 mesh 网络

mesh 网络为保证客户端接入互联网形成了一个主干结构。骨干网结构可以采用多种射频技术，目前 IEEE 802.11 技术最为常见。所有的 mesh 路由器形成一个具有自愈功能的自组织网络，路由器具有网关作用，可以接入互联网。这种结构通过路由器的网关、网桥功能，可以让mesh 网络实现与互联网的连接。对于传统的客户端，利用同样的射频技术就可以实现与路由器的连接。

（2）客户型无线 mesh 网络

客户型无线 mesh 网络提供一种端对端的网络结构。客户端形成实际网络并为其他客户提供服务，因此在这种网络中不需要 mesh 路由器。客户型无线 mesh 网络通常只采用一种射频技术，因此有些类似传统的 ad hoc 网络。但是，在网络终端方面，客户型无线 mesh 网络与骨干型无线 mesh 网络相比要强大很多。

（3）混合型无线 mesh 网络

它把骨干型无线 mesh 网络和客户型无线 mesh 网络结合起来，mesh 网络客户端通过路由器接入网络，也可以与其他 mesh 客户端共同组成 mesh 网络。

无线 mesh 网络作为一种宽带无线分布式网络，与 ad hoc 网络和无线传感器网络相比既有继承点，又有不同点：

- 无线 mesh 网络支持 ad hoc 网络，具有自形成、自恢复和自组织特点；
- 无线 mesh 网络是多跳网络；
- mesh 路由器没有移动性，可以完成复杂的路由和配置，大大减轻 mesh 终端和客户端的负载；
- mesh 路由器集成混合网络，包括有线网络和无线网络，因此，多种网络可以并存于无线 mesh 网络中；
- mesh 路由器和 mesh 客户端的功耗限制不同；
- 无线 mesh 网络不是孤立网络，必须兼容其他网络。

除了以上特点，无线 mesh 网络与传统的点对点网络的结构相比具有较多优势，主要表现在可靠性提高、碰撞减轻、无线链路设计简化、维护简便等几个方面。

无线 mesh 网络的最主要应用为骨干型 mesh 网络。无线 mesh 网络的骨干通常是指网络中构成主要数据传输线路的高速链路，即 mesh 路由器之间的无线链路。传统上，骨干型 mesh 网采用光纤将各个边缘网络连接起来，而无线 mesh 网络中只有一个或几个 mesh 路由器连接到有线网中。无线 mesh 网络的骨干型 mesh 网可以部署在室内，也可以部署在室外，室外设备通常附着在街灯上或者建筑物外表面有电力可用的地方。

6.3.4.3　无线自组网小结

综上所述，ad hoc 网络和无线 mesh 网络作为目前具有代表性的无线分布式网络，都采用分布式、自组织的思想形成网络，网络的每个节点都具备路由功能，随时为其他节点的数据传输提供路由和中继服务。ad hoc 网络主要侧重应用于移动环境中，确保网络内任意两个节点的可靠通信，网络内数据流可以包括数据和多媒体信息。无线 mesh 网络是一种无线宽带接入网络，利用分布式思想构建，让用户在任何时间、任何地点都可以对互联网进行高速无线访问。图 6-30 所示为一种无线自组网电台。

图 6-30　无线自组网电台

图 6-31 所示为无线自组网在舰船之间组网的应用场景，图 6-32 所示为无线自组网在无人机组网中的应用场景，图 6-32 所示为无线自组网在地面车辆组网中的应用场景。

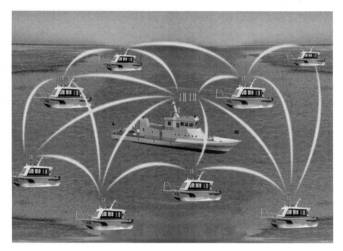

图 6-31　无线自组网在舰船组网中的应用

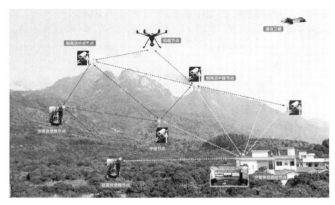

图 6-32　无线自组网在无人机组网中的应用

图 6-33　无线自组网在地面车辆组网中的应用

6.3.5　数据链

数据链（data link）是一种旨在移动系统中实现信息数据高效、安全传输与信息处理的系统与手段。它的出现最初用于军事目的，美国军方在 1961 年研制成功用于军事目标的数据链，美国军方数据链还有其他名字：标准密码数字链、战术数字情报链、高速计算机数字无线高频/超高频通信战术数据系统、联合战术信息分发系统、多功能信息分配系统等。数据链是美军链接数字化战场上指挥中心、各参战部队、武器平台的一种信息实时处理、交换和分发的系统；是一种按规定的消息格式和通信协议，用于实时传输各种战场信息的数据传输与处理系统。

美国军方数据链是传递战术数据的链路。它有三个基本特征：

- 战术性，即战术级用户之间的通信；
- 数据性，即数据形式的通信；
- 链路性，即在 OSI 链路层协议之上进行的通信。

从通信协议的角度上看，不同于 TCP/IP 协议栈，数据链在 OSI 7 层协议的第 2 层链路层（相对 TCP/IP 协议的网络接口层）之上，封装了专用通信协议，主要包括以下几种。

- Link-4：用于向战斗机传送无线电引导指令的非保密 UHF 数据链，是一种网状的时分链路，以 5Kbps 的速率工作在 UHF 频段。之后经不断改进，它由最初单向的 Link-4 发展成为了支持双向传输的 Link-4A 和 Link-4C，功能也扩展到可支持地/海平台与空中平台进行数字数据通信，因而成为北约海军实施地/海对空引导的重要战术数据链。

- Link-11：北约普遍装备的一种 HF/UHF 战术数据链。它是海军舰艇之间、舰地之间、空舰之间和空地之间实现战术数字信息交换的重要战术数据链。其研发始于 20 世纪 60 年代，并于 70 年代开始服役。

- Link-16：在功能上是 Link-11 及 Link-4A 的总和，为多兵种战术作战单元的信息交换需求而设计，支持通信、导航和识别多种功能，具有大容量、抗干扰、保密能力强的特点，可满足侦察数据、电子战数据、任务执行、武器分配和控制等数据的实时交换。

Link-16 已成为美军主战平台的基本配置，是各型主战平台实施信息化作战、形成体系作战能力的重要支撑。图 6-34 所示为 Link-16 在战术应用中的网络连接形式。Link-16 采用 TDMA 接入方式组成无线数据广播网络，无中心结构，用户根据分配的时隙轮流发射信息，可以形成多网结构，以容纳更多成员。

- Link-22：一种抗电子对抗的超视距战术通信系统，在结构上采用时分或动态时分多址。Link-22 有两大设计目标，一是取代 Link-11（所以 Link-22 也称为改进了的 Link-11，简称 NILE），二是与 Link-16 兼容。因此，Link-22 采用了由 Link-16 衍生出来的信息标准和 Link-16 的体系结构和协议，所不同的是 Link-22 同时采用了跳频式的 HF 和 UHF 作为通信频段，克服了 Link-16 必须中继才能超视距通信的限制。

以 Link-16 数据链为例，该数据链系统由三大模块组成。

- 任务计算机：负责数据处理和数据加密。
- 数据链终端设备：负责对数据的调制解调以及生成波形。数据链终端的作用简单来讲就是可以从整个数据链网络中收发所需要的信息，终端机就类似上网的网卡或调制解调器。也就是说，不管是哪种作战平台，要想接入数据链网络，实现与其他作战平台的互联与通信，数据链终端都是必不可少的。
- 收发天线：负责收发无线电信号。收发天线也称为数据链天线，用于数据链信号的发送与接收，它与雷达天线的工作原理其实是大同小异的，都是收发电磁波，只不过用途不同而已。

一些先进的数据链收发天线还采取了相控阵天线技术。也有的数据链天线是直接集成在雷达上的，比如美国"爱国者"PAC-2 防空系统的 AN/MPQ-53 相控阵雷达，就在雷达天线主阵面下方单独设置了一个指令收发天线，用于对空中飞行的"爱国者"导弹发送控制指令。

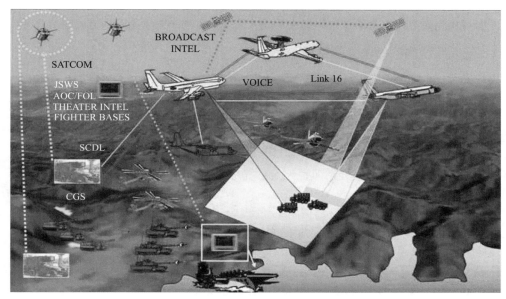

图 6-34　Link-16 的战术应用

实际上大多数情况下任务计算机、数据链终端设备和天线被统称为数据链终端，上述分开介绍只是为了方便理解。

数据链的军事意义十分明显。由于它能满足空军、海军，以及陆军、陆战队近实时地了解本军种和别的军种情况的需要，美军称其为"武器装备的生命线"。

除美国之外，其他国家也有在研发自己的数据链，目标相同，但是数据链之上的数据信息内容、通信协议有自己的特色要求。

国内民用企业也提供类似的数据链产品，提供更高效的专用无线网络通信手段。通信协议也可简化为直接利用 TCP/IP 协议，例如，使用 UDP 协议作为数据链承载用户数据报文的底层协议。

注释：

● TDMA：时分多址（time division multiple access）是一种移动通信标准，可以实现共享传输介质（一般是无线电领域）或者网络的通信技术。它允许多个用户在不同的时间片（时隙）来使用相同的频率。用户快速传输，一个接一个，每个用户使用自己的时间片。这允许多用户共享同样的传输媒体（例如：无线电频率）。

● HF：高频（high frequency），频段为 3～30MHz，对应电磁波的波长为短波 100～10m。

● UHF：超高频（ultra high frequency），频段为 300～3000MHz，对应电磁波的波长为分米波 100～10cm。

6.4　不同场景下无人系统中的网络连接

无人系统的应用离不开网络通信的支持，不同应用场景需要有针对性地选择不同的网络通信方式及网络架构方式。无人系统的实际应用主要会出现在如下的几种场景下。

① 局域网场景下的单无人系统的测试与调试。

② 局域网场景下的多无人系统的组网与指挥控制。

③ 广域网场景下的多无人系统的组网与指挥控制。

下面将从无人系统内部通信网络组成及无人系统在不同场景下的组网方式进行介绍。

6.4.1 无人系统内部模块通信网络

设计实现一个地面无人系统，必然会使用计算机，连接各种控制器及传感器，因此无人系统是一个复杂的由控制器与传感器组成的系统，必然会涉及计算机与各组成模块之间的连接与通信。对于不同用途的或应用于不同场景的无人系统，其使用到的控制器与传感器在成本与复杂性上也会存在很大不同，下面简单介绍两种无人系统内部模块的通信网络组成。

图 6-35　学习版简易无人系统

（1）学习版简易无人系统内部通信网络

以学习为目的的简易无人系统，系统内部的主机与外围传感器及控制器的通信主要采用相对简单的串行接口及总线实现。图 6-35 所示为一个学习版简易无人系统示例。使用较多的通信硬件接口有 USB、UART、RS232、RS485 或者 CAN 总线等，比如 USB 接口的摄像头、激光雷达等，UART 接口的 IMU 模块及 GPS 模块、RS232 或者 RS485 接口的底盘控制器等。图 6-36 所示为一个学习版简易无人系统内部的通信接口方式。

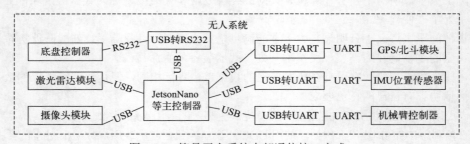

图 6-36　简易无人系统内部通信接口方式

在学习版的简易无人系统中，对于 UART 串行接口的模块一般选用 USB 转 UART 模块。图 6-37 所示为市面上主要的 4 种转换芯片为主的 USB 转 UART 模块，其中（a）为采用 FTDI 公司 FT232 转换芯片的模块，（b）为采用 Silabs 公司 CP2102 转换芯片的模块，（c）为采用国产南京沁恒公司 CH341 转换芯片的模块，（d）为采用 Profilic 公司 PL2303 转换芯片的模块。

对于采用 RS232 接口的传感器或者控制器模块，如果选用带 RS232 接口的主控计算机，则可以将控制器或者传感器通过电缆线直接连接，连接时需要两端的发送与接收对换，即 A 端的发送接 B 端的接收，A 端的接收接 B 端的发送，地线之间则直接连接。大多数控制器或传感器上的 RS232 接口为 DB9 接口，根据 DB9 接口的公母选择交叉连接的 DB9 串口线即可。如图 6-38 所示，其中（a）为 DB9 公头，（b）为 DB9 母头，（c）为 DB9 连接线缆。如果主控计算机没有 RS232 接口，则可以选用 USB 转 RS232 线缆，将传感器或控制器连接主控计算机。图 6-39 所示为几种市售典型的 USB 转 RS232 接口线缆。

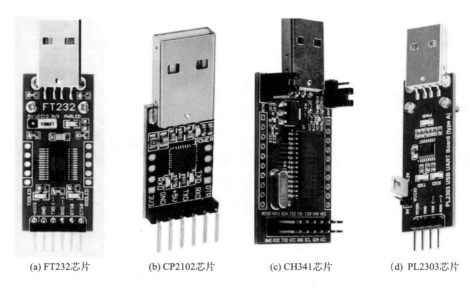

| (a) FT232芯片 | (b) CP2102芯片 | (c) CH341芯片 | (d) PL2303芯片 |

图 6-37　USB 转 UART 模块

(a) DB9公头　　　　　　(b) DB9母头　　　　　　(c) DB9线缆

图 6-38　DB9 接口

图 6-39　典型 USB 转 RS232 线缆

对于 RS485 接口的传感器或者控制器模块，如果主控计算机带有 RS485 接口，则可以使用双绞线将主控计算机与传感器或控制器模块直接相连。图6-40 所示为市售的几种典型的 USB 转 RS485 线缆。

图 6-40　典型 USB 转 RS485 线缆

对于采用 CAN2.0 总线接口的控制器（尤其是无人车底盘控制器），则可以选用 USB 转 CAN 模块连接主控计算机，也可以采用以太网转 CAN 模块通过以太网线连接计算机。图 6-41 所示为几种市售的 USB 转 CAN 模块。图 6-42 所示为以太网转 CAN 模块。

图 6-41　USB 转 CAN 模块

图 6-42　以太网转 CAN 模块

（2）实用复杂无人系统内部通信网络

对于应用于园区巡检、野外作业、矿井作业等复杂场景的无人系统，其内部控制系统组成及其通信总线网络结构相对复杂。图 6-43 所示为北京信息科技大学设计的一款应用于野外侦察与巡逻的无人系统，该系统采用履带式底盘，并搭配有无人机动态起降平台，可实现无人机在履带车上的动态起降。对于实用的地面无人系统，由于考虑到抗电磁干扰以及系统的可靠性，其内部的控制器以及传感器模块多采用工业用或者军用产品模块，模块的通信方式主要采用以太网、CAN 总线、RS232、RS485。由于在实际应用场合，同一局域网络环境中多数情况下会存在多个无人系统同时运行，每个无人系统当中都会有自己的 ROS master，为避免各无人系统之间 ROS master 及 ROS 消息的混叠，需要将不同地面无人系统的本身的局域网进行隔离，因此系统内部配置如图 6-44 中所示的④号设备路由器作为子系统与上层系统的隔离。图 6-43 所示为野外作业使用的无人系统，作业范围处于几千米以内的局部范围，无须连接云端，多个无人系统之间以及与指挥中心之间均采用自组网电台或者车载数据链进行远程无线通信。图 6-44 中所示的⑭号设备为自组网电台或者车载数据链。

图 6-43　野外场地用复杂地面无人系统

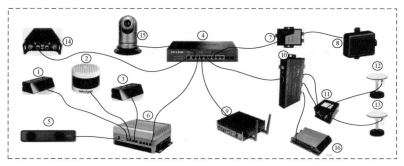

图 6-44　基于自组网通信的复杂无人系统内部模块通信

图 6-44 中的①号和③号设备为固态激光雷达，这种全固态雷达在结构中去除了旋转部件，实现了较小体积的同时，保证了高速的数据采集以及高清的分辨率。而且固态激光雷达由于不存在旋转的机械结构，所有的激光探测水平和垂直视角都是通过电子方式实现的，因此其体积小，可以实现装配调试自动化，降低成本，提高设备的耐用性。安装两个固态雷达主要用于测量车辆两侧的物体，防止碰撞。②号设备为多线旋转机械式激光雷达，由于这种雷达测量精度高，一般安装于车辆的前端及后端，用于测量前进或后退时的障碍物，使车辆自动规避障碍物。⑤号设备为深度相机，用于前方障碍物的识别与测量。⑥号设备为基于 Jet Xavier 的边缘计算车载主机，带有多个以太网口及 USB3.0 接口，主要连接数量和计算量比较大的①号、②号、③号及⑤号设备。⑧号设备为毫米波雷达，是通过发射和接收无线电波来测量车辆与车辆之间的距离、角度和相对速度的装置。毫米波雷达通信接口大多采用 CAN 总线，因此采用⑦号设备将 CAN 总线信号转换为以太网总线信号，使计算机程序可以通过 TCP 或者 UDP 协议访问 CAN 总线数据。⑪号设备为组合导航模块。组合导航系统 INS（integrated navigation system）是将 IMU、GPS 等两种或两种以上的导航设备组合在一起的导航系统，该系统是用以解决导航定位、运动控制、设备标定对准等问题的信息综合系统，具有高精度、高可靠性、高自动化程度的优点。⑪号设备具备两个通信 RS232 端口，一个用于连接 RTK（real-time kinematic，实时动态载波相位差分技术）基站的差分系统，用于提高定位精度，另外一个接口用于接收组合导航的位置信息，信号协议一般为 NMEA-0183 协议。⑫号和⑬号为组合导航模块的蘑菇头天线，一般安装在车里的前端和后端，通过同轴线缆连接到⑪号设备上。⑪号组合导航模块的通信接口大多采用 RS232 接口。⑯号设备为车辆底盘的控制器，实现无人系统的电机驱动及运动控制，该设备的通信接口一般为 RS232、RS485 或者 CAN 总线。⑩号设备为多串口服务器，用于将其他模块的 RS232 或者 RS485 总线接口转换为以太网总线接口，使主控计算机可以以 TCP 或者 UDP 协议读写相关串口数据，提高系统的可靠性。⑮号设备为带有云台的摄像机模块（俗称球机），能够实现摄像头的旋转及俯仰，为远程操控人员提供监控用图像数据。⑨号设备为 X86 架构的车载计算机，主要运行 ROS master，控制底盘，接收处理组合导航、球机、毫米波雷达等相对低速的信号。④号设备为路由器，用于将无人系统的网络与上层网络进行分离，将 ROS 发布的消息保留在系统内部网络，避免与其他车辆的 ROS 主机及消息产生混叠。无人系统与其他上层指挥中心的通信则需要通过自定义协议进行，由系统中的客户端服务软件将收到的指挥软件发来的自定义协议信息解码为 ROS 消息，以及将需要监测的 ROS 消息打包封装为自定义协议信息发送给指挥软件。

6.4.2　局域网场景下的单无人系统的测试与调试

对于很多 ROS 系统的初学者，他们大部分是在单机方式下学习和调试无人系统，对于这种场景一般只需要一个单独的局域网即可实现无人系统的运行与远程调试，系统网络比较简单，如图 6-45 所示，无人系统与远程调试监控计算机通过无线路由器连接在同一局域网中。对于一些低成本的以学习 ROS 系统为目的的无人车系统，系统内部的主控计算机与外围传感器及控制器大多以串行总线的方式进行连接，无人系统主机则与远程监控计算机处于同一局域网中，网络中只存在一个 ROS Master。

图 6-45　单一局域网中的无人系统

6.4.3　局域网场景下的多无人系统的组网

对于使用自组网等网络设备架构局部范围通信网络，并且对无人系统的指挥控制也只在此局部网络内进行的情况，一般采用如图 6-46 所示的无人系统组网架构，该图中的无线网络通信设备为自组网电台。它与使用数据链作为通信设备的无人系统网络架构基本相同。自组网电台与数据链电台最大的不同是自组网中各电台网络的信息交换采用计算机网络中的分组交换机制，自组网中每个用户终端都兼有路由器和主机两种功能，能够实现信息的接力传递，信号传递距离更远并且能够实现 TCP/IP 全协议栈，而数据链则是较为底层的通信网络，大多以组播的方式实现网络内设备的通信，无法实现信号的接力传送，信号的传输距离则限制为终端与指挥中心之间的最大距离。

自组网电台或者数据链电台虽然通信距离远，信号抗干扰能力强，但存在设备购置成本高，通信链路带宽窄等问题，因此对于通信距离要求不高、硬件成本敏感、需要传输多路视频等对带宽要求高的场合，则可以选用 TP-LINK 的 TL-AP302P 等应用于室外通信的无线路由器。将该路由器架设在靠近指挥控制的计算机附近，且该路由器工作在 AP 模式，无人系统及 RTK 基站上安装的 TL-AP302P 则设置为 Station 模式，实现无人系统及基站与 AP 的连接，如图 6-47 所示。

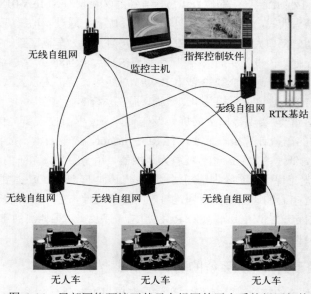

图 6-46　局部网络环境下基于自组网的无人系统组网架构

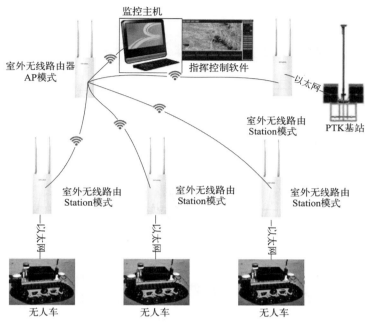

图 6-47　局部网络环境下基于 Wi-Fi 的无人系统组网架构

在这种局部网络通信中，为了实现无人系统更高精度的基于经纬度坐标的全球定位，一般会单独假设 RTK 基站为系统中的北斗等导航模块提供参考信号。

局部网络环境中的无人系统通信网络具有如下特点：

● 指控系统：通过 Wi-Fi 无线网、自组网、数据链等网络与无人车互通，实现对无人车的指挥控制。

● 无人车：通过 Wi-Fi 无线网、自组网、数据链等网络与指控系统以及无人车之间互通，实现无人车在指控系统监视控制下的协同。

● NGSS 卫星定位：为了提高 NGSS 的卫星 GPS 定位信号的精度，纠正偏差，无人车与 RTK 均装有支持高精度差分定位、双天线定向的 GNSS 天线，在接收 NGSS 卫星 GPS 定位信号的同时组成本地 RTK 网络，指控中心侧的 RTK 构成基准站，无人车侧为移动站。基准站将经过校正处理的 GPS 参考信号通过自组网电台、数据链电台或者 Wi-Fi 模块发送给无人车的组合导航模块，实现在无人车侧的同步 GPS 定位校正。

● 在局域网环境下，为了提高数据传输的效率，使用 UDP 组播方式实现无人车的指挥控制，并且该方式也适用于无人组内编队同步数据的传输。

6.4.4　广域网场景下的多无人系统的组网

在有些情况下，无人系统需要部署在不同的区域范围内，此时仅仅依靠本地局域网络的通信变得不太现实。要实现跨越本地网的更大规模的无人系统的指挥和控制，比较灵活的方式是采用 4G 或 5G 网络的移动通信方式。基于云端的组网方式一般称为云总线方式，不论是无人车还是指挥控制软件，全部注册到基于云端总线的中心服务器，由中心服务器提供终端寻址，或作为中转站转发无人车和指挥控制软件两者之间的指令和数据。图 6-48 所示为基于云端总线的无人系统通信架构模型。

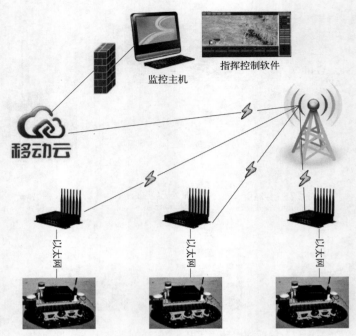

图 6-48　基于云端的无人系统通信架构

6.5　多无人系统的组网的通信协议

　　受 ROS 通信机制的限制，在一个局域网络中只能有一个 ROS master，如果每个无人系统都有自己的 ROS 系统，则这些无人系统很难在同一网络下共存。另外，ROS 通信机制的设计主要用于 ROS 节点间的通信，即便同一网络中的多无人系统使用同一 ROS master，受通信网络带宽的限制，随着网络中无人系统数量的增加，不同系统中的大量话题消息（例如导航、坐标转换、无人车底盘操控等）发布到网络，势必会造成网络中信息的拥堵甚至堵塞。因此比较好的办法是每个无人系统个体组成单独的内部局域网，将无人系统自身的 ROS 信息屏蔽在小局域网范围内。一般比较简单通用的方式是无人车内部通过交换机形成内部的局部网络，然后再通过路由器将无人系统连接到上层网络或者云端服务器。前面介绍的图 6-46 所示基于自组网的多无人车系统、图 6-47 所示基于 Wi-Fi 的多无人车系统，以及基于云端总线的多无人车系统都是通过路由器将每个车辆的 ROS 信息封闭到自身的局部网络范围内。但这样也会产生新的问题，由于路由器将 ROS 发布的信息封闭到了车辆内部局域网，在上层网络中并不存在 ROS master 来管理路由器 WAN 口收发的信息，一种方式是采用 ROS bridge 将信息发布出来，然后设计专用的网页或者客户端进行 ROS 消息的收发，这种方式有时也会显得比较笨重；另外一种方式是可以设计自定义协议的 UDP 组播方式或者中心服务器方式实现上层网络中 ROS 消息的收发。

　　不论是采用 UDP 组播还是中心服务器方式实现多无人车的组网与指挥控制，都需要设计专用的通信协议将需要传递的无人系统的相关信息进行打包转发，因此在无人系统中都应该编写一个基于 ROS 的客户端程序将无人系统中需要上传的信息从 ROS 消息中提取出来，然后将这些信息按定制设计的通信协议打包发到上层网络中，并且将上层网络发过来的信息解析出来，然后以 ROS 消息的方式发布到无人系统内部。

下面就 UDP 组播方式以及中心服务器方式分别做简单介绍。

6.5.1　基于UDP组播方式的无中心服务器通信

UDP 组播由于通信效率高并且编程实现简单，比较适用于使用无线自组网、数据链或者 Wi-Fi 网络的模式。通过 UDP 组播方式可以快速搭建多无人系统通信网络及其指挥控制系统，并且可以实现无中心的网络通信。缺点是 UDP 组播采用的是非面向连接的连接方式，数据参数是不可靠的，因此数据能不能到达接收端，以及数据到达的顺序都是不保证的。但是由于 UDP 不用保证数据的可靠性，因此数据的传送效率是很快的。

（1）UDP 通信协议中三种信息传递方式

● 单播 Unicast：客户端与服务器之间的点到点连接。

● 广播 BroadCast：主机之间"一对所有"的通信模式，广播者可以向网络中所有主机发送信息。广播禁止在 Internet 宽带网上传输，否则会造成广播风暴。

● 多播 MultiCast：主机之间"一对一组"的通信模式，也就是加入了同一个组的主机可以接收到此组内的所有数据。这里的多播即为 UDP 组播。

（2）UDP 组播的原理

UDP 组播报文的目的地址使用 D 类 IP 地址，D 类地址不能出现在 IP 报文的源 IP 地址字段。单播数据传输过程中，一个数据包传输的路径是从源地址路由到目的地址，利用"逐跳"的原理即路由选择在 IP 网络中传输。

然而在 UDP 组播环中，数据包的目的地址不是一个，而是一组，形成组地址，所有的信息接收者都加入到一个组内，并且一旦加入之后，流向组地址的数据立即开始向接收者传输，组中的所有成员都能接收到数据包。组播组中的成员是动态的，主机可以在任何时刻加入和离开组播组。

加入到同一个 IP 多播地址的主机构成了一个主机组，也称为组播组。加入组播组的成员可以随时变动，某台主机可以随时加入或离开组播组，并且组播组成员的数目和所在的地理位置也不受限制，一台主机也可以属于几个组播组。此外，不属于某一个组播组的主机也可以向该组播组发送数据包。

（3）UDP 组播地址

组播组可以是永久的也可以是临时的。组播组地址中，有一部分是由官方分配的，称为永久组播组。永久组播组保持不变的是它的 IP 地址，组中的成员构成可以发生变化。永久组播组中成员的数量可以是任意的，甚至可以为零。那些没有保留下来供永久组播组使用的 IP 组播地址，可以被临时组播组利用。

● 224.0.0.0～224.0.0.255 为预留的组播地址（永久组播地址），地址 224.0.0.0 保留不做分配，其他地址供路由协议使用；

● 224.0.1.0～224.0.1.255 是公用组播地址，可以用于 Internet；

● 224.0.2.0～238.255.255.255 为用户可用的组播地址（临时组播地址），全网范围内有效；

● 239.0.0.0～239.255.255.255 为本地管理组播地址，仅在特定的本地范围内有效。

（4）UDP 组播的基本步骤

① 建立 socket socket 和端口绑定；

② 加入一个组播组；

③ 通过 sendto / recvfrom 进行数据的收发；

④ 关闭 socket。

6.5.2 基于UDP或TCP的有中心服务器通信

在无线自组网、Wi-Fi 或者基于云端总线方式的网络通信架构中，也可以使用中心服务器做中转服务的方式实现多无人系统的组网与指挥控制。如果采用中心服务器的方式实现局域网或者广域网多无人系统的组网及指挥控制，则需要一台作为服务器的主机布置在局域网络中或者布置在具有公网 IP 地址的云端，并且需要设计一个中心服务器软件用于提供中转服务。图 6-49 所示为一个中心服务器软件通信模型。其中多个无线系统作为独立的终端分别与中心服务器程序的 5001 端口建立连接，多个指挥控制及监控计算机则与中心服务器程序的 5002 端口进行连接，由中心服务器程序实现将端口 5001 接收到的无人车数据转发到连接端口 5002 的计算机，以及将端口 5002 接收到的计算机发来的指挥控制信息转发给连接端口 5001 的无人车。端口 5003 则用来连接中心服务器参数设置及监控中心服务器工作状态的前台界面程序，即 MDSetUI 程序。

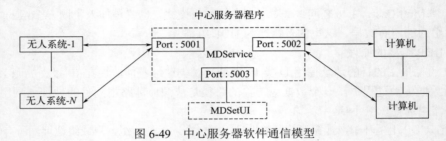

图 6-49　中心服务器软件通信模型

由于中心服务器软件需要实现无人系统与指挥控制及监控计算机之间的数据转发，则需要设计一套专用通信协议，以实现无人系统与计算机的识别及信息传递。本书针对无人系统终端和监控计算机端设计的通信协议进行举例说明，服务器端协议基本类似，但较为复杂，不在此进行举例。

中心服务程序设计中采用了 HpSocket 库进行开发，对于 HpSocket 通信库的使用，请读者参考该库对应的说明手册。为了防止通信过程中出现粘包现象，选用 PACK 方式，在 PACK 的4 字节包头中已经包含数据长度，因此协议中不用单独设计字段用来包含数据长度。

6.5.2.1　DevClient 端（无人系统端）协议定义

DevClient 主要是指连接 MdServer 的设备，采用 UDP 或者 TCPClient 连接 MdServer 的5001 端口，协议中的二进制数据采用小端模式，即数字的高位在低字节，具体协议如下：

```
// 设备端发给服务器端的命令定义
#define CMD1_DEV_REGISTER        0x01    //设备注册
#define CMD1_DEV_BEAT            0x02    //设备端心跳包
#define CMD1_DEV_DATA        0x03      //设备端发送数据
// 服务器端发给设备端的命令定义
#define CMD1_DEV_REG_ERR        0x80      //注册失败
#define CMD1_DEV_REG_OK         0x81      //注册成功
#define CMD1_SRV_BEAT           0x82    //服务器端心跳包
#define CMD1_SRV_DATA           0x83    //服务器端发送数据
```

（1）设备注册

① 发送设备注册 CMD1_DEV_REGISTER 命令。

- 字节 1：指令 1 　　　　//1 字节，值为 CMD1_DEV_REGISTER，设备注册；
- 字节 1：指令 2 　　　　//1 字节，此处不用，值为 0xFF；
- 字节 2～4：保留 　　//3 字节，保留，暂时不用；
- 字节 5～8：设备编号 //4 字节，举例 01 72 44 10 ，该四字节值为 2021071001；
- 字节 9～10：超时 　　　　//2 字节，举例 00 B4，超时 180 秒；
- 字节 11～12：心跳时间 //2 字节，举例 00 3C，心跳 60 秒；
- 字节 13～16：IP 地址 　　// 4 字节，举例 0A 01 30 68 IP 地址为 10.1.48.104；
- 字节 17～32：设备型号 // 16 字节，举例 4d 44 33 30 38 20 31 2e 30 2e 32 00 00 00 00 00，值为 MD308 1.0.2；
- 字节 33～48：用户账号// 16 字节，举例 61 64 6d 69 6e 31 32 33 34 35 36 37 38 39 30 32，值为 admin1234567890。

定义注册结构体如下：

```
Typedef Struct
{
        Uint8_t cmd1;           //1 字节，命令，值为 0x01
        Uint8_t cmd2;           //1 字节，不用时为 0xFF
        Uint8_t svr[3];         //3 字节，保留，暂时不用
        Uint32_t devid;         //4 字节，设备编号
        Uint16_t timeout;       //2 字节，心跳超时
        Uint16_t beattime;      //2 字节，心跳间隔，单位：秒
        Uint32_t ipaddr;        //4 字节，IP 地址
        Char devtype[16];       //16 字节，设备型号
        char account[16];       //16 字节，设备所属的用户账号
} dev_register_t                //dev，设备端
```

② 服务器回复 CMD1_DEV_REG_OK 命令。MdSever 的 5001 端口收到该注册数据后，根据设备的 ID 号进行查表检索，如果没有重复则回复 CMD1_DEV_REG_OK 命令，并附带时间信息给设备，用于设备对时。

- 字节 1：指令 1 　　　　//1 字节，值为 CMD1_DEV_REG_OK，设备注册；
- 字节 2：指令 2 　　　　//1 字节，此处不用，值为 0xFF；
- 字节 3～4：保留 　　　　//3 字节，暂时不用；
- 字节 5～6：超时 　　//2 字节，举例 0x00 0xB4，超时 180 秒；
- 字节 7～8：心跳时间 　　//2 字节，举例 0x00 0x3C，心跳 60 秒；
- 字节 9：系统时间 　　　　//1 字节，年 20；
- 字节 10：系统时间 　　//1 字节，年 21；
- 字节 11：系统时间 //1 字节，月 07；
- 字节 12：系统时间 //1 字节，日 10；
- 字节 13：系统时间 //1 字节，星期 6；
- 字节 14：系统时间 //1 字节，时 23；
- 字节 15：系统时间 //1 字节，分 09；
- 字节 16：系统时间 //1 字节，秒 31。

定义注册结构体如下：

```
Typedef Struct
{
 Uint8_t cmd1;           //1 字节，命令，值为 CMD1_DEV_REG_OK
 Uint8_t cmd2;           //1 字节，此处不用，命令值为 0xFF
Uint8_t svr[2];          //3 字节，保留，暂时不用
 Uint16_t timeout;       //2 字节，心跳超时
 Uint16_t beattime;      //2 字节，心跳间隔，单位：秒
 Uint8_t year1;          //1 字节，年 20
 Uint8_t year2;          //1 字节，年 21
 Uint8_t month;          //1 字节，月
 Uint8_t dat;            //1 字节，日
 Uint8_t day;            //1 字节，周
 Uint8_t hour;           //1 字节，时
 Uint8_t minute;         //1 字节，分
 Uint8_t second;         //1 字节，秒
} svr_register_t              //svr，服务器端回复
```

③ 服务器回复 CMD1_DEV_REG_ERR 命令。如果对于设备的注册信息，服务器检索 ID 号重复，则回复 CMD1_DEV_REG_ERR 命令，结构体与注册成功的结构一致。

（2）心跳包

① 设备端发送 CMD1_DEV_BEAT 命令。

- 字节 1：　　命令　　//1 字节，值为 CMD1_DEV_BEAT；
- 字节 2～4：保留　　//3 字节，保留，暂时不用；
- 数据 5～8：开机后运行时长　//4 字节，单位为秒，值为 0xF7 0x00 0x00 0x00，小端模式。

```
Typedef Struct
{
 Uint8_t cmd1;           //1 字节，命令，值为 CMD1_DEV_BEAT
 Uint8_t cmd2;           //1 字节，命令，值为 0x02
 Uint8_t svr[2];         //3 字节，保留，暂时不用
 Uint32_t timeused;      //4 字节，单位为秒，值为 0xF7 0x00 0x00 0x00，小端模式
}dev_beat_t              //dev，设备端
```

② 服务器回复 CMD1_SRV_BEAT 命令：

- 字节 1：　　命令　　//1 字节，值为 CMD1_SRV_BEAT；
- 字节 2～4：保留　　//3 字节，保留，暂时不用；
- 字节 5：系统时间　//1 字节，年 20；
- 字节 6：系统时间　//1 字节，年 21；
- 字节 11：系统时间　//1 字节，月 07；
- 字节 12：系统时间　//1 字节，日 10；
- 字节 13：系统时间　//1 字节，星期 6；
- 字节 14：系统时间　//1 字节，时 23；
- 字节 15：系统时间　//1 字节，分 09；
- 字节 16：系统时间　//1 字节，秒 31。

```
Typedef Struct
{
    Uint8_t cmd1;           //1 字节, 命令, 值为 CMD1_SRV_BEAT
    Uint8_t cmd2;           //1 字节, 命令, 值为 0xFF
    Uint8_t svr[2];         //3 字节, 保留, 暂时不用
    Uint8_t year1;          //1 字节, 年 20
    Uint8_t year2;          //1 字节, 年 21
    Uint8_t month;          //1 字节, 月
    Uint8_t dat;            //1 字节, 日
    Uint8_t day;            //1 字节, 周
    Uint8_t hour;           //1 字节, 时
    Uint8_t minute;         //1 字节, 分
    Uint8_t second;         //1 字节, 秒
} svr_beat_t                //svr, 服务器应答
```

（3）设备端发送数据

设备端发送 CMD1_DEV_DATA 命令。

```
Typedef Struct
{
 Uint8_t cmd1;           //1 字节, 命令, 值为 0x03
 Uint8_t cmd2;           //1 字节, 命令, 值为 0xFF
 Uint16_t length;        //2 字节, 数据长度, 小端模式
 Uint32_t devid;         //4 字节, 设备编号
 ·  ·  ·  ·  ·
}dev_data_t              //dev, 设备端状态数据
```

当服务器 5001 端口接收到 Cmd1=CMD1_DEV_DATA 时, 服务器将 5001 端口接收的数据转发给 5002 端口, 数据可以直接转发。

（4）设备端接收服务器数据

设备端接收 CMD1_SRV_DATA 命令:

```
Typedef Struct
{
 Uint8_t cmd1;           //1 字节, 命令, 值为 CMD1_SRV_DATA,
 Uint8_t cmd2;           //1 字节, 命令, 值为 0xFF,
 Uint16_t length;        //2 字节, 数据长度, 小端模式
 Uint32_t devid;         //4 字节, 设备编号
 ......
}dev_data_t              //dev, 设备端状态数据
```

当服务器端 5002 端口接收到该端口命令 Cmd1= CMD1_SND_DEV_DAT 时, 服务器将接收到的 5002 端口的数据转发给 5001 端口。

6.5.2.2　PcClient 端（计算机端）协议定义

PcClient 主要指连接服务器的各个计算机,用于通过服务器接收各个设备发送过来的数据。PcClient 采用 UDP 或者 TCPClient 连接 MdServer 的 7017 端口,协议中的二进制数据采用小端

模式，即数字的高位在低字节，具体协议如下：

Cmd1	Cmd2	length	DevID	data
1 字节，命令 1	1 字节，命令 2	DevID 后的数据长度	4 字节，设备编号	由 DevClient 决定

基本的结构体定义如下：

```
Typedef Struct
{
    Uint8_t cmd1;          //1 字节，命令，值为 0x03
    Uint8_t cmd2;          //1 字节，命令，值为 0xFF，用于设备端自身的命令，服务器不用
    Uint16_t length;       //2 字节，数据长度，小端模式
    Uint32_t devid;        //4 字节，设备编号
}svr_head_t              //svr，服务器端数据头定义
```

对于有数据的命令，则数据头后面跟随数据结构体。

（1）命令定义

规则：由 PcClient 发给 MdServer 的命令在 0x00～0x7F 之间，由 MdServer 到 PcClient 的命令在 0x80～0x8F 之间。

```
//PcClient 发给服务器
#define CMD1_CLIENT_BEAT    0x02        //客户端发送心跳包
#define CMD1_SND_DEV_DAT            0x03        //发送给设备数据
#define CMD1_DISC_DEV       0x04        //要求某个设备下线，
//MDServer 返回 CMD1_DEV_OFFLINE 命令
#define CMD1_GET_STATUS            0x05        //获取 MdServer 中的 DevClient 信息
#define CMD1_ADD_DEV        0x06        //MdServer 增加一个设备
#define CMD1_DEL_DEV        0x07        //MdServer 删除一个设备
#define CMD1_RENAME_DEV     0x08        //MdServer 重新命名一个设备
//服务器发给 PcClient
#define CMD1_DEV_ONLINE     0x80        //设备下线
#define CMD1_DEV_OFFLINE    0x81        //设备上线
#define CMD1_SRV_BEAT              0x82        //服务器端发给 PcClient 的心跳包
#define CMD1_REV_DEV_DAT           0x83        //接收设备数据
#define CMD1_SND_DEV_OK     0x84        //发送给设备数据成功
#define CMD1_REV_STATUS     0x85        //MdServer 返回 DevClient 中的信息
#define CMD1_DEV_ADDED      0x86        //MdServer 成功增加一个设备
#define CMD1_DEV_DELTED     0x87        //MdServer 成功删除一个设备
#define CMD1_DEV_RENAMED    0x88        //MdServer 重新命名一个设备成功
```

（2）命令说明

① Cmd1 = CMD1_DEV_ONLINE，设备上线通知。这个消息只能从 MdServer 发到 PcClient，当 7015 端口的一个设备上线时主动发送该命令给 PcClient，表示一个设备已上线，该设备由 ID 号来标识。本消息的命令是 CMD1_DEV_ONLINE，消息体长度为零。

② Cmd1 = CMD1_DEV_OFFLINE，设备掉线通知。这个消息只能从 MdServer 发到 PcClient，当 7015 端口的一个设备心跳超时时，MdServer 主动发送该命令，表示一个 DevClient 已下线，该 DevClient 由 DevID 来标识。本消息的命令是 CMD1_DEV_OFFLINE，消息体长度为零。

③ Cmd1 = CMD1_REV_DEV_DAT，MdServer 将 DevClient 数据转发给 PcClient。当 MdServer 的 7015 端口收到该命令时，MdServer 把从 DevClient 来的数据通过 7017 端口转发给 PcClient。PcClient 根据 devid 区分是哪个设备发送过来的数据。相反，在从 PcClient 到 MdServer 的消息中，如果 DevID 在服务器的表单中，则 MdServer 通过 DevID 来查找目标 DevClient，如果 DevID 为 0x00，则将数据发送给所有的 DevClient。MdServer 将数据发送给 DevClient 后发送 CMD1_SND_DEV_OK 命令返回给 PcClient。

④ Cmd1 = CMD1_SND_DEV_DAT，MdServer 将 PcClient 数据转发给 DevClient。MdServer 通过这个消息把从 PcClient 来的数据发送到 DevClient。MdServer 根据 DevID 区分是将数据发送给哪个设备，如果 DevID 为 0，则将数据发送给所有的 DevClient。MdServer 发送数据给 DevClient 后发送 CMD1_SND_DEV_OK 命令返回给 PcClient。

⑤ Cmd1 = CMD1_SND_DEV_OK，MdServer 转发 PcClient 数据成功指令。MdServer 转发数据给 DevClient 成功后，发送 CMD1_SND_DEV_OK 指令，结构体中的数据为空。

⑥ Cmd1 = CMD1_GET_STATUS，获取设备状态。PcClient 发送该命令给 MdServer，表示 PcClient 想知对应 DevID 的 DevClient 的当前状态，MdServer 收到该命令后返回一个 CMD1_REV_STATUS 消息，该 DevClient 由 DevID 来标识。该命令对应的消息体长度为零。

注意：如果想获得所有 DevClient 的当前状态，可以在这个请求中把 DevID 号置成 0，这时候 MdServer 会把所有 DevClient 的当前状态依次用 CMD1_REV_STATUS 命令返回，每条 CMD1_REV_STATUS 命令里面返回一台 DevClient 的状态，直到最后一条 DevID 为 0 的命令结束。

⑦ Cmd1 = CMD1_REV_STATUS，服务器返回设备状态。当服务器接收到 CMD1_GET_STATUS 命令时，服务器返回 CMD1_REV_STATUS 命令，要查询的 DevClient 由 DevID 来标识。 CMD1_REV_STATUS 命令是对 CMD1_GET_STATUS 命令的响应，该命令对应 CMD2 命令，目前定义了三种结果：

- CMD2_NO_DEV　　　　　0x00//该设备不存在；
- CMD2_DEV_ONLINE　　　0x02//该设备已经上线；
- CMD2_DEV_OFFLINE　　　0x03//该 DTU 目前没有上线。

如果设备的状态为 CMD2_NO_DEV，则数据头中的 Devid=0xFF，表示设备不存在，消息体长度为 0。如果设备存在，则消息体结构如下（多字节字段都是网络字节序）：

- DevIP：如果 DevClient 是上线状态，DevIP 是当前 DevIP 的 IP 地址。
- IDevIdx：该 DevClient 在 MdServer 里面的序号。
- OnTime：如果 DevClient 是上线状态，则 OnTime 是最近一次 DevClient 上线的时间，即从 1970 年 1 月 1 日 0 点 0 分 0 秒以来的时间，单位为秒。
- DataSent：向该 DevClient 发送的用户数据的字节数。
- DataRcvd：从该 DevClient 接收的用户数据的字节数。
- OffTime：如果 DevClient 是离线状态，则 OffTime 是最近一次 DevClient 离线的时间，是从 1970 年 1 月 1 日 0 点 0 分 0 秒以来的时间，单位为秒。
- AllSent：向该 DevClient 发送的所有数据的字节数，包括登录包、心跳包数据。
- AllRcvd：从该 DevClient 接收的所有数据的字节数，包括登录包、心跳包数据。
- DevType：该 DTU 的版本号。

定义结构体如下：

```
Typedef Struct
{
```

```
        Uint8_t         DevIP[4];
        Uint32_t        DevIdx;
        Uint32_t        OnTime;
        Uint32_t        OffTime;
        Uint32_t        AllSent;
        Uint32_t        AllRcvd;
        Char            DevType[16];    //16 字节，设备型号
    }
```

本章 小结

　　读者在调试自己的无人车系统时，涉及网络方面的技术细节可能只限于操作系统 Ubuntu 的网络配置，在开发基于 ROS 的无人车系统软件时也只使用 ROS 封装的初始化函数，至多扩展到 TCP/IP 的网络接口 Socket API，这是因为网络系统作为基础 IT 设置存在，并被封装到操作系统的网络配置，或 ROS 等平台的高层封装接口中被隐藏起来。但是，对于网络这个 IT 基础设施的了解对于有技术进阶要求的读者还是必要的。

　　本章从网络协议、网络分类、网络设备，以及大型实用无人系统中应用网络等方面全面简要介绍了计算机网络以及无人系统网络的知识要点。读者如果有需要，可以以这些要点为基础学习计算机网络知识框架，进行更深入的学习了解。

扫码免费获取
本书资源包

第 **7** 章

地面无人系统编队

7.1 地面无人系统编队简介

近几年来随着机器人技术和传感器的发展，人们对机器人完成探索、安防、野外联合搜救、集群侦察、合作反恐、协作运输等任务的需求逐渐提高，而单一的搭载传感器的机器人无法更好地完成这些任务，需要多个机器人共同完成。目前，人们不断研究多机器人共同完成任务领域中的多机器人编队问题。多机器人编队控制是实现多机器人共同完成任务的基础，能提高机器人完成任务的效率。

在目前的编队控制算法中，领航跟随编队控制法采用链式拓扑结构，跟随者跟随领航者形成编队，被广泛应用于无人车系统编队中。但是该算法在未知环境下的编队控制研究甚少，缺少整体路径规划功能，特别是领航者机器人如何进行实时路径规划有待进一步研究。

编队控制算法是涉及多方面的主要问题，目前其研究方向主要集中在队形形成这个方向。其队形形成一般都是基于一致性原理、领航跟随法、人工势场法、虚拟结构法等多个具有代表性的编队控制策略。2015 年，YX Min 等人针对四旋翼无人机的编队跟踪问题，在基于领航跟随法的编队控制思想下重新构造了姿态控制器和位置控制器，并在编队控制器避障设计中引入了一个附加的期望速度场。2017 年，浙江大学的张苗苗等人运用边-李雅普诺夫方法，将编队中的一致性问题转换成稳定性问题，再采取退步方法得到其李雅普诺夫函数及其编队控制算法。2017 年，Q Han 等人针对领航跟随法的编队控制系统，研究领航者在地标观测中的非线性可观测性，跟随者仅根据与领航者相关的角度信息，进行快速编队并保持队形。2018 年，Peinado H 等人针对二阶刚性编队系统实际问题中的距离不匹配问题，分析其对编队整体扭转程度的影响及其期望稳定编队的影响，并通过该因素来设计编队从而控制编队的旋转及平移的效果。2018 年，F Mehdifar 团队在基于距离的多智能体编队系统中，对智能体之间的距离误差进行约束，提出一种基于分散距离信息的控制器，从而增加编队系统的鲁棒性，并在外界干扰等影响存在时，防止编队收敛到不正确的形状。

近几年来，编队系统也逐渐从算法层面发展到实际层面中。日本筑波大学在 2016 年采用视觉跟随系统，针对前方领航车和跟随车设计了跟踪系统，利用摄像机视觉系统对跟随车进行控制，并设计了一种稳定、精确的单目视觉传感系统。该系统由摄像机和矩形标记组成，采用一种反馈控制算法，使跟随车辆能够跟踪领航车辆的轨迹。此外，提出了一种比例积分导数（PID）

控制器，以保证领航车与跟随车之间所需的距离，使得跟随车对领航车以 0.3m/s 的速度进行稳定跟随。

　　山东大学运用具有 8 个声呐的 AmigoBot 机器人在有障碍环境中，研究了移动机器人在杂乱环境下的编队和避障问题，结合人工势场，提出了一种使多机器人系统在避障的同时保持队形的领航跟随法。编队要求保持同样的速度、方向，从而保证队形。

　　意大利罗马大学实现了异构编队，用一个四旋翼无人机搭载相机对地上的三个轮式机器人进行初步的相对定位，从而实现一个"地-空"的编队效果，将四旋翼无人机的视觉跟踪和地面上的编队控制两个任务相结合，研究两个任务的相互影响，并分析闭环系统的稳定性，考虑地面机器人临时避障对系统带来的影响。

7.2　鸽群算法及其改进

7.2.1　无人车编队算法

　　在地面无人系统中，单个无人车在自主建图、自主导航等方面的能力有限，很难独自完成协作运输、集群勘探等工作任务，所以近年来多无人车系统协同工作成为行业研究的热点。无人技术范畴中多无人车协同编队发挥的作用非常关键，比如协同反恐、侦察和联合搜救等，使多无人车系统编队成为关键的课题。对于多无人车系统编队来说，无人小车在任务执行过程中要实现自主协同完成编队队形，并且向目标行进过程中队形不能混乱。结合任务具体要求，队形可以是直线、正方形或者三角形等多种。

　　路径规划是指在有障碍物的环境下向机器人提供有关达到特性目标的信息的任务。对于移动机器人，规划出一条良好的路径与在路径上成功进行避障十分重要，不合适的路径可能会导致与其他物体碰撞致使机器人损坏或浪费大量的时间。Voronoi 图法、遗传算法、蚁群算法、粒子群算法等都是应用较为广泛、代表性很强的算法。康冰等学者通过设计禁忌栅格从而对蚂蚁的线路进行引导、控制，并结合时空数据及时更新调整，获得了全新的蚁群算法。

　　目前控制多无人车编队是以虚拟结构法（virtual-structure）、基于行为的方法（behavior-based）、领航跟随法、基于路径跟踪的方法、人工势场法、图论法等为主。领航跟随型编队控制方法的优势在于分析难度小，并且更加精准，在多无人车编队控制中适用性很强。对于领航跟随型编队控制法通常领航者可以是一个，也可以是多个，除此以外都属于跟随者。在编队的过程中，领航者负责选择最优路径向目标点前进，并在前进过程中实时避障，而跟随者利用领航者当前的信息调整各自的状态，实现与领航者保持一定的距离和角度，从而达到编队效果。

　　本节中利用改进鸽群算法与领航跟随法融合来实现无人车系统编队。对鸽群算法进行改进，在鸽群算法的前期带来一个初始解，能够提升算法的效率。另外，算法的地磁算子中加入了相应的权重指标，提升了算法在整体路径中的规划效率。通过 MATLAB 进行仿真表明，与 PSO 算法、QPSO 算法相比，改进的鸽群算法规划路径相比其他算法规划路径更短，且算法运行时间更短，可以看出改进鸽群算法的优越性。路径规划完成以后，通过领航跟随法控制无人车编队，首先以领航者无人车位置与编队队形为依据，完成所有虚拟无人车位置信息的计算，然后对所有跟随者无人车向虚拟无人车运动进行控制使队形得以实现。

7.2.2　鸽群算法

　　鸽子是一种十分常见的鸟，世界各地都在广泛饲养。古时候在没有手机等智能通信工具的情况下，人们都采用鸽子进行远程书信的交流，因此鸽子的记忆能力可见一斑。此外它还是一种依赖习惯的动物。很多鸽子都可以利用一些建筑物或者标记点进行飞行，顺利到达指定位置，甚至还可以利用磁场信息、太阳运动信息等进行导航，飞抵目的地。

在飞行过程中，鸽群具备非常突出的导航能力以及辨识方向能力，而人们在对其进行长时间的研究后，受到一些启发，从而创建了相应的鸽群算法。为此人们提出了 PIO 算法；重点通过两个方面形成，也就是地磁算子、地标算子。对二者不断进行迭代处理，可以很快运算得到其中代表性粒子的速度、坐标数据，从而明确种群的最优数据。

首先，需要引进相应的地磁算子，地磁算子迭代更新的方法为，以 x_i 和 v_i 表示第 i 只鸽子所在的位置和速度。在每轮迭代中，鸽群中的个体都可以用式（7-1）和式（7-2）计算并更新个体的速度和位置。

$$v_i(t) = v_i(t-1) \times \mathrm{e}^{-Rt} + rand \times \left[x_g - x_i(t-1) \right] \tag{7-1}$$

$$x_i(t) = x_i(t-1) + v_i(t) \tag{7-2}$$

对于公式（7-1），地磁算子用 R 表示；$rand$ 是随机数；当前全局最优位置用 x_g 表示。

第二步，引进相应的地标算子，鸽群按照其具备的分布情况，从而评估目前的坐标与目的地是否相同。假如方位相似或者相同，此时鸽群将会继续前进，直奔最终地点；若相反则会将群体的中心位置作为目标，从而调整自身的行为。在不断地迭代处理后，种群的规模也将会下降。以第 t 次迭代时为例，地标算子的更新方法如式（7-3）～式（7-5）所示。

$$M_p = \frac{M_p(t-1)}{2} \tag{7-3}$$

$$x_c(t) = \frac{\sum x_i(t) \times fitness\left[x_i(t) \right]}{M_p \sum fitness\left[x_i(t) \right]} \tag{7-4}$$

$$x_i(t) = x_i(t-1) + rand \times \left[x_c(t) - x_i(t-1) \right] \tag{7-5}$$

式中，M_p 是第 t 次迭代时种群的数量；$x_i(t)$ 是第 t 次迭代后第 i 只鸽子的位置；$fitness\left[x_i(t) \right]$ 是 $x_i(t)$ 位置的适应度值；$rand$ 是一个随机数。

结合地标算子的运算分析，可以更高效地明确目标位置，让鸽群更加直接、更加稳定地直奔目的地。

7.2.3　鸽群算法改进

对于鸽群算法来说，其不足之处就是收敛速率偏低，且局部最优出现率偏高。在原本算法的前提下，在鸽群算法的前期带来一个初始解，在进行初步处理后，能够简化算法的处理，使中间所需时间下降，此时能够提升算法效率。另外算法的地磁算子中加入相应的权重指标，可提升算法在整体路径中的规划效率。此时权重指标的运算分析见公式（7-6）。

$$\varphi = \begin{cases} \varphi_{\min} - \dfrac{(\varphi_{\max} - \varphi_{\min}) \times (f - f_{\min})}{f_{avg} - f_{\min}}, f \leqslant f_{avg} \\ \varphi_{\max}, f > f_{avg} \end{cases} \tag{7-6}$$

式中，$\varphi_{\min}$、$\varphi_{\max}$ 分别表示惯性权重系数的最小值和最大值；f 表示适应度函数；$f_{\min}$ 和

f_{avg} 表示当前鸽群内部适应度最小值和平均值。

结合完善后的鸽群算法，此时的路径设计流程见图 7-1。

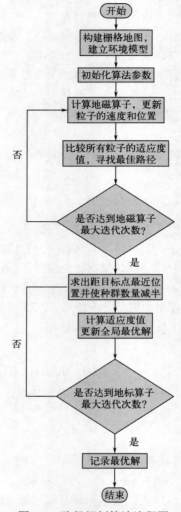

图 7-1　路径规划算法流程图

7.3　领航跟随法编队控制

领航跟随法编队控制方法原理为：编队内全部无人车除了领航者都是跟随者，领航者以地图信息为依据对最优路径进行确定并完成避障，将控制指令发送给领航者进而对编队整体进行控制，跟随者时刻与领航者保持相应的角度与间距，使队形得到保证。多无人车编队完成后，其中所有无人车都要避障，并且不能与编队内其他无人车出现碰撞现象。横纵队形和三角队形是目前编队最常见的，具体如图 7-2 所示。

领航跟随法有 $l-\phi$ 控制和 $l-l$ 控制两种控制模式。$l-\phi$ 控制模式即每个跟随者无人车以一定的距离和角度跟随领航者无人车，从而实现编队队形的形成。$l-l$ 控制模式即每个跟随者无

人车以固定的距离 l 跟随两个领航者无人车。现采用 $l-\phi$ 控制方式，该控制模式实现步骤如下：

① 领航者根据地图信息使用改进鸽群算法进行路径规划，规划出供无人车行驶的最优路径；

② 领航者无人车沿着最优路径行驶，并利用避障算法进行避障，同时领航者无人车实时检测自身的位姿信息，根据使用的队形用 $l-\phi$ 控制方式生成虚拟无人车的轨迹发送给跟随者无人车；

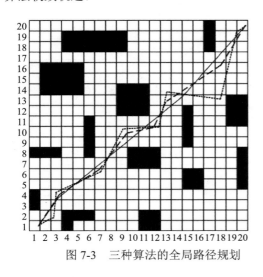

③ 跟随者无人车不断地接收领航者无人车发送的运动控制指令和轨迹，调整自身的速度和运动方向沿着虚拟无人车的轨迹运动。跟随者无人车实时探测周围的环境信息，当跟随者无人车遇到障碍物时，会在原地等待一段时间，当领航者无人车通过后，跟随者无人车会行驶至领航者无人车上一时刻的位置，避开障碍物以后，跟随者无人车恢复原本轨迹使编队队形得以恢复。

7.4　无人系统编队仿真

7.4.1　路径规划仿真

为明确路径规划算法的实际效果，通过 MATLAB 工具进行模拟研究。分析过程中，栅格尺寸确定为 20×20。第一步对相应算法进行初始化处理，借助算法获得整体最优的路线。为了分析算法的良好效果，这里和 PSO 算法、QPSO 算法的路线进行比较分析。在图 7-3 中，实线代表的是完善后的鸽群算法规划的路线，而虚线属于 QPSO 算法对应的路线，点线属于 PSO 算法对应的路线。

图 7-4 中，点线为 PSO 算法收敛轨迹，细实线为 QPSO 算法收敛轨迹，粗实线为改进鸽群算法收敛轨迹。

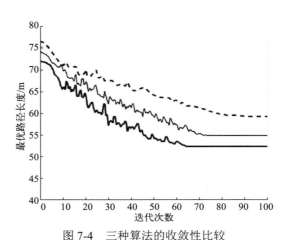

图 7-3　三种算法的全局路径规划　　　　图 7-4　三种算法的收敛性比较

由图 7-3、图 7-4、表 7-1 可以看出，PSO 算法和 QPSO 算法这两种算法虽然都可以规划出一条路径，但是从算法的运行时间、收敛性、路径长度分析，改进的鸽群算法更具有优越性。

表 7-1 三种算法的数据比较

算法	最优路径长度/m	迭代次数	运行时间/s
改进鸽群算法	53.25	63	1.055
PSO 算法	59.17	78	2.768
QPSO 算法	55.12	72	1.765

当使用改进的鸽群算法进行全局路径规划后，无人车会按照全局规划的路径进行行驶，同时，无人车利用自身的传感器不断地探测周围是否有障碍物，存在障碍物情况下，此时相应地运用 Morphine 算法完成避障效果，继续回到最初的路线。图 7-5 所示为无人车在行驶过程中传感器探测到不同的障碍物进行避障的仿真。

在图 7-5 中，无人车先按照全局规划的路径行驶至 A 点，无人车的传感器探测到静态的障碍物 M1，无人车调用 Morphine 算法生成四条弧线，设定相关函数 y 值最小的弧线作为其中设计的最优路线，也就是 M1 附近的实线部分，在避障完成后继续根据相应整体设计路线保持前进。在车辆抵达 B 位置时，车辆的传感装置感应到前方位置存在 M2，随后研究获得 M2 的前进方位与前进速度。车辆预测不会和 M2 出现碰撞，继续根据最初路线保持前进。当无人车到达 C 点时，车辆测定到前方存在动态变化的物体 M3，而车辆分析到将会和物体 M3 在一定位置进行碰撞，那么无人车将会在原地暂时停留，随后继续前进。在车辆抵达 D 位置时，此时设备将会感应到物体 M4，二者的碰撞必然出现，这里需要运用 Morphine 算法实现避障。

对于局部规划算法无法使用的情况，需要通过整体路线重新进行设计处理，如图 7-6 所示。E 点前方存在规格较大的、变化的障碍物，此时车辆在 E 点和物体出现碰撞，那么需要通过 Morphine 算法进行处理。此时其设计的路线将会遇到障碍物。此外，不管是进行旋转或者搜索树运行，都将结束局部路径规划，而在设定起点继续运用改进鸽群算法情况下，需要重新进行整体的路径设计，对应为图 7-6 的虚线部分。

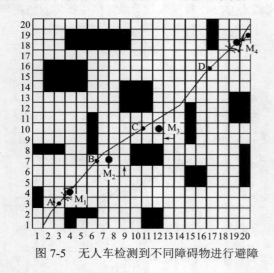

图 7-5 无人车检测到不同障碍物进行避障　　图 7-6 改进鸽群算法重新全局规划路径

7.4.2 领航跟随仿真

本节以三个无人车组成三角形队形为例进行仿真验证。设定领航者、跟随者起始位置和目标点位置，领航者与跟随者在行驶途中没有遇到障碍物，无人车沿直线从起点行驶至目标点，所有无人车全程保持三角队形。行驶轨迹如图 7-7 所示，实线为领航者行驶轨迹，虚线和点画线为跟随者行驶轨迹。

在起点与终点的连接线上增加一个障碍物，这时领航者无人车遇到障碍物但跟随者无人车没有遇到障碍物，当领航者无人车行驶至障碍物前时会调用 Morphine 算法避开障碍物然后再返回原最优路径到达终点，且跟随者无人车会与领航者无人车保持三角队形绕开障碍物并运动到目标点。轨迹图如图 7-8 所示，实线为领航者行驶轨迹，虚线和点画线为跟随者行驶轨迹。

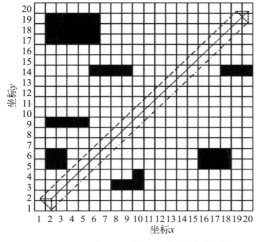

图 7-7　无障碍环境下无人车轨迹图

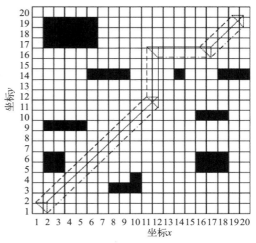

图 7-8　领航者遇到障碍物下的无人车轨迹图

当领航者无人车行驶的路线上没有障碍物但跟随者无人车行驶路线上出现障碍物，编队会进行短暂的队形变换，跟随者无人车会在障碍物前原地等待一段时间，领航者避障成功以后，跟随者会重复领航者行迹以实现避障，绕过障碍物后跟随者无人车会返回原来虚拟无人车的轨迹上，恢复三角队形。轨迹图如图 7-9 所示，实线为领航者行驶轨迹，虚线和点画线为跟随者行驶轨迹。

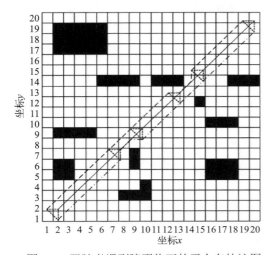

图 7-9　跟随者遇到障碍物下的无人车轨迹图

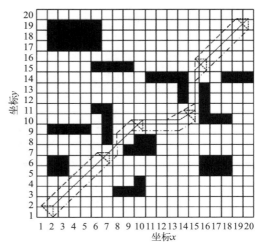

图 7-10　狭窄环境下无人车轨迹图

当道路只能通过一辆无人车时，跟随者无人车会在障碍物前等待一段时间，当领航者无人车通过狭窄的通道时，跟随者无人车会轮流运动到领航者的位置，呈纵行队依次通过狭窄的道路，当所有的无人车通过狭窄的通道后，再恢复至设定的队形。轨迹图如图 7-10 所示，实线为领航者行驶轨迹，虚线和点画线为跟随者行驶轨迹。

7.5 无人系统实车编队

为了进一步验证该编队算法的有效性，完成仿真后使用实车进行测试，实现无人车的编队控制。

图 7-11 中，障碍物位于三台无人车周围，领航者无人车使用改进鸽群算法规划出一条最优路径供无人车行驶，运用领航跟随法进行编队控制使后面两辆跟随者无人车以一定的距离和角度跟随领航者无人车以三角队形从起点运动到终点。

图 7-12 中，路径的起点设置一个障碍物，领航者遇到障碍物，不过跟随者并未遇到，领航者无人车会调用 Morphine 算法重新规划出一条路径避开障碍物，此时跟随者无人车依旧会与领航者无人车保持队形绕开障碍物，并到达终点，过程如图 7-12（b）～（e）所示。

(a) 起点   (b) 终点

图 7-11 无障碍环境下的编队过程

(a) 起点   (b) 过程1   (c) 过程2

(d) 过程3   (e) 终点

图 7-12 领航者遇到障碍物时的编队过程

图 7-13 中，领航者无人车行驶路径上没有出现障碍物，但是跟随者无人车行驶的路径上出现障碍物，此时会进行短暂的编队队形变换，跟随者无人车会在障碍物前等待一段时间，等待领航者无人车通过障碍物后，跟随者无人车运动到领航者无人车上一时刻的位置，从而绕过障碍物，跟随者无人车绕过障碍物后，恢复三角队形到达终点。过程如图 7-13（b）～（h）所示。

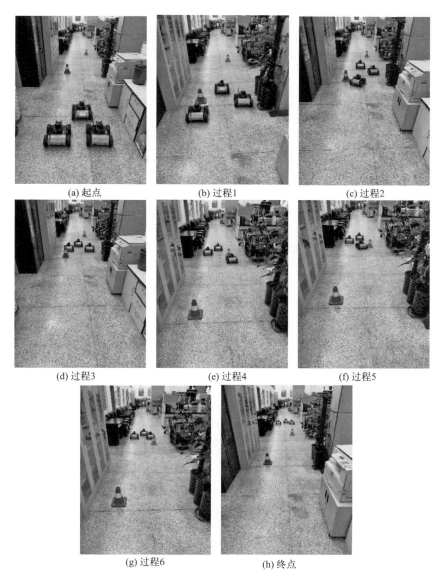

图 7-13　跟随者遇到障碍物时的编队过程

图 7-14 中，当无人车编队通过狭窄道路环境（只能通过一辆无人车）时，跟随者无人车会在障碍物前等待一段时间，等待领航者无人车通过狭窄通道，跟随者无人车依次运动到领航者无人车位置，呈一字形队形或纵行队形通过狭窄通道，全部无人车都顺利从狭窄的通道通过后，队形恢复并向终点行进。具体的过程如图 7-14（b）～（f）所示。

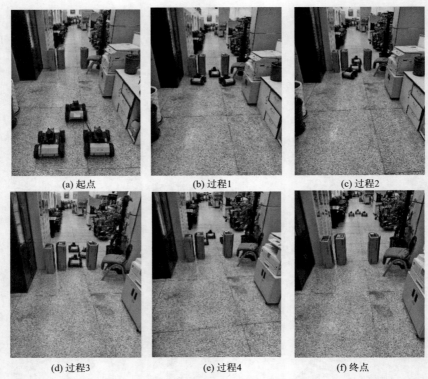

(a) 起点	(b) 过程1	(c) 过程2
(d) 过程3	(e) 过程4	(f) 终点

图 7-14 存在狭窄环境下的编队过程

本章
小结

　　无人车编队是一个具有广泛前景的领域，它有可能对交通运输带来革命性的变化。本章介绍了地面无人系统的编队方法，并提出了改进鸽群算法的思路。通过仿真验证，改进的鸽群算法规划的路径更短，算法的运行时间也更短，因此表明了改进鸽群算法的优越性。最后，实车测试进一步证明了该编队方法的有效性，为多无人车编队提供了参考。

第**8**章

无人系统的指挥控制 1.0

本章简要介绍无人车系统的重要组成部分：指挥控制系统。还利用从指挥控制系统（简称"指控系统"）剪裁下来的一个精简无人车 SLAM 监控软件模块，演示如何利用 Qt 软件平台与 ROS librviz 库开发定制自己的监控软件模块，为感兴趣的读者开发定制自己的无人车指挥控制软件（简称"指控软件"）建立第一块基石。

8.1 无人系统指控软件的用途

在前几章中介绍的无人车操作控制一般都利用 rviz 软件。rviz 作为无人车客户端调测应用软件，订阅接收无人车发送给 ROS master 的 SLAM 坐标消息，在应用界面上构成可视化的 SLAM 地图，操作者可通过 rviz 主窗口展现的 SLAM 地图观察到无人车激光雷达实时感知的周边环境。对于无人车，周边环境要素就是：可通达驶入的区域与不可进入的障碍物区域。SLAM 地图由静态图层 static map，全局代价图层 global costmap、局部代价图层 local costmap 以及无人车当前位置图标构成。操作者利用鼠标操作 rviz 主窗口的"2D Nav Goal"功能选项，设定无人车的运动目标，无人车将根据设定的目标行驶前进，同时避障。

在操作单台无人车或多台无人车，对这些无人车进行指挥控制时，rviz 显得功能单薄，不能满足操作者更丰富的管控需求，此时需要定制化开发满足用户要求的无人系统指挥控制软件。

无人车指挥控制系统包含：单机无人车指控系统、集群无人车指控系统。

8.1.1 单机无人车指控系统

该系统只能实时监控一台无人车，一般具备如下功能：

① 配置连接无人车。灵活设置被监控的无人车的 IP 地址与管控系统的 IP 地址。

② 灵活配置无人车的基本运动属性。例如：直线运动速度、转动角速度等。

③ 本地地理地图，例如在线或离线的本地地理地图。在合适比例尺的地图上，可以显示无人车的坐标位置，并规划无人车行车路线，触发无人车按照规划路线运动，显示无人车的运动轨迹，在无人车运动过程中，可以避让障碍。

④ SLAM 地图。在 SLAM 地图的基础上，设置无人车运动的目标点，触发无人车导航运动。

⑤ 通过键盘或鼠标操作，直接驱动无人车运动。

8.1.2 集群无人车指控系统

该系统能够实时监控多台无人车组成的一个或若干个无人车集群，在具备单机无人车指控系统的功能下，还具备如下功能：

① 连接多台无人车 IP 地址，实现与多台无人车的连接通信。

② 对多台接入的无人车进行分组。

③ 灵活设置领航者无人车，由领航者无人车带队，指挥无人车队组队行驶。

④ 配置、操作更多场景的无人车集群对抗或目标搜索游戏。

8.2 指控软件 XCommander

XCommander 软件是本书作者团队开发的一款单机无人车指控系统，应用系统运行时的窗口如图 8-1 所示。

图 8-1 XCommander 指控系统窗口视图

XCommander 具备如下功能。

（1）连接 ROS master

XCommander 通信机制是建立在 ROS master 基础上的。ROS 通信设置对话框见图 8-2。

用户可以设置 ROS master 的 IP 地址、本系统所在主机的 IP 地址，建立 XCommander 与 ROS master 的通信连接机制。无人车启动后也连接到 ROS master 上，即建立无人车与 XCommander 的通信连接。

（2）导航地图

导航地图区是 XCommander 指控系统的主窗口区域，显示一张栅格地理地图，该地图可以灵活缩放地图比例尺，直至无人车所在的合适区域。显示无人车在地图上的经纬度坐标位置，并在经纬度路径规划后使无人

图 8-2 通信设置对话框

车按照规划的路径进行运动，无人车图标也在地图上同步移动，显示移动的轨迹信息。

（3）仿真 rviz 的 SLAM 小窗口

仿真 rviz 软件的 SLAM 地图窗口显示基于无人车激光雷达探测与 SLAM 算法构成的叠加 static map、global costmap、local costmap 的 SLAM 图层，以及无人车在 SLAM 地图中的实时位置，在 rviz 小窗口，提供"2D Pose Estimate""2D Nav Goal"等功能，驱动无人车导航运动。

（4）无人车重要参数仪表盘

XCommander 软件订阅接收无人车发布的车况参数话题，提供电机电流，电池电压、电流，车身温度、X 轴速度、Y 轴速度的参数信息与仪表盘信息。

（5）车前摄像头视频小窗口

无人车前方装有摄像头，XCommander 提供摄像头拍摄的实时摄像视频小窗口。

（6）目标图像识别小窗口

无人车软件系统装有人工智能深度学习的图像识别模块，能够识别训练目标图像。例如：摄像头拍摄到的猫、狗等移动目标，被识别的这些目标将以框图方式被标定在目标图像识别小窗口中。

（7）经纬度路径规划信息框

在导航地图放大到合适的比例尺条件下，装有 GPS 模块的无人车会将其经纬度位置信息发布到 ROS master 上，XCommander 订阅接收无人车当前经纬度的位置信息，并显示在路径规划的"起点经纬度"信息框中。选中该信息框中"规划路径"按钮，用户可以在导航地图中沿着无人车可以通达的路径进行路径规划，定义无人车运动的路径终点。再用鼠标选中规划路径的某个途经点，并选中"发送途径点"，本操作可重复多次，根据需要，设置多个无人车规划路径的途径点。规划路径配置完毕，再选中"离线导航服务开启"按钮，无人车将按照规划的路径行驶，并在行驶过程中，自动避让沿途障碍物。

（8）无人车运动控制对话框

XCommander 提供无人车直接运动控制。鼠标单击运动控制对话框区域的"前进""后退""左转""右转"按钮，就可以直接驱动无人车响应相关操作运动。

8.3　开发指控软件的 rviz SLAM 模块

XCommander 指控系统采用模块化结构，每个功能区域由一个对应的软件模块提供，每个模块都有自己的特点与相关技术细节。本节如果全面介绍 XCommander 的开发细节，则需要一一展开各个模块的技术细节开发，要用比较大的篇幅予以描述，超出了本书的内容规划。因此，选择其中的"仿真 rviz 小窗口"功能模块案例，演示如何着手开发指控软件。麻雀虽小，五脏俱全，通过对这个小演示模块的学习与测试，读者可以初步掌握开发无人车指控系统的部分知识框架与技术路线。

8.3.1　开发环境配置

无人车指控软件运行在 Xubuntu 20.04 环境下，环境配置对开发调试软件非常重要，往往因为环境配置存在的微小问题，导致软件编译，或者运行出现 BUG。开发环境配置如下，需要在 Win10 笔记本电脑或 PC 机上安装：

① 安装虚拟机 Vmware +Xubuntu 20.04，为虚拟机配置 40GB 硬盘空间。安装过程见本书第 3 章。

② 安装 ROS Noetic 开源软件。安装后的 ROS Noetic 存放在/opt/ros/noetic 目录下。安装过程见本书第三章。

③ 安装 Qt 开源软件。版本要求是 Qt5.12.8，注意，本 Qt 版本与 ROS Noetic 匹配。

④ 在 Qt 官网下载"qt-opensource-linux-x64-5.12.8.run"软件包，传递到虚拟机 Xubuntu20.04 用户 home 目录下，运行安装。

⑤ 安装成功后的软件保存在用户 home 目录下，例如/home/lxq/Qt5.12.8，打开 Qt Creator 窗口（图 8-3）。

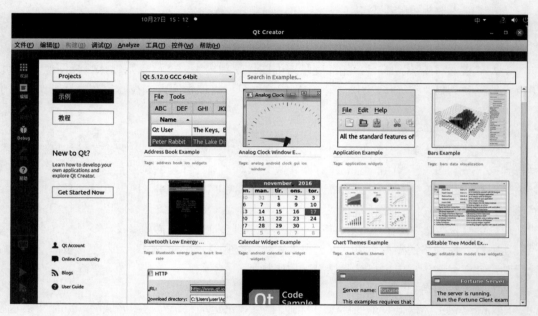

图 8-3　Qt Creator 窗口视图

⑥ 安装 Qwt 6.1.4 Qt 控件库开源软件。Qwt（全称是 Qt widgets for technical applications）是一个基于 LGPL 版权协议的开源项目，它提供 GUI 组件和一组实用类，其目标是以基于 2D 方式的窗体部件来显示数据等功能，它增加了 Qt 的 GUI 控件种类与功能，编译 myviz 项目软件时需要它。在 Qwt 官网下载"qwt.6.1.4.zip"软件包，然后编译安装。编译安装后的 Qwt6.1.4 资源，存放在/usr/local//usr/local/qwt-6.1.4 目录下。

⑦ 安装 OGRE 开源软件。OGRE 类库是流行的开源图形渲染引擎之一，提供 3D 图像渲染效果。基于 rviz 的窗口渲染图层要求支持 3D 效果，例如，导航目标设置的"2D Nav Goal"鼠标箭头就是一个 3D 效果的箭头，必须要有 ORGE 3D 图形库的支持。如果检查/usr/local/include、/usr/local/lib、/usr/loca/share 目录下没有 OGRE 子目录，则意味着虚拟机操作系统没有安装 OGRE 库，需要补充安装 OGRE 库，可以在 OGRE 官网下载"source code：orge-1.12.13.zip"，然后编译安装 OGRE，编译安装后的资源保存在上述/usr/local 的目录下。

⑧ 修改系统/etc/hosts 文件配置，增加虚拟机与无人车系统 IP 地址。修改内容如下：

```
127.0.0.1       localhost
192.168.1.130   vTiger          // 虚拟机系统 IP 地址与主机名
192.168.1.196   nano            // 无人车系统 IP 地址与主机名

# The following lines are desirable for IPv6 capable hosts
::1       ip6-localhost ip6-loopback
fe00::0 ip6-localnet
ff00::0 ip6-mcastprefix
ff02::1 ip6-allnodes
ff02::2 ip6-allrouters
```

⑨ 修改用户 home 目录下的 bashrc 文件，在文件末尾增加内容如下：

```
################ 增加到 bashrc 的内容 ##################
# 设置 ros-noetic 的脚本配置
source /opt/ros/noetic/setup.bash
# 设置 Qt5.12.8 的 Qt Creator 路径
export PATH=$PATH:/home/lxq/Qt5.12.8/Tools/QtCreator/bin
# 设置 Qt5.12.8 编译器路径
export QT5_PATH=/home/lxq/Qt5.12.8/5.12.8/gcc_64
# 设置 Qt5.12.8 lib 路径
export LD_LIBRARY_PATH=$LD_LIBRARY_PATH:/home/lxq/Qt5.12.8/5.12.8/gcc_64/lib
# 设置系统 x86 lib 路径
export LD_LIBRARY_PATH=$LD_LIBRARY_PATH:/usr/lib/x86_64-linux-gnu
# 设置 qwt-6.1.4 lib 路径
export LD_LIBRARY_PATH=$LD_LIBRARY_PATH:/usr/local/qwt-6.1.4/lib
# 将主机名赋值给 ROS 主机名变量，主机名在/etc/hosts 文件中定义
export ROS_HOSTNAME=vTiger
# 将无人车的 IP 地址赋值给 ROS_IP 地址变量，无人车 nano 的 IP 在/etc/hosts 文件中定义
export ROS_IP=nano
# 赋值 ROS_MASTER_URL 地址
export ROS_MASTER_URI=http://$ROS_IP:11311

# 以下是打开 Xubuntu20.04 字符终端时的屏幕打印信息
echo "PATH:" $PATH
echo ""
echo "LD_LIBRARY_PATH:" $LD_LIBRARY_PATH
echo ""
echo "ROS_HOSTNAME:" $ROS_HOSTNAME
echo "ROS_PACKAGE_PATH:" $ROS_PACKAGE_PATH
echo "ROS_MASTER_URI:" $ROS_MASTER_URI
echo ""
echo "Hello" $USER", you login host" $HOSTNAME"."
```

```
echo ""
############### End of 增加到 bashrc 的内容 ##########
```

注：上述案例的当前用户 home 目录是/home/lxq，读者可根据自己的情况更改为自己的 home 目录。

修改后存盘 bashrc 文件，如果希望在当前终端本配置立即生效，则输入命令：

```
$ source~/.bashrc
```

8.3.2　创建演示模块项目myviz

在配置完毕开发环境之后，可以在 Qt Creator 下创建演示模块项目了。演示项目采用从 XCommander 无人车指控软件中剥离出来的仿真 rviz 小窗口模块程序。通过这个案例，读者可以了解如何利用 Qt 平台与 librviz 库，开发无人车监控软件模块。

项目命名为 myviz，最终这个项目将包含 main.cpp、main_window.cpp、myviz.cpp 三个源文件与 main_window.h、myviz.h 两个头文件，一共五个文件。创建过程如下。

① 在用户 home 目录下创建一个 QtApp 的项目根目录，例如：/home/lxq/QtApp。

注：本案例用户 home 目录是/home/lxq，读者可根据自己的情况定义自己的 home 目录。

② 利用 Qt Creator，创建新项目。打开 Qt Creator，在 Qt 主窗口，选中"文件"，打开子菜单，选中"新建文件或项目"，打开"New File or Project"对话框，见图 8-4。

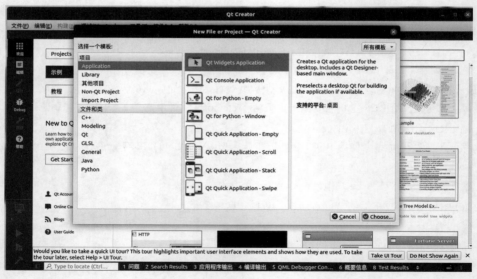

图 8-4　Qt Creator 创建新项目对话框

在对话框里依次选中项目"Application""Qt Widget Application"，点击"Choose"按钮，Qt 切换到设置项目名称路径对话框（图 8-5）。

在对话框"名称"域中，输入项目名称，例如：myviz。"创建路径"域选择用户 home 目录下的 QtApp 根路径，例如/home/lxq/QtApp，然后点击"下一步"按钮。Qt 切换到设置编译器对话框（图 8-6）。

默认选择"qmake"编译器（图 8-6），点击"下一步"按钮。

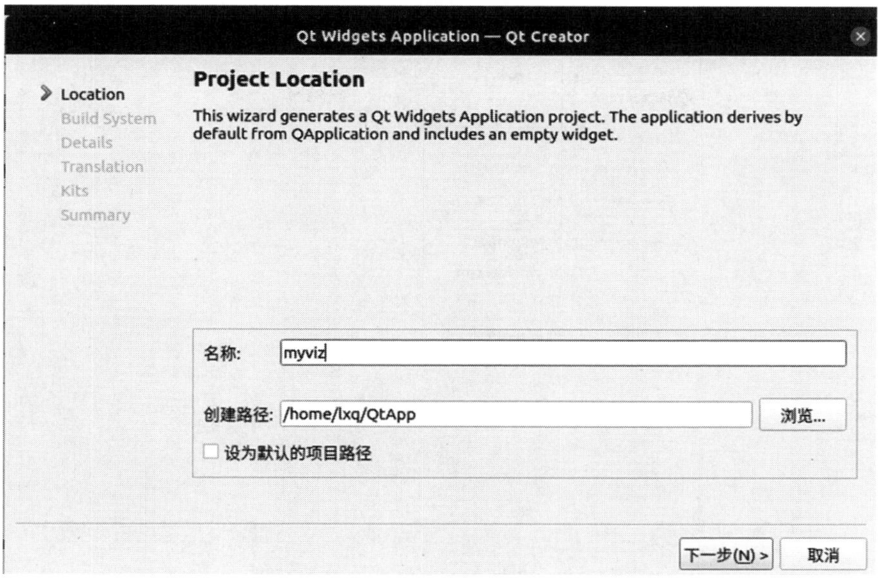

图 8-5　设置项目名称路径对话框

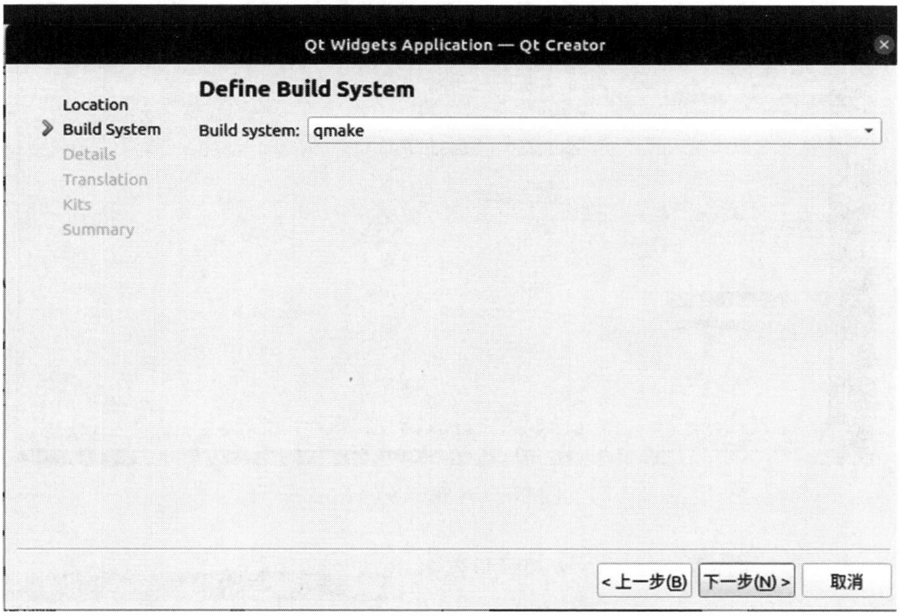

图 8-6　设置编译器对话框

　　只修改"Class name"域中类名为"main_Window"，点击"下一步"按钮（图 8-7）。以后出现的对话框都默认对话框的选项，直接点击"下一步"，直至完成创建项目的工作。创建成功后在 Qt 窗口显示 myviz 项目信息（图 8-8）。

　　选中项目开发窗口左下角的编译图标，编译完成后再选中运行图标，终端打开了编译生成的 myviz 应用窗口（图 8-9）。

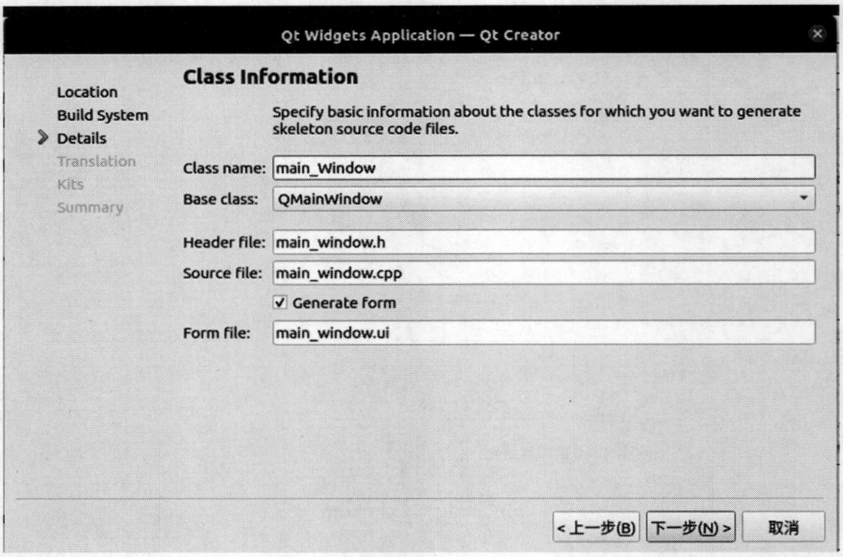

图 8-7　设置类与程序文件名对话框

图 8-8　项目开发窗口

　　这是一个空窗口，需要根据 myviz 的项目要求进行修改完善。

　　利用 Qt 新建项目 myviz 生成的程序文件比较简单，自动包含在./QtApp/myviz 目录下。

　　● main.cpp：只包含一个 main()函数的 myviz 进程入口程序。

　　● main_window.h：Qt 用户界面主窗口程序头文件。

　　● main_window.cpp：Qt 用户界面主窗口程序源代码文件。

图 8-9　myviz 项目应用案例

● main_window.ui：Qt 用户界面部件可视化辅助设计界面，可以通过 Qt Designer 工具对窗口界面部件与布局进行可视化编辑，myviz 项目暂时不触动这个文件。

● myviz.pro：Qt 辅助编译器 qmake 的编译配置文件。编译构建项目时，qmake 通过 pro 的配置参数，生成 Makefile，最终完成本项目软件的编译链接，生成可执行文件或库文件。

● myviz.pro.user：pro.user 文件是由 pro 文件生成的编译辅助文件，其作用是：记录打开工程的路径、所用的编译器、构建的工具链、生成目录、打开工程的 Qt Creator 的版本等。它是本项目唯一不能修改内容的文件。

8.3.3　调整演示模块项目myviz

创建生成的项目 myviz 无论从程序内容与项目子目录结构以及项目配置文件 myviz.pro 都太简单初级，不符合创建一个较为复杂内容的软件工程项目要求，需要对项目的目录结构、文件保存方式、myviz.pro 配置文件乃至程序代码做修改或扩展调整。调整内容包括：

① 文件目录结构调整；

② 文件存放位置调整；

③ myviz.pro 项目配置文件内容调整；

④ 编译配置调整；

⑤ 程序文件内容调整。

（1）文件目录结构调整

打开 Xubuntu20.04 的文件管理器，进入到用户 home 目录（例如：/home/lxq）下的 /QtApp/myviz 目录下，在该目录下创建子目录（图 8-10）。

图 8-10　myviz 项目子目录结构

子目录说明：

● Debug：本目录用于存放 Debug 模式编译（Qt 称为构建）生成的结果文件，包括：o 文件、库文件以及可执行文件。

● inc：项目的头文件保存在这个目录下。

● qrc：项目的资源文件保存在这个目录下，本项目暂时为空。

● Release：本目录用于存放 Release 模式编译生成的结果文件，包括：o 文件、库文件以及可执行文件。

● src：项目的源代码文件保存在这个目录下。

● ui：项目的 Qt 界面 ui 文件保存在这个目录下。

● myviz 项目目录只保存 myviz.pro 以及 myviz.pro.user 文件。myviz.pro 文件用于保存 qmake 编译需要的配置变量信息，qmake 依赖这个文件配置对项目的软件进行编译，这个文件需要修改。myviz.pro.user 文件用于配置 gcc 的环境变量，生成执行程序的指定的目录，这个文件不能修改。

（2）文件存放位置调整

用 Xubuntu20.04 的文件管理器将../QtApp/myviz 目录下的程序文件进行存放位置转移：

● main_window.h 文件转移到../QtApp/myviz/inc 目录下；

● main.cpp、main_window.cpp 文件转移到../QtApp/myviz/src 目录下；

● main_window.ui 文件转移到../QtApp/myviz/ui 目录下。

使../QtApp/myviz 目录下只保留 myviz.pro、myviz.pro.user 两个项目配置文件。

（3）myviz.pro 项目配置文件内容调整

原有创建生成的 myviz.pro 不能满足调整后的 myviz 项目文件管理结构，不能满足 Qt 编译依赖库的路径配置要求。原文件内容如下：

```
QT          += core gui

greaterThan(QT_MAJOR_VERSION, 4): QT += widgets

CONFIG += c++11

# The following define makes your compiler emit warnings if you use
# any Qt feature that has been marked deprecated (the exact warnings
# depend on your compiler). Please consult the documentation of the
# deprecated API in order to know how to port your code away from it.
DEFINES += QT_DEPRECATED_WARNINGS

# You can also make your code fail to compile if it uses deprecated APIs.
# In order to do so, uncomment the following line.
# You can also select to disable deprecated APIs only up to a certain version of Qt.
#DEFINES += QT_DISABLE_DEPRECATED_BEFORE=0x060000        # disables all the APIs
deprecated before Qt 6.0.0

SOURCES += \
    main.cpp \
    main_window.cpp

HEADERS += \
    main_window.h
```

```
FORMS += \
    main_window.ui

# Default rules for deployment.
qnx: target.path = /tmp/$${TARGET}/bin
else: unix:!android: target.path = /opt/$${TARGET}/bin
!isEmpty(target.path): INSTALLS += target
```

对原 myviz.pro 文件进行修改。修改后文件增加的内容见以下 myviz.pro 文件内注释：

```
QT          += core gui

greaterThan(QT_MAJOR_VERSION, 4): QT += widgets

CONFIG += c++11

DEFINES += QT_DEPRECATED_WARNINGS

# 定义编译生成的可执行文件名
TARGET = myviz
# 定义编译生成的是可执行文件类型，不是库
TEMPLATE = app

# 定义环境变量 INCLUDEPATH 包含 ROS 头文件路径
INCLUDEPATH += /opt/ros/noetic/include
# 定义环境变量 DEPENDPATH 包含的 ROS 头文件路径
DEPENDPATH +=   /opt/ros/noetic/include
# 定义环境变量 LIBS 包含的 ROS 库系列
LIBS += -L/opt/ros/noetic/lib -lroscpp -lrospack -lpthread -lrosconsole -lrosconsole_log4cxx -
lrosconsole_backend_interface -lxmlrpcpp -lroscpp_serialization -lrostime  -lcpp_common  -lroslib -ltf  -ltf2
-ltf2_ros -lactionlib -lyaml-cpp -lkdl_conversions -lrviz -limage_transport -lresource_retriever -lmessage_filters
-lclass_loader

# 定义环境变量 INCLUDEPATH 包含的 qwt-6.1.4 头文件路径
INCLUDEPATH += /usr/local/qwt-6.1.4/include
# 定义环境变量 LIBS 包含的 qwt-6.1.4 库
LIBS +=   -L"/usr/local/qwt-6.1.4/lib/" -lqwt

# 定义环境变量 INCLUDEPATH 包含的 OGRE 头文件路径
INCLUDEPATH += /usr/local/include/OGRE/

# 定义项目头文件 self project 路径
```

```
INCLUDEPATH += ./inc/

# 定义源代码文件序列，注意：增加了子目录 src/前缀
SOURCES += \
    src/main.cpp \
    src/main_window.cpp \
    src/myviz.cpp

# 定义头文件序列，注意：增加了子目录 inc/前缀
HEADERS += \
    inc/main_window.h \
    inc/myviz.h

# 定义 Qt ui 文件序列，注意：增加了子目录 ui/前缀
FORMS += \
    ui/main_window.ui

# Default rules for deployment.
qnx: target.path = /tmp/$$${TARGET}/bin
else: unix:!android: target.path = /opt/$$${TARGET}/bin
!isEmpty(target.path): INSTALLS += target
```

（4）编译配置调整

需要调整一下编译生成的构建目录，Qt 默认构建目录见图 8-11。

图 8-11　myviz 编译（构建）配置对话视图

需要将 Debug 模式下的"构建目录"调整为：

Shadow build: ☑

| 构建目录： | /home/lxq/QtApp/myviz/Debug | 浏览... |

将 Release 模式下的"构建目录"调整为：

Shadow build: ☑

| 构建目录： | /home/lxq/QtApp/myviz/Release | 浏览... |

经过上述调整后，无论是在 Debug 模式下编译，还是在 Release 模式下编译，编译生成文件均保存在 myviz 项目目录下的子目录 Debug 或 Release 下，方便管理。

（5）程序文件内容调整

完成上述工作之后，就可以开展 myviz 项目程序文件内容调整工作。内容调整后的程序文件详见本章 8.3.6 节"程序文件"。

8.3.4　软件方法学与编程技术准备

在阅读 8.3.6 节"程序文件"之前，需要先做一些方法论与编程技术准备说明。

（1）方法学

在软件开发领域，一个新手参与到自己不熟悉的业务领域从事软件开发时，往往束手无策，问题多多，不知如何展开工作。解决这种迷茫最好的方式是找到一个与自己软件项目目标相近的案例软件，通过对案例软件的观摩学习、实践测试来入门，并不断熟练深入掌握：

- 开发工具；
- 软件框架；
- 平台技术；
- 应用业务；
- 基于业务的软件编程、软件调试。

因此，找寻一个合适的开源软件项目案例资源就是成功的第一步。在互联网上搜索学习，是寻找案例资源的最好方法，遇到问题上网搜索查询成为当今软件开发学习的不二法门。

本章的 myviz 软件项目就是一个比较好的无人车指控软件入门台阶，通过学习这个项目案例，读者可以初步学习了解无人车指控软件系统的技术开发路线。

（2）C/C++

① 面向对象。对象（object）是当前注意力所及观察到的一个目标事物。对象概念是有层次的，从大到小，自上向下，又可以被不断分解层次结构，这个结构与过程也被称为模块化。这种认识可以从对业务世界的认识（需求分析）无缝过渡到软件设计，再无缝过渡到程序编码，也被称为软件开发的 OO 全过程：

- OOA（object oriented analysis）面向对象的需求分析；
- OOD（object oriented design）面向对象的软件设计；
- OOP（object oriented progamming）面向对象的软件编程。

这种方法开发的软件模块易于理解、易于维护，是现代软件开发通行模式。

myviz 尽管是一个很小的演示性质软件模块，也遵循了上述面向对象的 OO 原则与技术路线。

② 类（class）。C++是在 C 技术上成长起来的 OOP 编程语言，其核心是可将软件设计对

象封装定义成类（class）。

所有的程序逻辑都可以在类（class）应用的基础上展开。需要熟悉类包含的继承、封装、类成员函数、类属性数据等基本内容。

在类的实例化应用时，也要熟悉类的静态与动态应用，例如：Class MainWindow 类：

- 静态应用：MainWindow w;

        w.show();

- 动态应用：MainWindow *w; （带*指针）

        w = new Window(argc, argv);

        w->show();

C++面向对象的软件技术极大影响了后续软件平台技术，Qt 就带有典型的 C++面向对象类封装的风格。

（3）Qt 窗口技术

Qt 是本章无人车指控系统的基础 GUI 软件开发平台。Qt 广泛应用于跨操作系统平台的各类 GUI 应用软件，内容非常丰富。本章读者只需要熟悉如下的 Qt 窗口部件类以及它们的若干常用成员函数与属性即可。

① QApplication。QApplication 是 main()函数中实例化调用的类，它是 Qt 整个后台管理的核心，包含主事件循环，其中来自窗口系统和其他资源的所有事件被处理和调度。它也处理应用程序的初始化和结束，并且提供对话管理。

② QWidget。QWidget 是 Qt 所有用户界面对象的基类。QWidget 是用户界面的原子，也可称为 GUI 原子部件。它从窗口系统接收鼠标、键盘和其他事件，并在屏幕对应窗口上绘制自己的响应表达。QWidget 用于继承，组合成功能更强大、更专业化的窗口部件，例如窗口、对话框、列表、字符域、按钮以及可以渲染各种视图的窗口面板。

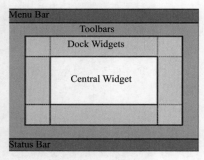

图 8-12　Qt 应用布局

③ QMainWindow。QMainWindow 是 Qt 中创建一个主应用程序的窗口，类似于 MFC 中的单文档/多文档，其基本布局见图 8-12。

主窗口包含如下部件：

- Menu Bar 菜单栏；
- Toolbars 工具栏；
- Dock Widgets 停靠窗口；
- Central Widget 中央窗口；
- Status Bar 状态栏。

在本 myviz 项目的 main_window.cpp 文件中，QMainWindow 类的上述复杂功能均被剪裁掉了。

④ QDocWidget。QDockWidget 被称为 Qt 停靠窗口 Dock Widgets 部件，也被称为工具面板或实用工具窗口。停靠窗口是放置在 QMainWindow 中央部件周围的停靠小部件区域中的次要窗口。

XCommander 指控系统中的仿真 rviz SLAM 小窗口就是典型的 QDockWidge 部件应用。myviz 项目在 main_window.cpp 中抽取剪裁出 XCommander 软件中的仿真 rviz 模块，在 QDockWidget 部件类实例的基础上构建无人车 SLAM 监控功能。

⑤ Layout 布局。Qt 自带一系列简单而强大的布局管理工具，以自动在窗体中排布控件，

这极大地方便了开发人员管理 GUI 控件,尤其是在适应不同分辨率界面的时候。所有的 QWidget 子类都可以用 Layout 管理安排。如果一个 Layout 被这样用于一个或一组子 Widget 窗体部件,那么它将具备以下功能:

- 放置(设置位置)子窗体;
- 适应于 windows 的合理默认大小;
- 适应于 windows 的合理最小窗口;
- 大小变化控制;
- 当内容发生变化时的自动更新,包括:文字大小、文本或其他子窗体的内容;
- 显示或隐藏一个子窗体;
- 重新移动子窗体;
- 布局支持嵌套包含,即上级布局包含子布局。

在 Qt 中 Layout 根据被包含在内的子 Widget 布局要求,有不同的专业化 Layout。myviz.cpp 程序文件中使用了两种布局:

- QVBoxLayout:垂直或水平 Widget 部件布局,用于布局工具区域与 rviz SALM 渲染面板。
- QGridLayout:网格布局,用于布局栅格图的栅格配置与导航操作部件的工具区域。

⑥ Qt 的 Widget 部件操作响应。信号和槽是 Qt 用于对象之间通信的核心机制。其目的类似于当一个动作发生的时候,需要对这个动作做出相应的处理。类似的还有借助于函数指针的回调机制,通过回调函数完成对此动作的操作。Qt 通过注册连接响应鼠标操作的 Widget 布局信号与信号响应槽函数的标准模式处理这类问题,使 GUI 鼠标操作变成非常简单的编程模式:

- 编写一个 GUI Widget 部件实例;
- 编写这个部件与部件操作的连接;
- 编写部件操作的响应槽函数。

例如,myviz.cpp 程序的如下案例:

a.在 myviz.cpp 程序文件中定义操作栅格地图线宽滑块的信号连接:

```
// 设置栅格图层与导航工具配置(在本函数中,编写一个部件与部件连接函数)
void MyViz::setGridMapUtils(void) {
……;
// 操作栅格地图线宽滑块
QSlider* thickness_slider = new QSlider( Qt::Horizontal );
……;
// 栅格地图线宽调整信号连接(鼠标触发栅格线宽滑块时的信号连接定义)
connect( thickness_slider, SIGNAL(valueChanged( int )), this, SLOT( setThickness( int )));
……;
}
```

b.在 myviz.h 程序文件中定义响应操作栅格地图线宽滑块的槽函数:

```
……;
private Q_SLOTS:
// 设置栅格图线宽
 void setThickness(int thickness_percent);
```

c.在 myviz.cpp 程序文件中实现栅格地图线宽滑块的槽函数(本函数实现用户界面鼠标点

击部件时的响应槽函数）：

```
// 设置栅格图线宽
void MyViz::setThickness(int thickness_percent) {
 if( m_grid != nullptr ) {
     // 修改栅格图线宽
     m_grid->subProp( "Line Style" )->subProp( "Line Width" )->setValue( thickness_percent / 100.0f );
 }
 }
```

对于上述介绍的 Qt 概念，建议读者在阅读 myviz 程序文件时配合网络上查询到的相关技术资料，对 Qt 的这些类有更深入的学习与理解。

（4）ROS 编程

myviz 项目软件中涉及 ROS 编程，API 调用仅在 main_window.cpp 文件中连接 ROS master 成员函数中使用 ros::init()函数建立与 ROS master 的连接。

在使用 ROS 最强大的话题通信机制方面，myviz 案例模块没有直接利用 ROS 提供的话题发布、话题订阅与订阅监听功能，而是调用 librviz 封装的高层话题发布与话题订阅监听类函数实现上述功能。librviz 的相关封装函数，将 ROS 这些基础话题发布与话题订阅监听进行了封装，并与 Qt 窗口展示结合起来。

如果要使用 ROS 提供的基础话题 API，则在监听到订阅的 SLAM 相关话题数据后还要将这些话题信息描述展现在 Qt 窗口上，这将是比较大的编程工作量。这也看出使用 librviz 带来的便捷。

（5）librviz 库

rviz 是 ROS 与 Qt 平台结合的机器人监控应用工具。rviz 同时还开放了 librviz 库，该库封装了高层 rviz 功能模块类，方便开发人员利用这些功能模块类接口，快速搭建定制自己的 ROS 机器人监控软件。

在没有 librviz 库时，开发人员需要利用 ROS 基础功能模块，例如 ros::NodeHandle 类的 advertise 函数创建发布话题，subscribe 函数创建订阅话题，然后与 Qt 的界面插件组合，实现在 Qt 应用界面的 SLAM 监控功能，这需要繁杂的程序开发工作量。使用 librviz，用简单的若干个高层封装指令，就可以便捷地完成这些话题的建立，可视化功能表现媲美于 rviz。

librviz 提供非常丰富的类，但在 myviz 项目中，只使用了以下几个类。

① rviz::VisualizationManager。VisualizationManager 类是 rviz 的核心管理器类，利用它可创建管理 rviz 的其他窗口部件类，例如：Display、Tools、ViewControllers，以及其他的 managers 类。它为主渲染部件 RanderPannel 保留当前视图控制器。在加入一个新的 Display 类实例时更新全部已存在的 Display。在 myviz.cpp 文件中，读者可以看到 VisualizationManager 类实例在管理创建 rviz SLAM 图层以及 rviz 导航工具的重要作用。

② rviz::RenderPanel。渲染面板 RenderPanel 类用于显示一个场景并将鼠标和键盘事件转发给 DisplayContext。DisplayContext 进一步将这些事件转发给活动工具（active tools）。当创建一个 VisualizationManager 类的实例时，加载一个 RenderPanel 类的实例，这样 Visualization Manager 实例所管理的 Display 将能够响应与 rviz::Tools 相关的鼠标操作，例如 2D 导航目标（2D NavGoal）操作。

③ rviz::Displays。Display 是 rviz 库封装的 Qt 窗口视图显示部件，它一般利用 VisualizationManager 类实例创建并被部署到目标窗口，rviz 为 Display 预制了一系列现成的

Display 显示模型，例如:rviz/Grid、rviz/Map……。无人车 SLAM 图层所有模型均包含在内，尤其可贵的是，这些 Disply 显示内容的数据来源，可以用定义话题来配置。实现了将订阅话题与话题数据的图层显示一体化处理，极大地简化了 SLAM 监控功能的程序代码开发量。读者在阅读 myviz.cpp 文件中 myviz 类一系列设置 SLAM 图层的成员函数中可以感受到。

④ rviz::Tools。librviz 封装了很多窗口操作工具，例如导航的 "2D Nav Goal" 操作部件。myviz.cpp 文件中，为 SLAM 窗口创建了两类 Tool。

● Qt Tool：控制栅格图的栅格线宽与栅格图单元大小尺寸的两个滑块控件，这两个滑块控件是采用标准 Qt 编程模式解决的，详见 "Qt 窗口技术" 中 "Qt 的 Widget 部件操作响应" 说明。

● rviz Too：SLAM 地图的 "2D Pos Estimate" 与 "2D Nav Goal" 两个工具部件。使用 rviz::Tool 工具可以直接创建这两个部件，并且绑定发布话题，然后加入 VisualizationManager 类实例中。通过鼠标操作，触发回调函数，向无人车发出导航原点与目标点设置消息，进行无人车导航操作。上述细节内容读者可阅读 myviz.cpp 程序文件相关内容并进行测试验证。

对于开发无人车指控软件的初学者，并不一定要求事先专门花费时间去学习掌握上述软件开发方法学与编程技术，但是需要建立基于上述概念的知识框架，并在开发过程中不断充实该知识框架知识点的内容并扩展新知识点，达到最终熟练掌握开发无人车指控软件的软件技术。

8.3.5　关注ROS话题

在阅读 8.3.6 节 "程序文件" 之前，还需要阅读本节，了解如何解决 "编写 myviz 程序文件涉及的话题（发布话题与订阅话题）如何与无人车的相关话题匹配" 的问题。如果话题不匹配，则与无人车的通信基础都不复存在。

ROS 话题通信是基于发布订阅模式的，即一个节点发布消息，另一个节点订阅该消息。话题通信的应用场景极其广泛，本章的 myviz 项目软件，其功能核心就是依赖无人车 ROS 节点与客户端监控模块的 myviz 的话题通信。

无人车与监控软件节点关系见图 8-13。

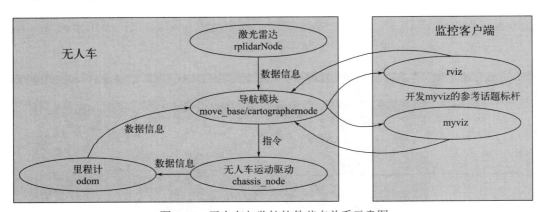

图 8-13　无人车与监控软件节点关系示意图

无人车顶安装的激光雷达扫描获取无人车周边环境状况（可通达区域、障碍物区域），在无人车行驶时定期将获取的扫描数据以话题消息方式发送给无人车的导航模块。导航模块接收到这些消息，根据 SLAM 算法不断生成控制无人车避障行驶的话题指令发送给无人车运动驱动模块。无人车在运动时里程计不断将行驶后的位置坐标等反馈话题数据信息发送回导航模块，使导航模块正确调整 SLAM 算法，继续向无人车运动驱动模块发送新指令，形成无人车的运动驱动循环。

在监控客户端，导航模块将 SLAM 话题信息（static map、global costmap、local costmap、tf 等）发送给 rviz，在 rviz 窗口生成可视化 SLAM 地图，在地图中实时跟踪无人车的运动位姿坐标；在 rviz 窗口下，操作 "2D Nav Goal" 等功能，将导航话题消息发送给导航模块，驱动无人车向导航目标行驶。

myviz 模块就是要仿真 rviz，在用户定制化开发的无人车指控软件界面上实现 rviz 的 SLAM 监控功能。因此，利用 rviz 检查与无人车通信的话题，并以此作为标杆，指导 myviz 项目编写程序，正确定义涉及的话题名（有时包括话题消息格式）非常重要。无人车中导航模块 ROS 节点发布或订阅话题有可能根据无人车端软件模块的区别而不同，利用 rviz 测试无人车模块 ROS 节点的话题情况更是开发定制化无人车指控软件必要的一步。

（1）利用 rviz 检查话题

打开虚拟机 3 个终端。

① 终端 1：用于远程 ssh 登录无人车 nano，在登录 nano 终端后，启动无人车 move_base 测试脚本。命令如下：

```
$ roslaunch move_base car_carto.launch
```

注：roslaunch 默认启动 ROS master。

② 终端 2：在虚拟机本端，打开加载 carto_car.rviz 配置文件的 rviz 运行脚本。命令如下：

```
$ roslaunch myrviz.launch
```

myviz.launch 脚本文件内容：

```
<?xml version="1.0"?>
<launch>
    <!--Visualization -RViz-->
    <node name="rviz" pkg="rviz" type="rviz" args="-d /home/lxq/rvizmap/carto_car.rviz"
output="screen" />
</launch>
```

运行脚本后，终端 2 打开 rviz 应用窗口（图 8-14）。

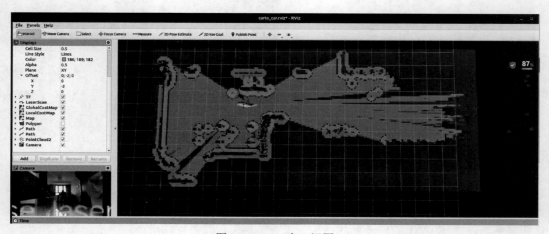

图 8-14　rviz 窗口视图

③　终端 3：在虚拟机本端，用于测试 ROS master 当前注册的 ROS 节点、rostopic 等信息。

检查 ROS 节点列表信息：

```
$ rosnode list
```

终端响应：

```
/base_footprint_to_base_link
/base_link_to_base_laser
/base_link_to_imu
/camera_frame
/cartographer_node
/cartographer_occupancy_grid_node
/chassis_node
/main_camera
/move_base
/rosout
/rplidarNode
/rviz_1673486896118927744
```

注释：列表中显示存在当前 rviz 实例的 rviz_1673486896118927744 ROS 节点。

在上述 ROS 节点列表中，除 rviz_1673486896118927744 是客户端 rviz 节点外，其余都是无人车 nano 系统启动的 ROS 节点，在这些 ROS 节点中，我们只关注 rviz 节点的话题。

再检查 rviz_1673486896118927744 节点信息（节点的话题信息）：

```
$ rosnode info rviz_1673486896118927744
```

终端响应：

```
Node [/rviz]
Publications:
 * /clicked_point [geometry_msgs/PointStamped]
 * /initialpose [geometry_msgs/PoseWithCovarianceStamped]
 * /move_base_simple/goal [geometry_msgs/PoseStamped]
 * /rosout [rosgraph_msgs/Log]
Subscriptions:
 * /map [nav_msgs/OccupancyGrid]
 * /map_updates [unknown type]
 * /move_base/DWAPlannerROS/global_plan [nav_msgs/Path]
 * /move_base/DWAPlannerROS/local_plan [nav_msgs/Path]
 * /move_base/global_costmap/costmap [nav_msgs/OccupancyGrid]
 * /move_base/global_costmap/costmap_updates [map_msgs/OccupancyGridUpdate]
 * /move_base/global_costmap/footprint [geometry_msgs/PolygonStamped]
 * /move_base/local_costmap/costmap [nav_msgs/OccupancyGrid]
 * /move_base/local_costmap/costmap_updates [map_msgs/OccupancyGridUpdate]
 * /scan [sensor_msgs/LaserScan]
 * /scan_matched_points2 [sensor_msgs/PointCloud2]
 * /tf [tf2_msgs/TFMessage]
 * /tf_static [tf2_msgs/TFMessage]
……
```

（2）Publications 发布话题

① clicked_point [geometry_msgs/PointStamped]。

② initialpose [geometry_msgs/PoseWithCovarianceStamped]，本话题是设置"2D Pose Estimate"无人车导航原始点操作发布的话题。

③ move_base_simple/goal [geometry_msgs/PoseStamped]，本话题是设置"2D Nav Goal"无人车导航目标点操作发布的话题。

④ rosout [rosgraph_msgs/Log]。

（3）Subscriptions 订阅话题

① map [nav_msgs/OccupancyGrid]，本话题是 SLAM 静态图层（static map）监听的订阅话题。

② map_updates [unknown type]。

③ move_base/DWAPlannerROS/global_plan [nav_msgs/Path]。

④ move_base/DWAPlannerROS/local_plan [nav_msgs/Path]。

⑤ move_base/global_costmap/costmap [nav_msgs/OccupancyGrid]，本话题是 SLAM 全局代价图层（global costmap）监听的订阅话题。

⑥ move_base/global_costmap/costmap_updates [map_msgs/OccupancyGridUpdate]。

⑦ move_base/global_costmap/footprint [geometry_msgs/PolygonStamped]。

⑧ move_base/local_costmap/costmap [nav_msgs/OccupancyGrid]，本话题是 SLAM 局部代价图层（local costmap）监听的订阅话题。

⑨ move_base/local_costmap/costmap_updates [map_msgs/OccupancyGridUpdate]。

⑩ scan [sensor_msgs/LaserScan]，本话题是 SLAM 激光雷达扫描图层（laser scan）监听的订阅话题。

⑪ scan_matched_points2 [sensor_msgs/PointCloud2]，本话题是点云图层（point cloud2）监听的订阅话题。

⑫ tf [tf2_msgs/TFMessage]，本话题是 TF 图层监听的订阅话题。

⑬ tf_static [tf2_msgs/TFMessage]。

上述被注释说明的话题是编写 myviz 演示模块时需要关注的话题。myviz 发布与订阅话题应该与 rviz 的上述话题保持一致。

8.3.6 程序文件

利用 Qt 新建项目 myviz 生成的程序文件比较简单，需要修改项目初始的 main.cpp、main_window.h、main_window.cpp 文件，并增加新的 myviz.h、myviz.cpp 文件。这些程序文件均遵照软件工程要求，进行了规范化与可读性优化。

（1）编程约定

myviz 项目的软件虽然是个演示项目软件，但还是按照软件工程的程序文件编写要求，制定如下编程约定：

① 类成员变量设置原则：如果某个成员变量在类的不同成员函数间调用，则该变量设为类的成员变量。

② 类成员变量命名约定：m_XXX。m_为成员变量前缀，XXX 为变量名。

③ 类的成员函数与成员变量在本类程序文件调用的范围内，为了便于识别，前面加"this->"指针。

④ 为了便于跟踪查看程序逻辑，在每个类成员函数的首行，加打印信息指令，例如：

```
int MainWindow::connectRosMaster(void) {
 printf(">> main_window.cpp MainWindow::connectRosMaster(%d)\n", __LINE__);  // __LINE__ 指令
在程序文件中的当前行号
   …….;
}
```

运行时执行到本函数，终端打印信息如下：

```
>> main_window.cpp MainWindow::connectRosMaster(47)
```

⑤ 类成员变量如果采用指针方式，必须要在类的析构函数中进行删除销毁以防止内存泄漏：

```
if(nullptr != this->m_XXX) {
       delete this->m_XXX;
}
```

⑥ 在本演示程序的运行模式下，类成员函数内部采用 new 方式调用的函数变量一般不考虑类退出后无法销毁这些类而造成的内存泄漏。

（2）程序逻辑

myviz 采用 OOP 模式编程，本节在详细说明每个程序文件之前，为了便于读者抓住重点，先用图 8-15 简要说明一下程序的主要对象层次逻辑过程（图 8-15 忽略了一些次要的类成员函数调用）。

myviz 模块的主程序逻辑非常简明清晰，程序高度模块化，从类到类的成员函数，均保持高内聚、低耦合与层次化结构风格，易于理解，易于维护。更详细的说明见以下程序文件内容说明。

（3）main.cpp 文件

① 说明。main.cpp 文件是在创建 myviz 项目时生成的 main.cpp 文件基础上修改优化的主程序，本程序只有一个 main()函数，main()函数为 C 程序的标准入口函数，运行时进程自动寻找该函数为入口，开始执行一系列程序逻辑。

② 文件主要内容。myviz 案例程序的入口函数。

```
int main(int argc, char *argv[]) {
 printf(">> main.cpp main(%d)\n", __LINE__);
    // QApplication 类管理图形用户界面应用程序的控制流和主要设置，实例化 QApplication 类
    QApplication a(argc, argv);
    // MainWindow 是案例程序 main_windows.cpp 定义的主应用窗口类，实例化 MainWindow 类
    MainWindow w(argc, argv);
    // 显示 MainWindow 类实例的主窗口
    w.show();
    /* 表示本应用进程进入底层事件循环监听，主程序流阻塞守护在此处。如果没有此行代码，界
面将快速一闪而过，不会处在监听守护状态
    */
    return a.exec();
}
```

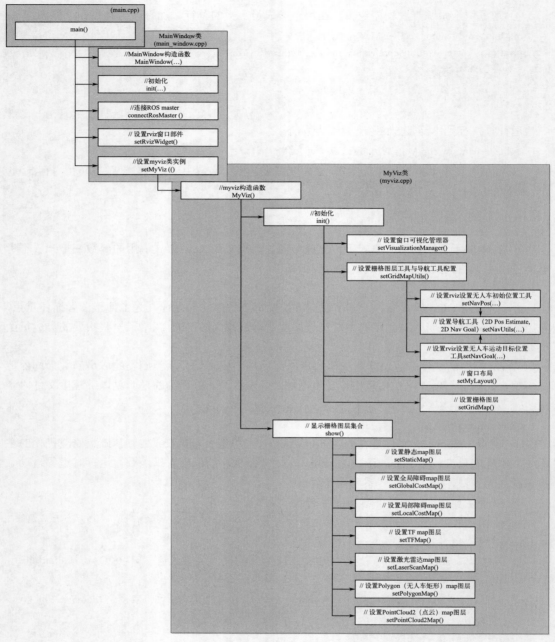

图 8-15　myviz 主程序逻辑示意图

（4）main_window.cpp/.h 文件

① 说明。main_window.cpp/.h 是在创建 myviz 项目时生成的 main_window.cpp/.h 文件基础上，抽取 XCommander 软件相关仿真 rviz SLAM 模块，优化精简的程序文件。它定义了 MainWindow 类，MainWindow 类完成了：

a.建立 ROS 连接；

b.设置 rviz SLAM 小窗口部件；

c.实例化 myviz，并在 rviz SLAM 窗口部件中加载实例化的 myviz 对象。

② 文件主要内容。mainWindow 类的构造函数，主要功能有以下几点。

a.完成初始化，将 main.cpp 的进程入口参数 argc、argv 转变成本类的 m_argc 与 m_argv 功能，用于调用 ROS 初始化函数，完成连接 ROS master；

b.连接 ROS master；

c.设置 rviz 窗口部件；

d.设置 myviz 实例。

```
MainWindow::MainWindow(int argc, char *argv[], QWidget *parent) : QMainWindow(parent), ui(new
Ui::MainWindow) {
    printf(">> main_window.cpp MainWindow::MainWindow(%d)\n", __LINE__);
    this->ui->setupUi(this);
    // 初始化
    this->init(argc, argv);
    // 连接 ROS master
    if(0 == this->connectRosMaster()) {
        // 设置 rviz 窗口部件
        this->setRvizWidget();
        // 设置 myviz 类实例。
        this->setMyViz();
    }
}
```

● MainWindow 类连接 ROS master 成员函数。该函数的主要功能是：

a.调用 ros::init()初始化函数。ros::init()函数是个功能强大的函数，完成 ROS master 网络连接、节点初始化、日志初始化等多个功能，ROS master 网络连接是其重要核心功能之一。

b.检测是否连接，如果没有连接，提示告警，退出正常程序逻辑。

```
int MainWindow::connectRosMaster(void) {
    printf(">> main_window.cpp MainWindow::connectRosMaster(%d)\n", __LINE__);
    //ROS 初始化
    if( !ros::isInitialized()) {
        ros::init( this->m_argc, this->m_argv, "myviz", ros::init_options::AnonymousName );
    }
    // 测试发现一个现象：ROS 初始化失败并不在本处响应
    // 检测是否连接 ROS master
    while (!ros::master::check()) {
        // 无法连接 ROS master 信息提示
        this->showNoMasterMessage();
        return -1;
    }
    std::cout << ">> Connect ROS Master!" << std::endl;
    ros::Time::init();
    return 0;
}
```

● MainWindow 类设置仿真 rviz 窗口部件成员函数。在原无人车指控系统 XCommander 程序中，rviz 窗口部件部署在主窗口中央地图窗口的左上侧，因此选用 QDockWidget 实现本窗口部件。QDockWidget 在 Qt 部件集中称为停靠窗口，一般用于部署在主窗口中央 QMainWindow 部件周围小部件区域中的次要窗口。MyViz 模块直接继承使用了 XCommander 的这个停靠窗口部件。在本成员函数中，只建立了仿真 rviz SLAM 窗口的外壳部件，内容还需要 myviz 类来填充。

```
void MainWindow::setRvizWidget(void) {
 printf(">> main_window.cpp MainWindow::setRvizWidget(%d)\n", __LINE__);
    // 在主窗口左侧创建深蓝颜色的 rviz 小窗口部件
    this->m_rvizWidget = new QDockWidget(tr("rviz 地图"), this);
    this->m_rvizWidget->setFeatures(QDockWidget::DockWidgetMovable
                        | QDockWidget::DockWidgetFloatable
                        | QDockWidget::DockWidgetClosable);
    this->m_rvizWidget->setAllowedAreas(Qt::AllDockWidgetAreas);
    this->m_rvizWidget->setAutoFillBackground(true);
    // 调色板：深蓝色
    QPalette palette;
    QColor color = QColor(3,55,112);
    palette.setColor(QPalette::Background,color);
    this->m_rvizWidget->setPalette(palette);
    // 将 rviz 窗口部件加入的当前主窗口的左侧
    addDockWidget(Qt::LeftDockWidgetArea, this->m_rvizWidget);
}
```

● MainWindow 类设置 myviz 类实例成员函数，本函数的主要功能是：
a.创建一个 myviz 实例；
b.将创建的 myviz 实例加载到仿真 rviz 窗口部件上。

```
void MainWindow::setMyViz(void) {
    printf(">> main_window.cpp MainWindow::setMyViz(%d)\n", __LINE__);
    // 实例化 myviz 类
    MyViz *myviz = new MyViz();
    // 将 myviz 实例加入到 rviz 小窗口部件中
    this->m_rvizWidget->setWidget(myviz);
}
```

（5）myviz.cpp/.h 文件
① 说明。myviz 文件是新建 myviz 项目时没有的文件，是从 XCommander 软件系统中剪裁复制的程序文件。它专门用于建立仿真 rviz SLAM 地图，并且提供无人车导航操作功能。
② 文件主要内容。myviz 类的构造函数，它包含的功能是：
a.初始化 myviz 类；
b.显示 SLAM 图层。

```
MyViz::MyViz(void) {
    printf(">> myviz.cpp MyViz::MyViz(%d)\n", __LINE__);
    // 初始化类成员变量
```

```
    this->init();
    // 显示 SLAM 图层集合
    this->show();
}
```

● myviz 类的初始化成员函数，它的功能包含：

a.初始化类成员变量；

b.设置窗口可视化管理器；

c.设置栅格图线宽、单元尺寸与导航工具；

d.窗口布局；

e.设置栅格图层。

```
void MyViz::init(void) {
    printf(">> myviz.cpp MyViz::init(%d)\n", __LINE__);
    // 初始化类成员变量
    this->m_vmer = nullptr;
    this->m_controlsLayout = nullptr;
    this->m_renderPanel = nullptr;
    this->m_grid = nullptr;
    this->m_toolbar = nullptr;
    this->m_toolbarActions = nullptr;


    // 设置窗口可视化管理器
    this->setVisualizationManager();
    // 设置栅格图线宽、单元尺寸与导航工具配置
    this->setGridMapUtils();
    // 窗口布局
    this->setMyLayout();
    // 设置栅格图层
    this->setGridMap();
}
```

● myviz 类的设置 rviz 窗口可视化管理器成员函数，本成员函数的全部功能都由 librviz 库提供，它的功能包含：

a.创建一个渲染面板 rviz::RenderPanel 实例；

b.创建一个可视化管理器 rviz::VisualizationManager 实例；

c.完成 rviz::RenderPanel 实例和 rviz::VisualizationManager 实例的初始化操作。

有关 rviz::RenderPanel 与 rviz::VisualizationManager 更详细的说明在程序文件注释中。注释中还描述了实测这些函数封装的话题名。librviz 的一些 API 指令内部封装了某些基础话题。这是 Librviz 封装 API 的一个特点，需要实测时注意。

```
void MyViz::setVisualizationManager(void) {
    printf(">> myviz.cpp MyViz::setVisualizationManager(%d)\n", __LINE__);
    /* 实例化渲染面板 rviz::RenderPanel，RenderPanel 显示一个场景并将鼠标和按键事件转发给
       DisplayContext (DisplayContext 进一步将它们转发给活动工具 Active Tools
```

```
    */
    m_renderPanel = new rviz::RenderPanel();
    /* 用渲染面板 renderPanel 实例化 rviz 可视化管理者 VisualizationManager,
VisualizationManager
        类是 rviz 中几乎所有对象类的顶级管理器, 管理 rviz::Display、rviz::Tools 等控件。在本类的
        后续成员函数中, 可以看到 SLAM 图层, 导航工具对象实例都加载到 VisualizationManage 实
    例中了。
        经测试, 实例化 rviz::VisualizationManager 指令默认创建:
        订阅话题:   /tf[unknown type]
                    /tf_static[unknown type]
        服务: /myviz_xx/get_loggers
                /myviz_xx/set_logger_level
    */
    this->m_vmer = new rviz::VisualizationManager(m_renderPanel);
    ROS_ASSERT(this->m_vmer != nullptr);
     /* 初始化 render_panel, 用于建立 Ogre::Camera。OGRE 是一个三维 (3D) 图形渲染引擎。
    例如: librviz 提供导航工具 "2D Pose Estimate" 与 "2D Nav Goal" 就是一个三维箭头鼠标, 因此需
要 ORGE 的支持。getSceneManager()是可视化管理者 VisualizationManager
        提供的方法, 用于返回 Ogre::SceneManager 对象, 该对象用于渲染面板 RenderPanel 实例
    */
    m_renderPanel->initialize(this->m_vmer->getSceneManager(), this->m_vmer);
    /* 为可视化管理者 VisualizationManager 实例设置坐标框架, 所有固定数据均应该转为该框架。
        输入参数 "map", 必须与广播给 TF 的框架名一致。无人车发布的 TF 中基准 frame 是
"map"
    */
    this->m_vmer->setFixedFrame("map");
    /* 实例化可视化管理者 VisualizationManager 构造函数没有完成初始化, 此处完成初始化。
        经测试, initialize()默认创建:
        发布话题: /goal [geometry_msgs/PoseStamped]
                /initialpose[geometry_msgs/PoseWithCovarianceStamped]
    */
    this->m_vmer->initialize();
    // 启动 ROS 计时器。创建并启动更新和空闲计时器, 设置为 30Hz (33ms)
    this->m_vmer->startUpdate();
    // 删除所有的 Display(假如已经加入了 Display)
    this->m_vmer->removeAllDisplays();
}
```

● myviz 类的设置栅格图线宽、单元尺寸与导航工具配置成员函数, 这个函数用 Qt 方法与 librviz 方法为 SLAM 栅格地图建立两组工具 (图 8-16): 用于创建设置栅格图线宽与栅格图单元大小的 "线宽大小" 和 "栅格大小" 滑块操作选项。

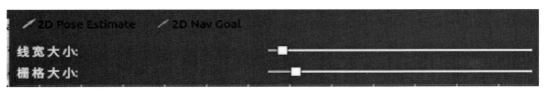

图 8-16　myviz 程序窗口工具条

a.采用 Qt widget 部件的方式创建，创建过程：

● 创建"线宽大小"的标签与"栅格大小"的 QLabel 标签实例，用于界面显示；

● 创建"线宽大小"与"栅格大小"滑块 QSlider 实例，用于界面操作控制；

● 创建控制布局 QGridLayout，将"线宽大小"与"栅格大小"操作滑块实例装入控制布局实例；

● 建立触发"线宽大小"与"栅格大小"滑块鼠标事件的两个链接槽函数；

● 在对应槽函数中，实现操作事件的响应处理。

b.用于创建触发无人车导航定位的"2D Pose Estimate"与"2D Nav Goal"操作选项，采用 Qt 部件与 librviz 提供 Tool 的混合方式创建，创建过程：

● 创建 Qt 工具条 QToolBar 实例；

● 将工具条 QToolBar 实例加入控制布局 QGridLayout 实例；

● 创建 Qt QActionGroup 实例，用于捆绑"2D Pose Estimate"与"2D Nav Goal"操作；

● 调用函数：利用 rviz 工具管理器创建无人车初始位置（2D Pose Estimate）工具选项；

● 调用函数：利用 rviz 工具管理器创建无人车导航目标位置（2D Nav Goal）工具选项；

● 建立触发 QActionGroup 鼠标事件的一个连接槽函数。

```
void MyViz::setGridMapUtils(void) {
    printf(">> myviz.cpp MyViz::setGridMapUtil(%d)\n", __LINE__);
    // 栅格地图线宽滑块标签
    QLabel* thickness_label = new QLabel( "线 宽 大 小:" );
    thickness_label->setStyleSheet("color:rgb(252, 233, 79);");
    // 操作栅格地图线宽滑块。
    QSlider* thickness_slider = new QSlider( Qt::Horizontal );
    thickness_slider->setMinimum( 1 );
    thickness_slider->setMaximum( 100 );

    // 栅格地图栅格单元尺寸标签
    QLabel* cell_size_label = new QLabel( "栅 格 大 小:" );
    cell_size_label->setStyleSheet("color:rgb(252, 233, 79);");
    // 操作栅格地图栅格单元尺寸滑块
    QSlider* cell_size_slider = new QSlider( Qt::Horizontal );
    cell_size_slider->setMinimum( 1 );
    cell_size_slider->setMaximum( 100 );

    // 栅格单元数量和栅格线宽 Widget 加入到控制布局，并设置初始值
    m_controlsLayout = new QGridLayout();
```

```
m_controlsLayout->addWidget( thickness_label, 1, 0 );
m_controlsLayout->addWidget( thickness_slider, 1, 1 );
m_controlsLayout->addWidget( cell_size_label, 2, 0 );
m_controlsLayout->addWidget( cell_size_slider, 2, 1 );

// 初始化栅格线宽与栅格单元大小调整滑块值
thickness_slider->setValue( 5 );
cell_size_slider->setValue( 10 );

// 信号/插槽/栅格地图工具连接
// 栅格地图线宽调整信号连接（鼠标触发栅格线宽滑块时的信号连接定义）
connect( thickness_slider, SIGNAL(valueChanged( int )), this, SLOT( setThickness( int )));
// 栅格地图单元大小调整信号连接（鼠标触发单元尺寸滑块时的信号连接定义）
connect( cell_size_slider, SIGNAL(valueChanged( int )), this, SLOT( setCellSize( int )));

// 创建 Qt 工具条 QToolBar 实例
m_toolbar = new QToolBar();
m_toolbar->setToolButtonStyle( Qt::ToolButtonTextBesideIcon );
m_toolbar->activateWindow();
// 将工具条加入控制布局
m_controlsLayout->addWidget(m_toolbar, 0, 0 );
// 创建 Qt QActionGroup 实例
m_toolbarActions = new QActionGroup( this );

// 利用可视化管理器获取工具管理器 rviz::ToolManager 实例
rviz::ToolManager *toolmanagr = this->m_vmer->getToolManager();
// 利用 rviz 工具管理器创建无人车初始位置（2D Pose Estimate）工具
this->setNavPos(toolmanagr);
// 利用 rviz 工具管理器创建无人车导航目标位置（2D Nav Goal）工具
this->setNavGoal(toolmanagr);

// 信号/插槽/导航工具连接
connect(m_toolbarActions, SIGNAL(triggered(QAction*)), this,
SLOT(onToolbarActionTriggered(QAction*)));
}
```

● myviz 类的设置无人车导航目标位置工具（2D Nav Goal）成员函数：设置无人车初始位置函数原理与本函数相同。

```
void MyViz::setNavGoal(rviz::ToolManager *toolmanagr) {
    printf(">> myviz.cpp MyViz::setNavGoal(%d)\n", __LINE__);
    // 利用 rviz::toolManagr 上加入名字为 rviz/SetGoa 的工具 setGoal，加入"2D Nav Goal"对象
    rviz::Tool *setgoal = toolmanagr->addTool("rviz/SetGoal");
    // 调用设置导航工具 setNavUtil 成员函数，将 setgoal 传进该函数备用
```

```
        this->setNavUtil(setgoal);
        // 获取工具的属性容器
        rviz::Property* pro= setgoal->getPropertyContainer();
        // 加入发布话题: /move_base_simple/goal
        pro->subProp("Topic")->setValue("/move_base_simple/goal");
        // 激活工具 setgoal
        setgoal->activate();
        printf(">> MyViz::setNavGoal(%d) 设置导航 2D Nav Goal 发布话题:
/move_base_simple/goal\n", __LINE__);
    }
```

● myviz 类的设置导航工具（2D Pos Estimate、2D Nav Goal）成员函数：从形参 rviz::Tool *tool 参数中接收导航操作指令（例如 2D Pose Estimate 或 2D Nav Goal），并采用封装的 QAction 实例方式，利用 ROS Action 机制与目标无人车通信，实现对无人车的导航操作。

```
void MyViz::setNavUtil(rviz::Tool *tool) {
        printf(">> myviz.cpp MyViz::setNavUtil(%d)\n", __LINE__);
        // 实例化一个动作
        QAction* action = new QAction(tool->getName(), m_toolbarActions);
        // 为动作设置当前工具的图标
        action->setIcon( tool->getIcon() );
        // 为动作设置工具的名字
        action->setIconText( tool->getName() );
        // 动作复选有效
        action->setCheckable( true );
        // 将动作加入 m_toolbar 容器中
        m_toolbar->addAction(action);
        // 将动作加入 action_to_tool_map 容器中
        m_actionToToolMap[ action ] = tool;
        // 将工具加入 tool_to_action_map 容器中
        m_toolToActionMap[ tool ] = action;

        // 打印显示当前工具的名字
        QString qstr = tool->getName();
        std::string str = qstr.toStdString();
        printf(">> MyViz::setNavUtil(%d) 保存导航工具: %s\n", __LINE__, str.c_str());
    }
```

● myviz 类的触发设置栅格图线宽槽函数：在 SLAM 窗口，鼠标单击线宽滑块，则程序自动响应鼠标事件调用本函数。

```
void MyViz::setThickness(int thickness_percent) {
        printf(">> myviz.cpp MyViz::setThickness(%d) thickness_percent = %d\n", __LINE__,
thickness_percent);
        if( m_grid != nullptr ) {
            // 修改栅格图线宽
```

```
            m_grid->subProp( "Line Style" )->subProp( "Line Width" )->setValue( thickness_percent / 100.0f );
        }
    }
```

● myviz 类的触发导航工具操作槽函数：响应识别用户选中的导航选项是"2D Pose Estimate"还是"2D Nav Goal"，然后向无人车发出对应操作指令。

```
void MyViz::onToolbarActionTriggered(QAction* action) {
    printf(">> myviz.cpp MyViz::onToolbarActionTriggered(%d)\n", __LINE__);
    // 从 GUI 界面选中"2D Pose Estimate"或"2D Nav Goal"的取出动作操作指示
    rviz::Tool* tool = m_actionToToolMap[ action ];
    if( tool ) {
        // 利用 rviz 可视化管理器响应目标操作指示
        this->m_vmer->getToolManager()->setCurrentTool( tool );
    }
    // 打印显示选中的动作话题
    QString qstr = tool->getName();
    std::string str = qstr.toStdString();
    printf(">> MyViz::onToolbarActionTriggered(%d)导航操作: %s\n", __LINE__, str.c_str());
}
```

● myviz 类的设置窗口布局成员函数：存在一个布局嵌套，在 setGridMapUtils()函数中，将"线宽大小"与"栅格大小"操作滑块实例与导航工具条实例加载到控制布局实例中，再将控制布局实例与渲染面板实例加载到我的布局 QVBoxLayout *myLayout 实例中，再将我的布局加载到当前 rviz 窗口上。

```
void MyViz::setMyLayout(void) {
    printf(">> myviz.cpp MyViz::setMyLayout(%d)\n", __LINE__);
    /* Qt 提供很多辅助摆放控件的工具（又称布局管理器或者布局控件），它们可以完成两件事:
            1. 自动调整控件的位置，包括控件之间的距离、对齐等问题;
            2. 当用户调整窗口的尺寸时，布局管理器会随之调整各个控件的尺寸。
        QVBoxLayout 布局控件是自动垂直插入 Widget 控件的布局控件
    */
    QVBoxLayout *myLayout = new QVBoxLayout;
    // 将栅格单元数量和栅格宽窄 Widget 控制布局添加到我的布局上
    myLayout->addLayout(m_controlsLayout);
    // 将渲染面板添加到我的布局上
    myLayout->addWidget(m_renderPanel);
    // 将 myLayout 布局控件布局到当前 myviz 窗口
    setLayout(myLayout);
}
```

● myviz 类的设置栅格图层成员函数：为 rviz SLAM 图层提供一个栅格背景。

```
void MyViz::setGridMap(void) {
    printf(">> myviz.cpp MyViz::setGridMap(%d)\n", __LINE__);
    // 创建网格显示 Display 对象 m_grid。类名: rviz/Grid（标准，不能更改）; 名字: Grid
    m_grid = this->m_vmer->createDisplay("rviz/Grid", "Grid", true);
```

```
        ROS_ASSERT(m_grid != nullptr);
        // 设置栅格图层栅格线颜色 Color
        m_grid->subProp("Color")->setValue(QColor( Qt::yellow ));
        // 设置栅格图层栅格总数
        m_grid->subProp("Plane Cell Count")->setValue("20");
        // 相对 rviz 窗口的 X 坐标偏移量
        m_grid->subProp( "Offset" )->subProp( "X" )->setValue( "0" );
        // 相对 rviz 窗口的 Y 坐标偏移量
        m_grid->subProp( "Offset" )->subProp( "Y" )->setValue( "0" );
}
```

● myviz 类的显示 SLAM 图层集合成员函数。

```
void MyViz::show(void) {
        printf(">> myviz.cpp MyViz::show(%d)\n", __LINE__);
        // 设置静态 map 图层
        this->setStaticMap();
        // 设置全局代价 map 图层
        this->setGlobalCostMap();
        // 设置局部代价 map 图层
        this->setLocalCostMap();
        // 设置 TF map 图层
        this->setTFMap();
        // 设置激光雷达 map 图层
        this->setLaserScanMap();
        // 设置无人车矩形图标 Polygon（无人车矩形）map 图层
        this->setPolygonMap();
        // 设置点云 PointCloud2（点云）map 图层
        this->setPointCloud2Map();
}
```

SLAM 图层举例：show()函数一共调用 7 个不同显示内容的 SLAM 图层，这些 SLAM 图层的程序逻辑基本相同，以下仅取"设置静态 map 图层"与"设置全局代价 map 图层"为例。

● myviz 类的设置静态 map 图层成员函数。

```
void MyViz::setStaticMap(void) {
        printf(">> myviz.cpp MyViz::setStaticMap(%d)\n", __LINE__);
        /* 创建静态 Map。
          利用 rviz::VisualizationManager::createDisplay(const QString & class_lookup_name,
          const QString & name, bool enabled)函数创建图层。
          函数形参说明：
          class_lookup_name: "lookup name" of the Display subclass, for pluginlib. Should
          be of the form "packagename/displaynameofclass", like "rviz/Image"。
          Name: The name of this display instance shown on the GUI, like "Left arm camera".
          Enabled: Whether to start enabled(true or false)
        */
```

```
rviz::Display *display = this->m_vmer->createDisplay("rviz/Map", "Map", true);
ROS_ASSERT(display != nullptr);
/* 以下指令由 subProp()与 setValue()两个 API 构成。
   subProp()返回 display 类的属性 Property，setVaue() 为返回的名字为"Topic"的属性赋值。
   在无人车 mov_base 模块中，无人车 SLAM 订阅话题：静态 map 名字就是"/map"。
   经测试：subProp("Topic")->setValue("/map")指令创建:
   订阅话题：/map [nav_msgs/OccupancyGrid]
            /map_updates [unknown type]
*/
display->subProp("Topic")->setValue("/map");
// librviz 提供的静态 map 图层的颜色方案名就是"map"
display->subProp("Color Scheme")->setValue("map");
}
```

● myviz 类的设置全局代价 map 图层成员函数。

```
void MyViz::setGlobalCostMap(void) {
    printf(">> myviz.cpp MyViz::setGlobalCostMap(%d)\n", __LINE__);
    // 创建 GlobalCostMap。
    rviz::Display *display = this->m_vmer->createDisplay("rviz/Map","GlobalCostMap", true);
    ROS_ASSERT(display != nullptr);
    /* 设置话题"Topic"可以采用两种函数指令:
        1. subProp("Topic")->setValue("xxx");
        2. setTopic("xxx", "yyy")。xxx 为话题名；yyy 为话题消息类型。
        除本函数外，其他 SLAM 图层成员函数弃用 setTopic 函数指令，因为订阅话题其实不必设置
话题的消息，话题消息由发布话题确定。在无人车 mov_base 模块中，无人车 SLAM 发布话题：全局代
价 map。名字就是"/move_base/global_costmap/costmap"。
        经测试，setTopic("/move_base/global_costmap/costmap", "nav_msgs/OccupancyGrid")指令创建
订阅话题：/move_base/global_costmap/costmap [nav_msgs/OccupancyGrid]
            /move_base/global_costmap/costmap_updates [map_msgs/OccupancyGridUpdate]
    */
    display->setTopic("/move_base/global_costmap/costmap", "nav_msgs/OccupancyGrid");
    // librviz 提供的代价 map 图层的颜色方案名就是"costmap"
    display->subProp("Color Scheme")->setValue("costmap");
}
```

8.3.7 调试

myviz 软件模块有两种目标不同的调试策略：

● 程序调试；

● 系统联调。

（1）程序调试

本调试目标是检查验证 myviz 进程的程序逻辑是否正确，是否有 BUG，需要测试解决程序 BUG。在这种情况下，不需要联机无人车，只在客户端（例如，笔记本电脑或 PC 机）环境下进行调试，如图 8-17 所示为 myviz 应用窗口。

调试环境如下：

① 修改 Xubuntu20.04 系统用户 home 目录下的 bashrc 文件。将 ROS_IP 设为本机，以作者在虚拟机终端用户/home/lxq 目录下的 bashrc 文件为例，用 gedit 或 vi 打开 bashrc 文件，找到如下指令：

```
……
# 将无人车的 IP 地址赋值给 ROS_IP 地址变量。无人车 nano IP 在/etc/hosts 文件中定义
export ROS_IP=nano
```

说明：无人车 nano 的 IP 地址在/etc/hosts 文件中定义，该文件有如下两个指令：

```
……
192.168.1.130    vTiger
192.168.1.196    nano
……
```

vTiger 对应本机虚拟机 Xubuntu20.04 系统的 IP 地址，nano 对应无人车的 IP 地址。

修改 bashrc 文件：

```
export ROS_IP=vTiger
```

存盘，然后重启 bashrc：

```
$ source ~/.bashr
```

② 调试。上述操作完毕后，即可进行调试。调试时在虚拟机打开 3 个终端：

● 终端 1：执行 ros 后台服务进程：

```
$ roscore
```

● 终端 2：进入到 myviz 编译生成文件目录，例如/home/lxq/QtApp/myviz/Release，执行 myviz 文件：

```
$ cd /home/lxq/QtApp/myviz/Release
$ ./myviz
```

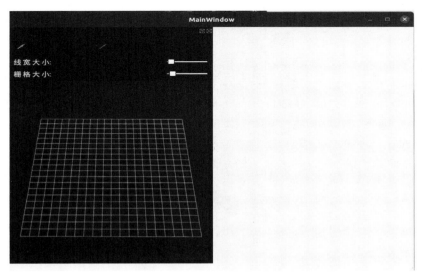

图 8-17　myviz 应用窗口

● 终端 3：用于检查 ROS 节点、ROS 话题信息，例如：

```
$ rosnode list
$ rosnode info myviz* （根据 rosnode list 中 myviz 具体的 ROS 节点名字）
```

（2）系统联调（联机调试）

系统联调是将无人车系统加入测试环境下，实现联机调试，运行测试环境如图 8-18 所示。

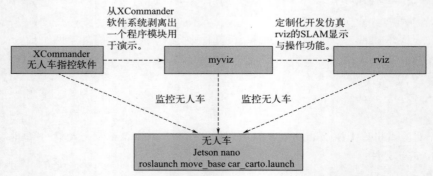

图 8-18　无人车监控软件与无人车关系示意图

① 测试环境恢复原状。修改 bashrc，恢复 ROS_IP 地址，指向无人车系统：

```
export ROS_IP=nano
```

② 调试。上述操作完毕后，即可进行调试。启动无人车，保证无人车在正常运行状态。客户端虚拟机打开 4 个终端：

● 终端 1：在虚拟机终端 ssh 远程登录无人车，登录成功后，执行无人车 move_base 运动脚本：

```
$ roslaunch move_base carto_car.launch
```

脚本启动后终端响应如下信息：

```
……
NODES
  /
    base_footprint_to_base_link (tf/static_transform_publisher)
    base_link_to_base_laser (tf/static_transform_publisher)
    base_link_to_imu (tf/static_transform_publisher)
    camera_frame (tf2_ros/static_transform_publisher)
    cartographer_node (cartographer_ros/cartographer_node)
    cartographer_occupancy_grid_node (cartographer_ros/cartographer_occupancy_grid_node)
    chassis_node (chassis_node/chassis_node)
    main_camera (jetson_camera/jetson_camera_node)
    move_base (move_base/move_base)
    rplidarNode (rplidar_ros/rplidarNode)
auto-starting new master
process[master]: started with pid [8929]
ROS_MASTER_URI=http://nano:11311

……
```

注释：NODES 表示无人车 move_base 脚本启动后，运行上述 ROS 节点；其余信息表示 ROS master 已经正常启动。

注意观察运行脚本后的其他终端响应，确保无人车系统启动成功。如果有严重告警提示，则需要解决告警提示的 BUG 后才能够继续联机调试。

● 终端 2：进入到 myviz 编译生成文件目录，例如/home/lxq/QtApp/myviz/Release，执行 myviz 文件：

$ cd /home/lxq/QtApp/myviz/Release

$ ./myviz

终端打开 myviz 窗口（图 8-19）。

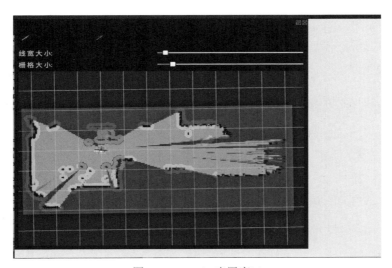

图 8-19　myviz 应用窗口

操作"2D Nav Goal"导航选项，无人车正常运行。

● 终端 3：可运行 rviz，对比 myviz 的窗口界面进行对比检查：

$ roslanuch myrvia.launch

终端打开 rviz 窗口（图 8-20）。

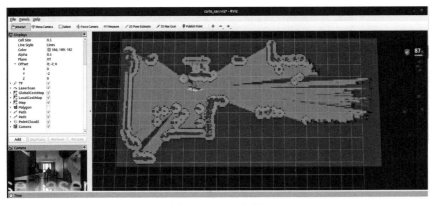

图 8-20　rviz 视图

● 终端 4：用于检查 ROS 节点、ROS 话题信息，例如比对一下 myviz 与 rviz 在话题方面的情况。

打开程序 ROS 节点列表：

```
$ rosnode list
```

终端响应：

```
/base_footprint_to_base_link
/base_link_to_base_laser
/base_link_to_imu
/camera_frame
/cartographer_node
/cartographer_occupancy_grid_node
/chassis_node
/main_camera
/move_base
/myviz_1676950778454593807
/rosout
/rplidarNode
/rviz
```

查询 rviz 节点信息：

```
$ rosnode info /rviz
```

终端响应：

```
Node [/rviz]
Publications:
 * /clicked_point [geometry_msgs/PointStamped]
 * /initialpose [geometry_msgs/PoseWithCovarianceStamped]
 * /move_base_simple/goal [geometry_msgs/PoseStamped]
 * /rosout [rosgraph_msgs/Log]
Subscriptions:
 * /map [nav_msgs/OccupancyGrid]
 * /map_updates [unknown type]
 * /move_base/DWAPlannerROS/global_plan [nav_msgs/Path]
 * /move_base/DWAPlannerROS/local_plan [nav_msgs/Path]
 * /move_base/global_costmap/costmap [nav_msgs/OccupancyGrid]
 * /move_base/global_costmap/costmap_updates [map_msgs/OccupancyGridUpdate]
 * /move_base/global_costmap/footprint [geometry_msgs/PolygonStamped]
 * /move_base/local_costmap/costmap [nav_msgs/OccupancyGrid]
 * /move_base/local_costmap/costmap_updates [map_msgs/OccupancyGridUpdate]
 * /scan [sensor_msgs/LaserScan]
 * /scan_matched_points2 [sensor_msgs/PointCloud2]
 * /tf [tf2_msgs/TFMessage]
 * /tf_static [tf2_msgs/TFMessage]
……;
```

检查 myviz myviz_1676950778454593807 节点信息：

$ rosnode info /myviz_1676950778454593807

终端响应：

Node [/myviz_1676950778454593807]
Publications:
 * /goal [geometry_msgs/PoseStamped]
 * /initialpose [geometry_msgs/PoseWithCovarianceStamped]
 * /move_base_simple/goal [geometry_msgs/PoseStamped]
 * /rosout [rosgraph_msgs/Log]
Subscriptions:
 * /map [nav_msgs/OccupancyGrid]
 * /map_updates [unknown type]
 * /move_base/global_costmap/costmap [nav_msgs/OccupancyGrid]
 * /move_base/global_costmap/costmap_updates [map_msgs/OccupancyGridUpdate]
 * /move_base/global_costmap/footprint [geometry_msgs/PolygonStamped]
 * /move_base/local_costmap/costmap [nav_msgs/OccupancyGrid]
 * /move_base/local_costmap/costmap_updates [map_msgs/OccupancyGridUpdate]
 * /scan [sensor_msgs/LaserScan]
 * /scan_matched_points2 [sensor_msgs/PointCloud2]
 * /tf [tf2_msgs/TFMessage]
 * /tf_static [tf2_msgs/TFMessage]
……

用 Beyond Compare 工具对比检查 rviz 与 myviz 的发布话题与订阅话题一致性。

● 发布话题：

    rviz 发布话题   myviz 发布话题

● 订阅话题：

    rviz 订阅话题   myviz 订阅话题

（3）小结

① myviz 与 rviz 运行后的 SLAM 图层基本相同，导航操作功能也一致。Myviz 系统联调测试成功。

② rviz 与 myviz 的发布与订阅话题绝大部分相同，这是两款软件 SLAM 图层显示与导航操作效果相同的原因。

③ rviz 的第 1 个发布话题与 myviz 的发布话题名字不相同，但是消息格式相同。

④ myviz 订阅话题相比 rviz 缺失两个："/move_base/DWAPlannerROS/global_plan" 与 "/move_base/DWAPlannerROS/local_plan"。

8.4 无人车侧软件

成功运行测试 myviz 需要保证无人车一侧系统也运行正常。有关无人车运动操作在本书第 4 章 "navigation 导航" 中介绍，使用的无人车导航脚本在本书提供的资源中提供。

读者在自己的环境下，无人车侧开发的模块可能与本书作者有差别，因此本处介绍的脚本只供参考，需要注意的是：

① 无人车侧系统必须包含：

● 激光雷达软件与脚本；

● move_base 软件包，本书前面章节有介绍，同时网络上也有大量这方面的开源资源，可从网络上下载；

● SLAM 算法模块资源，本书推荐 cartographer SLAM。

② 测试无人车系统时运行 rviz，检查 SLAM 图层显示与导航操作效果，并检查相关话题，如果与本章介绍的话题有出入，则需要修改 myrviz.cpp 文件内涉及相关 SLAM 图层的成员函数内话题名，使之保持与无人车发布的 SLAM 话题名一致。

本章
小结

无人车系统的技术进阶一定会产生开发定制无人车指控系统的用户需求，即要求提供一个客户端 GUI 界面，在该界面用户可以以可视化方式监视控制单个无人车或者无人车集群。本章以作者团队开发的一款单车监控软件 XCommander 的 SLAM 模块为例，深入浅出地介绍了基于 Qt +librviz 库的 SLAM 模块开发案例，极具实操性。初学 ROS 无人系统技术的读者可以参照本章介绍的这个案例，一步一步从环境配置、创建 Q 演示项目、调整扩展演示项目、知识框架（方法学与技术准备）、核心要素（ROS 话题）、程序文件、测试等方面进入到开发无人系统指控软件这个领域，为更高的技术进阶打下坚实基础。